기계의 진리
GENERAL MACHINE

# 기계의 진리

| 공무원 기계일반 및 공기업 기계직 전공시험 대비 |

# 기계일반
# 기출문제
# 풀이집

장태용 지음

**BM** (주)도서출판 **성안당**

## ▪ 도서 A/S 안내

성안당에서 발행하는 모든 도서는 저자와 출판사, 그리고 독자가 함께 만들어 나갑니다.

좋은 책을 펴내기 위해 많은 노력을 기울이고 있습니다. 혹시라도 내용상의 오류나 오탈자 등이 발견되면 "좋은 책은 나라의 보배"로서 우리 모두가 함께 만들어 간다는 마음으로 연락주시기 바랍니다. 수정 보완하여 더 나은 책이 되도록 최선을 다하겠습니다.

성안당은 늘 독자 여러분들의 소중한 의견을 기다리고 있습니다. 좋은 의견을 보내주시는 분께는 성안당 쇼핑몰의 포인트(3,000포인트)를 적립해 드립니다.

잘못 만들어진 책이나 부록 등이 파손된 경우에는 교환해 드립니다.

저자 문의 e-mail : jv5140py@naver.com(장태용)

본서 기획자 e-mail : coh@cyber.co.kr(최옥현)

홈페이지 : http://www.cyber.co.kr  전화 : 031) 950-6300

# 머리말

**시중에 나와 있는 그 어떤 공무원 기출문제집보다 자세하고, 이해하기 쉽습니다.**

현재 시중에 나와 있는 공무원 기출문제집이나 인터넷에 돌아다니는 기출문제 해설은 간단한 해설만을 제공하고 있는 것이 대부분입니다. 하지만 이 책은 자세하고 풍부한 설명과 원리적으로 쉽게 이해할 수 있는 설명으로 해설을 제공하고 있습니다. 따라서 기출문제를 풀고 해설만 봐도 전체적인 기계일반 과목의 흐름을 파악할 수 있고, 중요한 핵심 포인트가 무엇인지 독자 스스로 파악할 수 있습니다. 또한 쉽게 읽히고 파악하기 쉽게 표를 이용하여 가독성을 높였습니다.

2009년부터 2023년까지 15년간 지방직 9급 기계일반 시험은 22번 시행되었으며, 이에 따라 기출문제 수는 총 440문항입니다. 따라서 과거부터 최근까지 출제된 기출문제를 폭넓게 접할 수 있기 때문에 반복적으로 출제되는 문제 및 중요도가 높은 내용을 파악할 수 있어서 공부 방향 설정에 큰 도움이 될 것입니다.

또한 공기업 기계직 전공필기시험에서 공무원 기출문제가 그대로 출제되거나, 내용을 변형시켜 출제가 되는 경우가 많습니다. 이에 필자는 공기업 기계직 전공필기시험에서 출제되었던 내용을 해당 문제집의 해설에 자세하게 녹였습니다. 따라서 공기업에서 출제된 내용까지 한번에 학습할 수 있어 학습 효과가 증대됩니다.

자세하고 쉽게 이해할 수 있는 설명으로 작성된 해설을 기반으로 한 이 책을 풀어본다면 공무원 필기 대비뿐만 아니라 공기업 전공필기시험에도 큰 도움이 되리라 확신합니다.

### [이 책의 특징]
- 2009년부터 2023년까지 시행된 지방직 9급 기계일반 기출문제 22회분 수록
- 자세하고 풍부한 설명 및 원리적으로 쉽게 이해할 수 있는 설명
- 공무원 준비생뿐만 아니라 공기업 기계직 준비생들도 꼭 풀어야 할 공무원 기출문제집
- 공기업 기계직 전공필기시험에서 출제되었던 내용이 포함된 해설
- 실전 감각을 높일 수 있도록 문제편과 해설편을 분리하여 구성

이 책을 통해 기계직 공무원 또는 공기업을 준비하는 수험생들에게 큰 도움이 되었으면 합니다. 모두 원하는 목표를 꼭 성취할 수 있기를 항상 응원하겠습니다.

저자 씀

# 시험안내

## 01 개요

기계직 공무원은 주로 시설물에 대해서 전반적인 관리와 시공, 건축의 인허가 등을 감독하는 일을 담당하며, 경우에 따라서는 차량의 등록 및 말소, 공장 등록, 상하수도 관련 기계작업, 각종 기계설비에 대한 유지보수, 기계운용부서의 기계를 관리하는 일을 하게 된다.

## 02 2023년 지방직 공무원 시험일정

| 구분 | 시험명 | 시험공고 | 원서접수 | 시험일정(안) | | |
|---|---|---|---|---|---|---|
| | | | | 필기시험 | 면접시험 | 합격자 발표 |
| 공채 | 9급 | 2023년 2월 중 | 3월 | 6.10.(토) | 8월 | 9월 |
| | 7급공채 | | 7월 | 10.28.(토) | 12월 | 12월 |
| 경채 | 1회 | | 2월~3월 | 3.25.(토) | 5월 | 5월 |
| | 2회 | | 3월 | 4.8.(토) | 5월 | 5월 |
| | 3회 | | 7월 | 10.28.(토) | 11~12월 | 12월 |

※ 상기 일정은 2023년도 지방직 공무원 임용시험 안내에 해당하는 내용으로, 대략적으로 일정을 참고하기 바라며, 2024년 지방직 공무원 임용시험 안내는 반드시 각 지자체별 「2024년도 지방공무원 공개·경력경쟁임용시험 시행계획 공고」를 다시 확인하기 바랍니다(2024년 2월 중 공고 예정).

※ 채용예정 직렬(직류) 및 인원은 미정이므로, 해당 지자체 시험공고문을 참고하시기 바랍니다.

## 03 시험과목

국어, 영어, 한국사, 기계일반, 기계설계

## 04 시험방법

① 1 · 2차 시험(병합실시) : 선택형 필기시험(과목별 20문제, 4지 택1형)

| 시험명 | 시험과목 | 시험시간 |
|---|---|---|
| 제1회 공개경쟁임용시험(8 · 9급) | 5과목 | 100분(10:00 ~ 11:40) |
| 제2회 공개경쟁임용시험(7급) | 5과목 | 100분(10:00 ~ 11:40) |

※ 시험시간은 과목별 20분(1문항 1분 기준)
※ 필기시험 합격자를 대상으로 면접시험일 전에 임용예정기관별로 인성검사를 실시할 수 있으며, 일정 등 세부사항은 필기시험 합격자 발표 이후 임용예정기관별로 공고할 예정임.

② 3차 시험 : 면접시험
- 제1 · 2차 시험에 합격한 자만 제3차 시험에 응시할 수 있다.
- 면접시험 결과 "우수, 보통, 미흡" 등급 중 "우수"와 "미흡" 등급에 대해 추가면접을 실시할 수 있다.

③ 합격자 결정방법 : 「지방공무원 임용령」 등 관계법령 및 규정에 따라 결정
※ 「지방공무원 임용령」 등 관계법령은 법제처 홈페이지(https://www.moleg.go.kr)를 참고

## 05 응시자격

① 응시결격사유 등 : 해당 시험의 최종시험 시행예정일(면접시험 최종예정일) 현재를 기준으로 「지방공무원법」 제31조(결격사유), 제66조(정년), 「지방공무원 임용령」 제65조(부정행위자 등에 대한 조치) 및 「부패방지 및 국민권익위원회의 설치와 운영에 관한 법률」 등 관계법령에 의하여 응시자격이 정지된 자는 응시할 수 없다.

② 응시연령

| 시험명 | 응시연령 | 해당 생년월일 |
|---|---|---|
| 제1회 공개경쟁임용시험(8 · 9급) | 18세 이상 | 2006.12.31. 이전 출생자 |
| 제2회 공개경쟁임용시험(7급) | 20세 이상 | 2004.12.31. 이전 출생자 |

※ 2024년 기준임

③ 학력 및 경력 : 제한 없음
④ 거주지 제한 : 각 지자체별 공고문 참고

# 기출 분석

공무원 기계일반 시험은 총 20문제이며 출제빈도가 높은 순으로 공부를 하는 것이 효율적이다. 다음은 2009년부터 2023년까지 출제된 지방직 9급 기계일반 기출문제의 과목별 출제빈도 및 세부사항을 구체적으로 분석한 것이다. 각 과목과 세부사항을 전반적으로 공부하되, 출제빈도가 높은 내용은 분명하고 정확하게 숙지해두는 것이 중요하다.

시험문제 중 대부분에 해당하는 것은 기계재료, 기계공작법, 기계설계 3과목이며, 이 3과목의 출제빈도는 아래와 같다.

| 기계재료 | 기계공작법 | 기계설계 |
| --- | --- | --- |
| 20~35% | 20~50% | 20~30% |

## ✿ 기계재료

기계재료의 경우, 최소 20%에서 최대 35%까지 출제된다. 최대 35%의 빈도로 출제되는 경우, 20문제 중 7문제에 해당하는 것으로 매우 중요한 과목 중 하나라고 볼 수 있다. 기계재료에서 자주 출제되는 세부내용은 다음과 같으니 참고하여 중요도가 높은 것에 더욱 집중하여 공부하길 바란다.

[세부내용] 신소재, 변태, 시험법, 주철, 냉간가공 및 열간가공, 가공경화, 소성가공, 열처리, 표면경화법, 철강재료, Fe-C 상태도, 비철금속 및 알루미늄 합금, 결정구조, 불변강 등

## ✿ 기계공작법

기계공작법의 경우, 최소 20%에서 최대 50%까지 출제된다. 최대 50%의 빈도로 출제되는 경우, 20문제 중 10문제에 해당하는 것으로 **가장 중요한 과목**으로 볼 수 있다. 기계공작법에서 자주 출제되는 세부내용은 다음과 같으니 참고하여 중요도 높은 순으로 꼭 학습하길 바란다.

[세부내용] 용접, 연삭, 구성인선, 주조, 소성가공, 측정기, 성형법, 공작기계, 연마공정, 전단가공, 성형가공, 압축가공, 밀링 및 드릴링가공, 특수가공법, 상향 및 하향절삭, 스프링백, CNC, 신속조형법, 선반 절삭시간 및 회전수 계산 등

## ✿ 기계설계

기계설계의 경우, 최소 20%에서 최대 30%까지 출제된다. 최대 30%의 빈도로 출제되는 경우, 20문제 중 6문제에 해당하는 것으로 매우 중요한 과목 중 하나라고 볼 수 있다. 기계설계에서 자주 출제되는 세부내용은 다음과 같으니 참고하여 중요도 높은 순으로 꼭 학습하길 바란다.

[세부내용] 나사의 종류 및 특징, 볼트의 종류, 너트 풀림 방지법, 베어링, 축 이론 및 축 계산, 커플링, 스프링의 종류 및 계산, 기어의 종류 및 계산, 치형곡선(인벌류트 및 사이클로이드 곡선의 특징), 간접전동장치(벨트, 체인) 등

※ 위에 나열된 기계재료, 기계공작법, 기계설계는 출제빈도가 높기 때문에 전반적으로 공부하는 것이 현명하다. 단, 중요도 높은 세부사항은 반드시 확실하게 잡아두길 바란다.

## ✿ 기타 출제과목에서 중요도 높은 내용 및 꼭 학습해야 할 세부내용

기타 출제과목에서는 총 20문제 중 평균적으로 1~4문제 정도 출제된다. 다음에 제시된 자주 출제되는 내용을 참고하여 학습한다면 더욱 효율적인 학습을 할 수 있다.

| | |
|---|---|
| 유압기기 | 1. 유압기기와 공압기기의 기본 특징<br>2. 유압제어밸브<br>3. 펌프의 종류<br>4. 작동유의 구비 조건<br>5. 점도에 따른 영향<br>6. 유압기기의 기본 법칙(파스칼의 법칙) |
| 유체기계 | 1. 수격현상<br>2. 공동현상(케비테이션)<br>3. 서징현상 |
| 내연기관 | 1. 2사이클 및 4사이클의 특징 / 2행정 및 4행정 기관의 특징<br>2. 내연기관의 종류(가솔린 및 디젤기관 등)<br>3. 노크 저감법(방지법) |
| 열역학 | 1. 냉동기<br>2. 사이클의 종류<br>3. 냉매의 구비조건 |
| 재료역학 | 1. 기본적인 보 계산 형식 |
| 동역학 | 1. 고유진동수 계산<br>2. 기본적인 물리 문제(힘, 에너지 등) |
| 공기조화 | 1. 공기조화의 4대 요소 |
| 기계제도 | 1. 모델링의 방법<br>2. 선의 종류 및 용도<br>3. 치수 기호 |

# 기출 분석

## ✿ 연도별 출제문항 수

| 구분 | | 2009 5월 | 2010 5월 | 2011 5월 | 2012 5월 | 2013 8월 | 2014 6월 | 2015 6월 | 2015 10월 | 2016 6월 | 2016 10월 | 2017 6월 | 2017 9월 | 2017 12월 |
|---|---|---|---|---|---|---|---|---|---|---|---|---|---|---|
| 기계재료 | | 4 | 7 | 6 | 4 | 5 | 5 | 4 | 4 | 4 | 4 | 5 | 5 | 4 |
| 기계공작법 | | 7 | 4 | 6 | 9 | 10 | 8 | 10 | 8 | 7 | 7 | 7 | 7 | 9 |
| 기계설계 | | 6 | 5 | 4 | 5 | 5 | 5 | 5 | 5 | 5 | 6 | 4 | 4 | 3 |
| 유압/공압기기 | | 2 | 1 | 1 | 2 | | 1 | | | 1 | 2 | 1 | 1 | 1 |
| 기타 | 유체기계 | | | | | | | | | | | 1 | | |
| | 내연기관 | | 1 | | | | | 1 | 1 | 1 | | 1 | 1 | 1 |
| | 열역학 | | 1 | 1 | | | 1 | | 1 | 1 | | | | 1 |
| | 재료역학 | | | 2 | | | | | | | 1 | | | |
| | 유체역학 | | | | | | | | | | | | | |
| | 동역학 | 1 | 1 | | | | | | | | | 1 | | |
| | 공기조화 | | | | | | | | | | | | 1 | |
| | 기계제도 | | | | | | | | 1 | | | | 1 | |
| | 기구학 | | | | | | | | | | | | | 1 |
| | 물리학 | | | | | | | | | | | | | |
| | 발전공학 | | | | | | | | | | 1 | | | |
| 합계 | | 20 | 20 | 20 | 20 | 20 | 20 | 20 | 20 | 20 | 20 | 20 | 20 | 20 |

| 구분 | | 2018 5월 | 2018 10월 | 2019 6월 | 2019 10월 | 2020 6월 | 2020 10월 | 2021 6월 | 2022 6월 | 2023 6월 | 합계 |
|---|---|---|---|---|---|---|---|---|---|---|---|
| 기계재료 | | 4 | 5 | 4 | 5 | 4 | 4 | 6 | 3 | 4 | 100 |
| 기계공작법 | | 10 | 7 | 10 | 9 | 8 | 6 | 6 | 8 | 7 | 170 |
| 기계설계 | | 4 | 3 | 3 | 2 | 3 | 6 | 3 | 4 | 5 | 95 |
| 유압/공압기기 | | 1 | 1 | | 3 | | 1 | 1 | | 2 | 22 |
| 유체기계 | | | | | | | 1 | 1 | 2 | | 5 |
| 기타 | 내연기관 | 1 | 1 | 1 | 1 | | 1 | | 1 | 1 | 14 |
| | 열역학 | | 1 | | | 2 | | 2 | | 1 | 12 |
| | 재료역학 | | | | | | | | | | 3 |
| | 유체역학 | | | | | | 1 | 1 | 1 | | 3 |
| | 동역학 | | | | | | | | | | 3 |
| | 공기조화 | | | | | | 1 | | | | 2 |
| | 기계제도 | | 1 | 1 | | 1 | | | | | 5 |
| | 기구학 | | 1 | | | 1 | | | | | 3 |
| | 물리학 | | | | 1 | | | | | | 2 |
| | 발전공학 | | | | | | | | 1 | | 1 |
| 합계 | | 20 | 20 | 20 | 20 | 20 | 20 | 20 | 20 | 20 | 440 |

## ✿ 과목별 출제비율

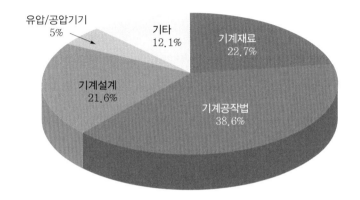

유압/공압기기
5%

기타
12.1%

기계재료
22.7%

기계설계
21.6%

기계공작법
38.6%

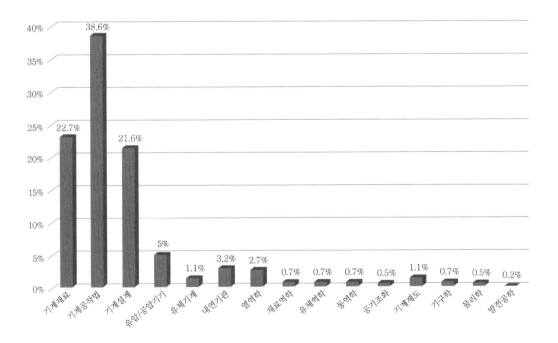

## ✿ 2009년 5월 기출문제

[문제별 항목 분석]

| 1번 | 2번 | 3번 | 4번 | 5번 | 6번 | 7번 |
|---|---|---|---|---|---|---|
| 기계재료<br>(신소재) | 기계재료<br>(변태) | 기계공작법<br>(용접) | 기계공작법<br>(연삭) | 기계재료<br>(개요) | 기계설계<br>(베어링) | 기계설계<br>(나사) |
| 8번 | 9번 | 10번 | 11번 | 12번 | 13번 | 14번 |
| 기계설계<br>(축) | 기계공작법<br>(구성인선) | 기계공작법<br>(CNC) | 기계설계<br>(스프링) | 기계공작법<br>(주조법) | 유압기기<br>(기본 특징) | 기계설계<br>(축 계산) |
| 15번 | 16번 | 17번 | 18번 | 19번 | 20번 | |
| 유압기기<br>(펌프) | 동역학<br>(고유진동수) | 기계설계<br>(스프링) | 기계공작법<br>(주조법) | 기계공작법<br>(용접) | 기계재료<br>(시험법) | |

[과목별 출제빈도]

| 과목명 | 문제 수 | 출제빈도 |
|---|---|---|
| 기계재료 | 4 | 20% |
| 기계공작법 | 7 | 35% |
| 기계설계 | 6 | 30% |
| 유압기기 | 2 | 10% |
| 동역학 | 1 | 5% |

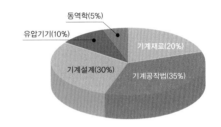

## ✿ 2010년 5월 기출문제

[문제별 항목 분석]

| 1번 | 2번 | 3번 | 4번 | 5번 | 6번 | 7번 |
|---|---|---|---|---|---|---|
| 기계재료<br>(절삭 공구) | 기계재료<br>(파괴) | 기계재료<br>(시험법) | 기계재료<br>(주철) | 기계설계<br>(키) | 기계설계<br>(나사) | 기계설계<br>(축 계산) |
| 8번 | 9번 | 10번 | 11번 | 12번 | 13번 | 14번 |
| 기계설계<br>(압력용기 계산) | 기계설계<br>(유성기어) | 기계공작법<br>(소성가공 종류) | 기계공작법<br>(주조법) | 기계공작법<br>(스프링백) | 기계재료<br>(잔류응력) | 기계재료<br>(냉간·열간가공) |
| 15번 | 16번 | 17번 | 18번 | 19번 | 20번 | |
| 열역학<br>(사이클 종류) | 기계재료<br>(열처리) | 유압기기<br>(펌프) | 내연기관<br>(2·4사이클) | 동역학<br>(힘과 에너지) | 기계공작법<br>(방전가공) | |

[과목별 출제빈도]

| 과목명 | 문제 수 | 출제빈도 |
|---|---|---|
| 기계재료 | 7 | 35% |
| 기계공작법 | 4 | 20% |
| 기계설계 | 5 | 25% |
| 유압기기 | 1 | 5% |
| 동역학 | 1 | 5% |
| 내연기관 | 1 | 5% |
| 열역학 | 1 | 5% |

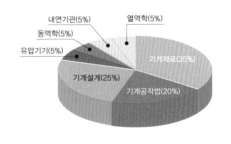

## ✿ 2011년 5월 기출문제

### [문제별 항목 분석]

| 1번 | 2번 | 3번 | 4번 | 5번 | 6번 | 7번 |
|---|---|---|---|---|---|---|
| 기계재료 (변태) | 기계설계 (볼트) | 기계공작법 (성형법) | 기계공작법 (CNC) | 기계재료 (Fe-C 상태도) | 기계설계 (기어 종류) | 기계설계 (나사 명칭) |
| 8번 | 9번 | 10번 | 11번 | 12번 | 13번 | 14번 |
| 기계재료 (불변강) | 기계공작법 (연삭) | 기계재료 (시험법) | 기계재료 (소성가공) | 재료역학 (탄성변형에너지 계산) | 기계공작법 (스프링백) | 기계공작법 (용접) |
| 15번 | 16번 | 17번 | 18번 | 19번 | 20번 | |
| 열역학 (가스터빈) | 기계재료 (주철) | 재료역학 (열응력 계산) | 유압기기 (유압장치) | 기계공작법 (용접) | 기계설계 (퍄손이론) | |

### [과목별 출제빈도]

| 과목명 | 문제 수 | 출제빈도 |
|---|---|---|
| 기계재료 | 6 | 30% |
| 기계공작법 | 6 | 30% |
| 기계설계 | 4 | 20% |
| 유압기기 | 1 | 5% |
| 재료역학 | 2 | 10% |
| 열역학 | 1 | 5% |

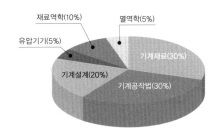

## ✿ 2012년 5월 기출문제

### [문제별 항목 분석]

| 1번 | 2번 | 3번 | 4번 | 5번 | 6번 | 7번 |
|---|---|---|---|---|---|---|
| 기계재료 (열처리) | 기계재료 (재결정) | 기계설계 (기어 계산) | 기계설계 (전위기어) | 기계공작법 (하이드로폼법) | 기계재료 (주철) | 기계재료 (표면경화법) |
| 8번 | 9번 | 10번 | 11번 | 12번 | 13번 | 14번 |
| 기계설계 (축 계산) | 기계설계 (스프링 계산) | 기계공작법 (기어 가공법) | 기계공작법 (구성인선) | 유압기기 (축압기) | 기계공작법 (주조법) | 기계설계 (브레이크 계산) |
| 15번 | 16번 | 17번 | 18번 | 19번 | 20번 | |
| 기계공작법 (용접) | 기계공작법 (공작기계) | 기계공작법 (상향 및 하향절삭) | 기계공작법 (특수 가공법) | 기계공작법 (절삭동력 계산) | 유압기기 (작동유 구비조건) | |

### [과목별 출제빈도]

| 과목명 | 문제 수 | 출제빈도 |
|---|---|---|
| 기계재료 | 4 | 20% |
| 기계공작법 | 9 | 45% |
| 기계설계 | 5 | 25% |
| 유압기기 | 2 | 10% |

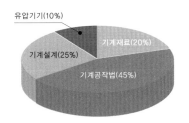

## 연도별 기출 분석

### ✿ 2013년 8월 기출문제

[문제별 항목 분석]

| 1번 | 2번 | 3번 | 4번 | 5번 | 6번 | 7번 |
|---|---|---|---|---|---|---|
| 기계공작법 (친환경 가공) | 기계공작법 (압연) | 기계재료 (결정구조) | 기계설계 (나사) | 기계공작법 (연삭) | 기계재료 (냉간 · 열간가공) | 기계재료 (표면처리법) |
| 8번 | 9번 | 10번 | 11번 | 12번 | 13번 | 14번 |
| 기계공작법 (여러 가공법) | 기계설계 (축 계산) | 기계공작법 (구성인선) | 기계설계 (스프링) | 기계공작법 (소성가공) | 기계공작법 (용접) | 기계공작법 (제품 생산) |
| 15번 | 16번 | 17번 | 18번 | 19번 | 20번 | |
| 기계재료 (신소재) | 기계공작법 (용접) | 기계재료 (주철) | 기계설계 (베어링) | 기계설계 (기어) | 기계공작법 (자동화설비) | |

[과목별 출제빈도]

| 과목명 | 문제 수 | 출제빈도 |
|---|---|---|
| 기계재료 | 5 | 25% |
| 기계공작법 | 10 | 50% |
| 기계설계 | 5 | 25% |

### ✿ 2014년 6월 기출문제

[문제별 항목 분석]

| 1번 | 2번 | 3번 | 4번 | 5번 | 6번 | 7번 |
|---|---|---|---|---|---|---|
| 기계설계 (커플링) | 기계공작법 (연삭) | 기계공작법 (피복제) | 기계재료 (비철금속) | 기계재료 (가공경화) | 기계공작법 (용접) | 기계재료 (항온열처리) |
| 8번 | 9번 | 10번 | 11번 | 12번 | 13번 | 14번 |
| 기계공작법 (크레이터 마모) | 기계설계 (스프링 계산) | 기계설계 (기어 계산) | 기계공작법 (사출성형) | 기계설계 (베어링) | 기계재료 (마찰) | 기계재료 (Fe-C 상태도) |
| 15번 | 16번 | 17번 | 18번 | 19번 | 20번 | |
| 기계공작법 (상향 및 하향절삭) | 기계공작법 (공구의 여유각) | 기계설계 (나사) | 유압기기 (유체 토크 컨버터) | 열역학 (사이클 종류) | 기계공작법 (압연 및 인발) | |

[과목별 출제빈도]

| 과목명 | 문제 수 | 출제빈도 |
|---|---|---|
| 기계재료 | 5 | 25% |
| 기계공작법 | 8 | 40% |
| 기계설계 | 5 | 25% |
| 유압기기 | 1 | 5% |
| 열역학 | 1 | 5% |

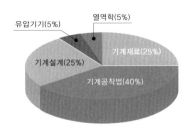

## ✿ 2015년 6월 기출문제

### [문제별 항목 분석]

| 1번 | 2번 | 3번 | 4번 | 5번 | 6번 | 7번 |
|---|---|---|---|---|---|---|
| 기계재료<br>(비철금속) | 기계설계<br>(기어) | 기계공작법<br>(주조법) | 기계공작법<br>(밀링) | 기계재료<br>(격자결함) | 기계공작법<br>(신속조형법) | 기계공작법<br>(CNC) |
| **8번** | **9번** | **10번** | **11번** | **12번** | **13번** | **14번** |
| 기계재료<br>(응력–변형률<br>선도) | 기계공작법<br>(용접) | 기계재료<br>(재료의 성질) | 기계공작법<br>(연마공정) | 기계설계<br>(죔새 · 틈새<br>계산) | 기계공작법<br>(구성인선) | 내연기관<br>(내연기관 종류) |
| **15번** | **16번** | **17번** | **18번** | **19번** | **20번** | |
| 기계설계<br>(베어링) | 기계공작법<br>(선삭의 절삭시간<br>계산) | 기계설계<br>(치형 곡선 특징) | 기계설계<br>(스프링) | 기계공작법<br>(전조가공) | 기계공작법<br>(방전가공) | |

### [과목별 출제빈도]

| 과목명 | 문제 수 | 출제빈도 |
|---|---|---|
| 기계재료 | 4 | 20% |
| 기계공작법 | 10 | 50% |
| 기계설계 | 5 | 25% |
| 내연기관 | 1 | 5% |

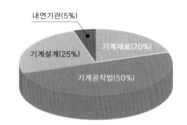

## ✿ 2015년 10월 기출문제

### [문제별 항목 분석]

| 1번 | 2번 | 3번 | 4번 | 5번 | 6번 | 7번 |
|---|---|---|---|---|---|---|
| 기계공작법<br>(작업 안전수칙) | 기계재료<br>(탄소강에서의<br>원소 영향) | 기계설계<br>(커플링) | 기계설계<br>(브레이크) | 기계재료<br>(열처리) | 기계설계<br>(체인) | 기계설계<br>(베어링) |
| **8번** | **9번** | **10번** | **11번** | **12번** | **13번** | **14번** |
| 기계공작법<br>(상향 및<br>하향절삭) | 기계재료<br>(결정구조) | 기계설계<br>(키, 나사) | 기계공작법<br>(CNC) | 기계공작법<br>(측정기) | 기계공작법<br>(여러 가공법) | 기계공작법<br>(선반[선삭]) |
| **15번** | **16번** | **17번** | **18번** | **19번** | **20번** | |
| 내연기관<br>(2 · 4사이클) | 열역학<br>(냉동기) | 기계제도<br>(치수 기호) | 기계공작법<br>(드릴링 가공) | 기계재료<br>(주철) | 기계공작법<br>(인발) | |

### [과목별 출제빈도]

| 과목명 | 문제 수 | 출제빈도 |
|---|---|---|
| 기계재료 | 4 | 20% |
| 기계공작법 | 8 | 40% |
| 기계설계 | 5 | 25% |
| 기계제도 | 1 | 5% |
| 내연기관 | 1 | 5% |
| 열역학 | 1 | 5% |

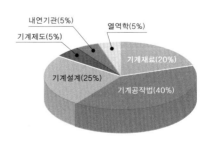

## ✿ 2016년 6월 기출문제

[문제별 항목 분석]

| 1번 | 2번 | 3번 | 4번 | 5번 | 6번 | 7번 |
|---|---|---|---|---|---|---|
| 기계재료<br>(표면경화법) | 기계공작법<br>(탐구계) | 기계공작법<br>(전단공정) | 기계공작법<br>(소성가공) | 기계공작법<br>(용접) | 기계재료<br>(결정구조) | 기계공작법<br>(주조법) |
| 8번 | 9번 | 10번 | 11번 | 12번 | 13번 | 14번 |
| 기계공작법<br>(용접) | 기계공작법<br>(측정기) | 기계재료<br>(파괴) | 기계설계<br>(커플링) | 기계설계<br>(스프링) | 내연기관<br>(2 · 4행정기관) | 기계설계<br>(기어 이의 간섭) |
| 15번 | 16번 | 17번 | 18번 | 19번 | 20번 | |
| 기계설계<br>(간접전동장치) | 열역학<br>(냉매 구비조건) | 기계설계<br>(스프링 계산) | 유압기기<br>(점도 영향) | 재료역학<br>(보 굽힘응력<br>계산) | 기계재료<br>(결정립) | |

[과목별 출제빈도]

| 과목명 | 문제 수 | 출제빈도 |
|---|---|---|
| 기계재료 | 4 | 20% |
| 기계공작법 | 7 | 35% |
| 기계설계 | 5 | 25% |
| 유압기기 | 1 | 5% |
| 내연기관 | 1 | 5% |
| 열역학 | 1 | 5% |
| 재료역학 | 1 | 5% |

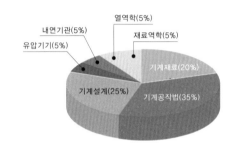

## ✿ 2016년 10월 기출문제

[문제별 항목 분석]

| 1번 | 2번 | 3번 | 4번 | 5번 | 6번 | 7번 |
|---|---|---|---|---|---|---|
| 기계공작법<br>(소성가공) | 기계공작법<br>(용접) | 기계설계<br>(기어 계산) | 유압기기<br>(펌프) | 기계재료<br>(시험법) | 기계설계<br>(동력전달장치) | 기계공작법<br>(소성가공) |
| 8번 | 9번 | 10번 | 11번 | 12번 | 13번 | 14번 |
| 기계공작법<br>(센터리스연삭) | 기계설계<br>(리벳 계산) | 발전공학<br>(원자력) | 기계설계<br>(캠) | 기계재료<br>(열처리) | 기계공작법<br>(선반) | 유압기기<br>(기본 법칙) |
| 15번 | 16번 | 17번 | 18번 | 19번 | 20번 | |
| 기계공작법<br>(측정기) | 기계공작법<br>(연삭) | 기계설계<br>(볼트) | 기계설계<br>(안전율) | 기계재료<br>(시험법) | 기계재료<br>(주철) | |

[과목별 출제빈도]

| 과목명 | 문제 수 | 출제빈도 |
|---|---|---|
| 기계재료 | 4 | 20% |
| 기계공작법 | 7 | 35% |
| 기계설계 | 6 | 30% |
| 유압기기 | 2 | 10% |
| 발전공학 | 1 | 5% |

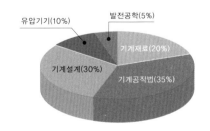

## ✿ 2017년 6월 기출문제

### [문제별 항목 분석]

| 1번 | 2번 | 3번 | 4번 | 5번 | 6번 | 7번 |
|---|---|---|---|---|---|---|
| 기계설계<br>(커플링) | 기계설계<br>(마찰차) | 기계공작법<br>(주물사) | 유체기계<br>(수격현상) | 기계재료<br>(온도에 따른<br>성질) | 기계재료<br>(피로수명) | 내연기관<br>(노크저감법) |
| 8번 | 9번 | 10번 | 11번 | 12번 | 13번 | 14번 |
| 기계공작법<br>(압출, 사출) | 기계설계<br>(리벳이음) | 동역학<br>(각가속도 계산) | 공압기기<br>(건조 방식) | 기계설계<br>(나사) | 기계재료<br>(신소재) | 기계공작법<br>(신속조형법) |
| 15번 | 16번 | 17번 | 18번 | 19번 | 20번 | |
| 기계공작법<br>(소성가공) | 기계공작법<br>(딥드로잉 가공) | 기계공작법<br>(드릴링 가공) | 기계재료<br>(Fe-C 상태도) | 기계재료<br>(알루미늄 합금) | 기계공작법<br>(초소성 성형) | |

### [과목별 출제빈도]

| 과목명 | 문제 수 | 출제빈도 |
|---|---|---|
| 기계재료 | 5 | 25% |
| 기계공작법 | 7 | 35% |
| 기계설계 | 4 | 20% |
| 공압기기 | 1 | 5% |
| 유체기계 | 1 | 5% |
| 내연기관 | 1 | 5% |
| 동역학 | 1 | 5% |

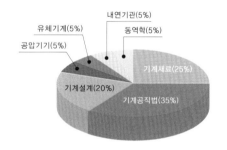

## ✿ 2017년 9월 기출문제

### [문제별 항목 분석]

| 1번 | 2번 | 3번 | 4번 | 5번 | 6번 | 7번 |
|---|---|---|---|---|---|---|
| 기계공작법<br>(용접) | 기계공작법<br>(목형 고려사항) | 기계설계<br>(관 이음쇠) | 기계재료<br>(알루미늄 합금) | 기계설계<br>(간접전동장치) | 기계공작법<br>(CNC) | 공기조화<br>(4대 요소) |
| 8번 | 9번 | 10번 | 11번 | 12번 | 13번 | 14번 |
| 유압기기<br>(펌프) | 기계재료<br>(제강 공정) | 기계설계<br>(키) | 기계재료<br>(응력-변형률 선도) | 내연기관<br>(디젤기관) | 기계공작법<br>(연삭) | 기계제도<br>(모델링 방법) |
| 15번 | 16번 | 17번 | 18번 | 19번 | 20번 | |
| 기계공작법<br>(밀링머신) | 기계재료<br>(주철) | 기계설계<br>(브레이크) | 기계공작법<br>(선반 회전수 계산) | 기계공작법<br>(테이퍼 가공) | 기계재료<br>(합금강) | |

### [과목별 출제빈도]

| 과목명 | 문제 수 | 출제빈도 |
|---|---|---|
| 기계재료 | 5 | 25% |
| 기계공작법 | 7 | 35% |
| 기계설계 | 4 | 20% |
| 유압기기 | 1 | 5% |
| 기계제도 | 1 | 5% |
| 내연기관 | 1 | 5% |
| 공기조화 | 1 | 5% |

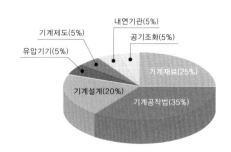

## ✿ 2017년 12월 기출문제

### [문제별 항목 분석]

| 1번 | 2번 | 3번 | 4번 | 5번 | 6번 | 7번 |
|---|---|---|---|---|---|---|
| 기계설계<br>(키) | 유압기기<br>(유압밸브) | 기계공작법<br>(주조) | 기계재료<br>(철강제조법) | 기계공작법<br>(사출 결함) | 내연기관<br>(피스톤링) | 기계공작법<br>(절삭가공) |
| 8번 | 9번 | 10번 | 11번 | 12번 | 13번 | 14번 |
| 기계재료<br>(합금강) | 기계공작법<br>(딥드로잉 가공) | 기계재료<br>(재결정) | 기계공작법<br>(압연) | 기계공작법<br>(레이저 가공) | 기계설계<br>(기어 계산) | 기구학<br>(자유도 계산) |
| 15번 | 16번 | 17번 | 18번 | 19번 | 20번 | |
| 기계재료<br>(수소취성) | 기계공작법<br>(주조법) | 기계공작법<br>(용접, 압축가공) | 기계공작법<br>(연삭) | 기계설계<br>(너트 풀림<br>방지법) | 열역학<br>(보일러 종류) | |

### [과목별 출제빈도]

| 과목명 | 문제 수 | 출제빈도 |
|---|---|---|
| 기계재료 | 4 | 20% |
| 기계공작법 | 9 | 45% |
| 기계설계 | 3 | 15% |
| 유압기기 | 1 | 5% |
| 기구학 | 1 | 5% |
| 내연기관 | 1 | 5% |
| 열역학 | 1 | 5% |

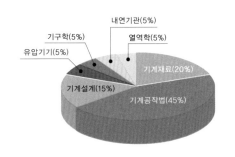

## ✿ 2018년 5월 기출문제

### [문제별 항목 분석]

| 1번 | 2번 | 3번 | 4번 | 5번 | 6번 | 7번 |
|---|---|---|---|---|---|---|
| 기계공작법<br>(가공법) | 기계공작법<br>(CNC) | 기계공작법<br>(주조) | 기계설계<br>(기어) | 기계공작법<br>(자동화설비) | 기계재료<br>(재료 성질) | 기계재료<br>(열처리) |
| 8번 | 9번 | 10번 | 11번 | 12번 | 13번 | 14번 |
| 공압기기<br>(특징) | 기계공작법<br>(신속조형법) | 기계공작법<br>(선반) | 기계공작법<br>(하이드로폼법) | 기계공작법<br>(압연) | 내연기관<br>(2 · 4행정기관) | 기계설계<br>(결합용<br>기계요소) |
| 15번 | 16번 | 17번 | 18번 | 19번 | 20번 | |
| 기계설계<br>(안전율 계산) | 기계재료<br>(주철) | 기계공작법<br>(친환경 가공) | 기계설계<br>(플라이휠) | 기계재료<br>(스테인리스강) | 기계공작법<br>(용접) | |

### [과목별 출제빈도]

| 과목명 | 문제 수 | 출제빈도 |
|---|---|---|
| 기계재료 | 4 | 20% |
| 기계공작법 | 10 | 50% |
| 기계설계 | 4 | 20% |
| 공압기기 | 1 | 5% |
| 내연기관 | 1 | 5% |

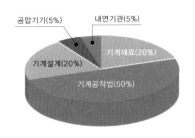

## ❀ 2018년 10월 기출문제

### [문제별 항목 분석]

| 1번 | 2번 | 3번 | 4번 | 5번 | 6번 | 7번 |
|---|---|---|---|---|---|---|
| 기계재료<br>(주철) | 유압기기<br>(기본 법칙) | 기계설계<br>(너트) | 기계공작법<br>(드릴링 가공) | 기계재료<br>(합성수지) | 기계설계<br>(체인) | 기계공작법<br>(슈퍼피니싱) |
| 8번 | 9번 | 10번 | 11번 | 12번 | 13번 | 14번 |
| 기계공작법<br>(용접) | 내연기관<br>(2·4행정기관) | 기계공작법<br>(칩의 종류) | 기계공작법<br>(용접) | 기계설계<br>(너트 풀림<br>방지법) | 기계재료<br>(표면경화법) | 기계공작법<br>(전조가공) |
| 15번 | 16번 | 17번 | 18번 | 19번 | 20번 | |
| 기계재료<br>(시험법) | 열역학<br>(냉동기) | 기계제도<br>(모델링 방법) | 기계공작법<br>(측정기) | 기계재료<br>(시험법) | 기구학<br>(평면 운동) | |

### [과목별 출제빈도]

| 과목명 | 문제 수 | 출제빈도 |
|---|---|---|
| 기계재료 | 5 | 25% |
| 기계공작법 | 7 | 35% |
| 기계설계 | 3 | 15% |
| 유압기기 | 1 | 5% |
| 기구학 | 1 | 5% |
| 내연기관 | 1 | 5% |
| 열역학 | 1 | 5% |
| 기계제도 | 1 | 5% |

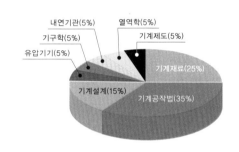

## ❀ 2019년 6월 기출문제

### [문제별 항목 분석]

| 1번 | 2번 | 3번 | 4번 | 5번 | 6번 | 7번 |
|---|---|---|---|---|---|---|
| 기계공작법<br>(사형 주조) | 기계공작법<br>(소성가공) | 기계공작법<br>(용접) | 기계공작법<br>(드릴 가공 시간 계산) | 기계공작법<br>(사출 성형) | 기계설계<br>(나사) | 기계공작법<br>(절삭가공) |
| 8번 | 9번 | 10번 | 11번 | 12번 | 13번 | 14번 |
| 기계공작법<br>(CNC) | 기계설계<br>(타이밍벨트) | 기계재료<br>(시험법) | 기계설계<br>(스프링) | 내연기관<br>(디젤기관) | 기계공작법<br>(전단공정) | 기계공작법<br>(방전가공) |
| 15번 | 16번 | 17번 | 18번 | 19번 | 20번 | |
| 기계재료<br>(합성수지) | 기계제도<br>(선의 종류) | 기계공작법<br>(측정기) | 물리학<br>(단위) | 기계재료<br>(열처리) | 기계재료<br>(응력-변형률 선도) | |

### [과목별 출제빈도]

| 과목명 | 문제 수 | 출제빈도 |
|---|---|---|
| 기계재료 | 4 | 20% |
| 기계공작법 | 10 | 50% |
| 기계설계 | 3 | 15% |
| 기계제도 | 1 | 5% |
| 내연기관 | 1 | 5% |
| 물리학 | 1 | 5% |

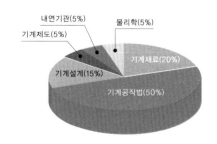

## ✿ 2019년 10월 기출문제

### [문제별 항목 분석]

| 1번 | 2번 | 3번 | 4번 | 5번 | 6번 | 7번 |
|---|---|---|---|---|---|---|
| 기계공작법 (구성인선) | 기계공작법 (여러 가공) | 기계공작법 (연삭) | 기계공작법 (주조법) | 기계재료 (비철금속) | 기계재료 (주철) | 유압기기 (유압밸브) |

| 8번 | 9번 | 10번 | 11번 | 12번 | 13번 | 14번 |
|---|---|---|---|---|---|---|
| 기계공작법 (측정기) | 유압기기 (작동유 구비조건) | 기계공작법 (용접) | 기계공작법 (측정기) | 기계재료 (시험법) | 유압기기 (밸브) | 기계재료 (강) |

| 15번 | 16번 | 17번 | 18번 | 19번 | 20번 | |
|---|---|---|---|---|---|---|
| 내연기관 (여러 기관) | 기계공작법 (제품 생산) | 기계재료 (비철금속) | 기계공작법 (센터리스연삭) | 기계설계 (기어 계산) | 기계설계 (리벳) | |

### [과목별 출제빈도]

| 과목명 | 문제 수 | 출제빈도 |
|---|---|---|
| 기계재료 | 5 | 25% |
| 기계공작법 | 9 | 45% |
| 기계설계 | 2 | 10% |
| 유압기기 | 3 | 15% |
| 내연기관 | 1 | 5% |

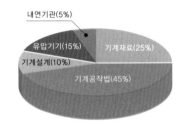

## ✿ 2020년 6월 기출문제

### [문제별 항목 분석]

| 1번 | 2번 | 3번 | 4번 | 5번 | 6번 | 7번 |
|---|---|---|---|---|---|---|
| 기계공작법 (측정기) | 기계설계 (나사) | 기계재료 (재료의 성질) | 기계공작법 (연삭) | 기계공작법 (크레이터 마모) | 기계재료 (주철) | 기계공작법 (목형) |

| 8번 | 9번 | 10번 | 11번 | 12번 | 13번 | 14번 |
|---|---|---|---|---|---|---|
| 기계공작법 (평면 절삭가공) | 유체역학 (베르누이 방정식) | 기계공작법 (소성가공) | 기구학 (기본 내용) | 기계설계 (나사) | 기계공작법 (드릴링 가공) | 열역학 (압축비 계산) |

| 15번 | 16번 | 17번 | 18번 | 19번 | 20번 | |
|---|---|---|---|---|---|---|
| 열역학 (카르노 사이클) | 기계제도 (모델링 방법) | 기계재료 (탄소강에서의 원소 영향) | 기계재료 (재료의 성질) | 기계설계 (베어링) | 기계공작법 (반도체 공정) | |

### [과목별 출제빈도]

| 과목명 | 문제 수 | 출제빈도 |
|---|---|---|
| 기계재료 | 4 | 20% |
| 기계공작법 | 8 | 40% |
| 기계설계 | 3 | 15% |
| 유체역학 | 1 | 5% |
| 기구학 | 1 | 5% |
| 열역학 | 2 | 10% |
| 기계제도 | 1 | 5% |

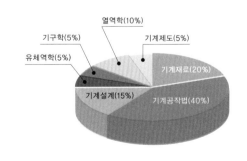

## ✿ 2020년 10월 기출문제

### [문제별 항목 분석]

| 1번 | 2번 | 3번 | 4번 | 5번 | 6번 | 7번 |
|---|---|---|---|---|---|---|
| 기계재료<br>(철강) | 기계설계<br>(결합용<br>기계요소) | 기계설계<br>(나사) | 기계재료<br>(시험법) | 기계설계<br>(기어 계산) | 기계공작법<br>(오차) | 기계설계<br>(간접전동장치) |
| 8번 | 9번 | 10번 | 11번 | 12번 | 13번 | 14번 |
| 기계공작법<br>(선반) | 기계설계<br>(축) | 기계재료<br>(합성수지) | 기계공작법<br>(공차) | 공기조화<br>(4대 요소) | 기계공작법<br>(선반 회전수<br>계산) | 유압기기<br>(펌프) |
| 15번 | 16번 | 17번 | 18번 | 19번 | 20번 | |
| 기계공작법<br>(절삭가공) | 유체기계<br>(서징현상) | 기계설계<br>(기어) | 기계재료<br>(비철금속) | 기계공작법<br>(용접) | 내연기관<br>(기본 기관) | |

### [과목별 출제빈도]

| 과목명 | 문제 수 | 출제빈도 |
|---|---|---|
| 기계재료 | 4 | 20% |
| 기계공작법 | 6 | 30% |
| 기계설계 | 6 | 30% |
| 공기조화 | 1 | 5% |
| 유압기기 | 1 | 5% |
| 유체기계 | 1 | 5% |
| 내연기관 | 1 | 5% |

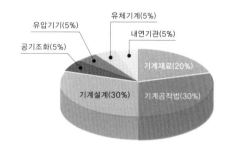

## ✿ 2021년 6월 기출문제

### [문제별 항목 분석]

| 1번 | 2번 | 3번 | 4번 | 5번 | 6번 | 7번 |
|---|---|---|---|---|---|---|
| 기계재료<br>(철강) | 유체역학<br>(레이놀즈수) | 기계설계<br>(체인) | 기계공작법<br>(선반 회전수<br>계산) | 기계공작법<br>(용접) | 기계공작법<br>(주조) | 기계재료<br>(절삭 공구) |
| 8번 | 9번 | 10번 | 11번 | 12번 | 13번 | 14번 |
| 기계공작법<br>(인발) | 기계공작법<br>(성형법) | 기계재료<br>(시험법) | 기계재료<br>(파괴) | 기계공작법<br>(여러 가공) | 열역학<br>(냉매 구비조건) | 기계설계<br>(나사) |
| 15번 | 16번 | 17번 | 18번 | 19번 | 20번 | |
| 기계재료<br>(신소재) | 유압기기<br>(특징) | 열역학<br>(증기원동기) | 기계재료<br>(철강 조직) | 유체기계<br>(공동현상) | 기계설계<br>(볼트) | |

### [과목별 출제빈도]

| 과목명 | 문제 수 | 출제빈도 |
|---|---|---|
| 기계재료 | 6 | 30% |
| 기계공작법 | 6 | 30% |
| 기계설계 | 3 | 15% |
| 유체역학 | 1 | 5% |
| 열역학 | 2 | 10% |
| 유체기계 | 1 | 5% |
| 유압기기 | 1 | 5% |

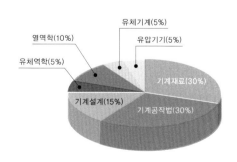

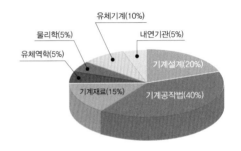

# 연도별 기출 분석

### ⚙ 2022년 6월 기출문제

[문제별 항목 분석]

| 1번 | 2번 | 3번 | 4번 | 5번 | 6번 | 7번 |
|---|---|---|---|---|---|---|
| 기계재료<br>(시험법) | 기계재료<br>(크리프) | 기계공작법<br>(선반[선삭]) | 기계공작법<br>(절삭칩,<br>구성인선) | 기계공작법<br>(측정기) | 기계설계<br>(클러치, 커플링) | 기계재료<br>(경도시험법,<br>다이아몬드) |
| 8번 | 9번 | 10번 | 11번 | 12번 | 13번 | 14번 |
| 유체역학<br>(유속 및<br>유량측정기기) | 기계공작법<br>(피로수명 향상<br>공정) | 물리학<br>(단위) | 기계설계<br>(키) | 기계설계<br>(나사) | 기계설계<br>(치형 곡선 특징) | 기계공작법<br>(특수 가공법) |
| 15번 | 16번 | 17번 | 18번 | 19번 | 20번 | |
| 내연기관<br>(기본 계산 문제) | 유체기계<br>(압축기) | 유체기계<br>(펌프) | 기계공작법<br>(소성가공 관련) | 기계공작법<br>(신속조형법) | 기계공작법<br>(압연) | |

[과목별 출제빈도]

| 과목명 | 문제 수 | 출제빈도 |
|---|---|---|
| 기계재료 | 3 | 15% |
| 기계공작법 | 8 | 40% |
| 기계설계 | 4 | 20% |
| 유체역학 | 1 | 5% |
| 물리학 | 1 | 5% |
| 내연기관 | 1 | 5% |
| 유체기계 | 2 | 10% |

## ✿ 2023년 6월 기출문제

### [문제별 항목 분석]

| 1번 | 2번 | 3번 | 4번 | 5번 | 6번 | 7번 |
|---|---|---|---|---|---|---|
| 기계설계<br>(파손이론) | 기계설계<br>(나사) | 기계공작법<br>(측정기) | 기계설계<br>(축이음) | 기계공작법<br>(밀링) | 기계공작법<br>(마멸) | 기계공작법<br>(정밀입자가공) |
| 8번 | 9번 | 10번 | 11번 | 12번 | 13번 | 14번 |
| 유압기기<br>(공동현상) | 내연기관<br>(노크) | 기계재료<br>(결정구조) | 기계설계<br>(베어링) | 기계재료<br>(강괴) | 기계공작법<br>(측정기) | 기계공작법<br>(소성가공) |
| 15번 | 16번 | 17번 | 18번 | 19번 | 20번 | |
| 유압기기<br>(밸브) | 열역학<br>(사이클) | 기계설계<br>(마찰차) | 기계재료<br>(탄성 및 소성) | 기계재료<br>(재료시험법) | 기계공작법<br>(널링가공) | |

### [과목별 출제빈도]

| 과목명 | 문제 수 | 출제빈도 |
|---|---|---|
| 기계설계 | 5 | 25% |
| 기계공작법 | 7 | 35% |
| 기계재료 | 4 | 20% |
| 유압기기 | 2 | 10% |
| 열역학 | 1 | 5% |
| 내연기관 | 1 | 5% |

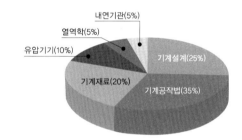

# 차 례

**PART 01** 기출문제

Contents

**PART 02** 정답 및 해설

# General Machin

# I

# 기출문제

# 01

## 2009년 5월 23일 시행
# 지방직 9급 공개경쟁채용

→ 정답과 해설은 p.4에 있습니다.

**01** 다음 중 상온에서 소성변형을 일으킨 후에 열을 가하면 원래의 모양으로 돌아가는 성질을 가진 재료는?

① 비정질합금  ② 내열금속
③ 초소성재료  ④ 형상기억합금

**02** 순철은 상온에서 체심입방격자이지만 912℃ 이상에서는 면심 입방격자로 변하는데 이와 같은 철의 변태는?

① 자기변태  ② 동소변태
③ 변태점  ④ 공석변태

**03** 다음 중 비소모성전극 아크용접에 해당하는 것은?

① 가스텅스텐아크 용접(GTAW) 또는 TIG 용접
② 서브머지드아크 용접(SAW)
③ 가스금속아크 용접(GMAW) 또는 MIG 용접
④ 피복금속아크 용접(SMAW)

**04** 다음은 도면상에서 나사 가공을 지시한 예이다. 각 기호에 대한 설명으로 옳지 않은 것은?

$$4 - M8 \times 1.25$$

① 4는 나사의 등급을 나타낸 것이다.
② M은 나사의 종류를 나타낸 것이다.
③ 8은 나사의 호칭지름을 나타낸 것이다.
④ 1.25는 나사의 피치를 나타낸 것이다.

**05** 연삭가공에 대한 설명 중 옳지 않은 것은?

① 숫돌의 3대 구성요소는 연삭입자, 결합제, 기공이다.
② 마모된 숫돌면의 입자를 제거함으로써 연삭능력을 회복시키는 작업을 드레싱(dressing)이라 한다.
③ 숫돌의 형상을 원래의 형상으로 복원시키는 작업을 로우딩(loading)이라 한다.
④ 연삭비는 (연삭에 의해 제거된 소재의 체적) / (숫돌의 마모체적)으로 정의된다.

**06** 다음 중 기계재료가 갖추어야 할 일반적 성질과 관계가 먼 것은?

① 힘을 전달하는 기구학적 특성
② 주조성, 용접성, 절삭성 등의 가공성
③ 적정한 가격과 구입의 용이성 등의 경제성
④ 내마멸성, 내식성, 내열성 등의 물리화학적 특성

**07** 다음 중 구름 베어링이 미끄럼 베어링보다 좋은 이유로 옳지 않은 것은?

① 표준화된 규격제품이 많아 교환성이 좋다.
② 베어링의 너비를 작게 제작할 수 있어 기계의 소형화가 가능하다.
③ 동력 손실이 적다.
④ 큰 하중이 작용하는 기계장치에 사용되며 설치와 조립이 쉽다.

**08** 다음 중 축의 위험속도와 가장 관련이 깊은 것은?

① 축에 작용하는 최대 비틀림모멘트
② 축 베어링이 견딜 수 있는 최고회전속도
③ 축의 고유진동수
④ 축에 작용하는 최대 굽힘모멘트

**09** 다음 중 구성인선이 발생되지 않도록 하는 노력으로 적절한 것은?

① 바이트의 윗면 경사각을 작게 한다.
② 윤활성이 높은 절삭제를 사용한다.
③ 절삭깊이를 크게 한다.
④ 절삭속도를 느리게 한다.

**10** 수치제어(NC : Numerical Control) 프로그램에 포함되지 않는 가공정보는?

① 공구 오프셋(offset)량
② 절삭속도
③ 절삭 소요시간
④ 절삭유제 공급여부

**11** 스프링 상수가 200N/mm인 접시 스프링 8개를 아래 그림과 같이 겹쳐 놓았다. 여기에 200N의 압축력($F$)을 가한다면 스프링의 전체 압축량[mm]은?

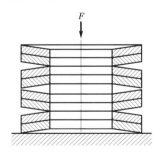

① 0.125
② 1.0
③ 2.0
④ 8.0

**12** 인베스트먼트 주조(investment casting)에 대한 설명 중 옳지 않은 것은?

① 제작공정이 단순하여 비교적 저비용의 주조법이다.
② 패턴을 내열재로 코팅한다.
③ 패턴은 왁스, 파라핀 등과 같이 열을 가하면 녹는 재료로 만든다.
④ 복잡하고 세밀한 제품을 주조할 수 있다.

**13** 유압장치에 대한 설명 중 옳지 않은 것은?

① 유량의 조절을 통해 무단 변속 운전을 할 수 있다.
② 파스칼의 원리에 따라 작은 힘으로 큰 힘을 얻을 수 있는 장치제작이 가능하다.
③ 유압유의 온도 변화에 따라 액추에이터의 출력과 속도가 변화되기 쉽다.
④ 공압에 비해 입력에 대한 출력의 응답속도가 떨어진다.

**14** 지름이 $d$이고 길이가 $L$인 전동축이 있다. 비틀림모멘트에 의해 발생된 비틀림각이 $\alpha$라고 할 때 이 축의 비틀림각을 $\dfrac{\alpha}{4}$로 줄이고자 한다면 축의 지름을 얼마로 변경해야 하겠는가?

① $\sqrt{2}\,d$   ② $2d$
③ $\sqrt{4}\,d$   ④ $4d$

**15** 탄성체의 고유진동수를 높이고자 한다면 다음 중 어떤 변수를 낮추어야 하는가?

① 외력   ② 질량
③ 강성   ④ 운동량

**16** 원심펌프에 대한 설명으로 옳지 않은 것은?

① 비속도를 성능이나 적합한 회전수를 결정하는 지표로 사용할 수 있다.
② 펌프의 회전수를 높임으로써 캐비테이션을 방지할 수 있다.
③ 송출량 및 압력이 주기적으로 변화하는 현상을 서징현상이라 한다.
④ 평형공(balance hole)을 이용하여 축추력을 방지할 수 있다.

**17** 원통 코일 스프링의 스프링 상수에 대한 설명으로 옳지 않은 것은?

① 코일 스프링의 권선수에 반비례한다.
② 코일을 감는 데 사용한 소선의 탄성계수에 비례한다.
③ 코일을 감는 데 사용한 소선 지름의 네제곱에 비례한다.
④ 코일 스프링 평균지름의 제곱에 반비례한다.

**18** 다이캐스팅(die casting)에 대한 설명으로 옳지 않은 것은?

① 주물조직이 치밀하며 강도가 크다.
② 일반 주물에 비해 치수가 정밀하지만, 장치비용이 비싼 편이다.
③ 소량생산에 적합하다.
④ 기계용량의 표시는 가압유지 체결력과 관계가 있다.

**19** 산소-아세틸렌 용접법(OFW)의 설명으로 옳지 않은 것은?

① 화염크기를 쉽게 조절할 수 있다.
② 산화염, 환원염, 중성염 등의 다양한 종류의 화염을 얻을 수 있다.
③ 일반적으로 열원의 온도가 아크 용접에 비하여 높다.
④ 열원의 집중도가 낮아 열변형이 큰 편이다.

**20** 경도측정에 사용되는 원리가 아닌 것은?

① 물체의 표면에 압입자를 충돌시킨 후 압입자가 반동되는 높이 측정
② 일정한 각도로 들어 올린 진자를 자유낙하시켜 물체와 충돌시킨 뒤 충돌전후 진자의 위치에너지 차이 측정
③ 일정한 하중으로 물체의 표면을 압입한 후 발생된 압입자국의 크기 측정
④ 물체를 표준 시편으로 긁어서 어느 쪽에 긁힌 흔적이 발생하는지를 관찰

# 02

# 지방직 9급 공개경쟁채용

→ 정답과 해설은 p.12에 있습니다.

**01** 절삭공구의 피복(coating) 재료로 적절하지 않은 것은?

① 텅스텐탄화물(WC)
② 티타늄탄화물(TiC)
③ 티타늄질화물(TiN)
④ 알루미늄산화물($Al_2O_3$)

**02** 연성 파괴에 대한 설명으로 옳지 않은 것은?

① 진전하는 균열 주위에 상당한 소성 변형이 일어난다.
② 취성 파괴보다 적은 변형률 에너지가 필요하다.
③ 파괴가 일어나기 전에 어느 정도의 네킹 현상이 나타난다.
④ 균열은 대체적으로 천천히 진전한다.

**03** 재료시험 항목과 시험방법의 관계로 옳지 않은 것은?

① 충격시험 : 샤르피(Charpy)시험
② 크리프시험 : 표면거칠기시험
③ 연성파괴시험 : 인장시험
④ 경도시험 : 로크웰경도시험

**04** 탄소가 흑연 박편의 형태로 석출되며 내마모성이 우수하고 압축 강도가 좋으며 엔진 블록, 브레이크 드럼 등에 사용되는 재료는?

① 회주철(gray iron)
② 백주철(white iron)
③ 가단주철(malleable iron)
④ 연철(ductile iron)

**05** 스플라인 키의 특징인 것은?

① 축에 원주방향으로 같은 간격으로 여러 개의 키 홈을 깎아 낸 것이다.
② 큰 토크를 전달하지 않는다.
③ 키 홈으로 인하여 축의 강도가 저하된다.
④ 키와 축의 접촉면에서 발생하는 마찰력으로 회전력을 발생시킨다.

**06** 사각나사의 나선각이 $\lambda$, 나사면의 마찰계수 $\mu$에 따른 마찰각이 $\rho(\mu = \tan\rho)$인 사각나사가 외부 힘의 작용 없이 스스로 풀리지 않고 체결되어 있을 자립 조건은?

① $\rho \geq \lambda$
② $\rho \leq \lambda$
③ $\rho < \lambda$
④ $\rho$ 및 $\lambda$와 상관없음

**07** 굽힘 모멘트 $M$과 비틀림 모멘트 $T$를 동시에 받는 축에서 최대주응력설에 적용할 상당 굽힘모멘트 $M_e$는?

① $M_e = \dfrac{1}{2}(M + \sqrt{M^2 + T^2})$

② $M_e = (\sqrt{M^2 + T^2})$

③ $M_e = (M + \sqrt{M^2 + T^2})$

④ $M_e = \dfrac{1}{2}(M + T)$

**08** 두께가 6mm이고 안지름이 180mm인 원통형 압력용기가 $14\text{kgf/cm}^2$의 내압을 받는 경우, 이 압력용기의 원주 방향 및 축 방향 인장응력$[\text{kgf/cm}^2]$은?

| | 원주 방향 | 축 방향 |
|---|---|---|
| ① | 210 | 420 |
| ② | 420 | 840 |
| ③ | 210 | 105 |
| ④ | 420 | 210 |

**09** 다음 중 유성기어장치에 대한 설명으로 옳은 것은? (단, 내접기어 잇수는 $Z_I$, 태양기어 잇수는 $Z_S$이며 $Z_I > Z_S$이다)

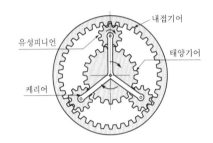

① 태양기어를 고정하고 캐리어를 구동할 경우 내접기어는 감속한다.
② 캐리어를 고정하고 내접기어를 구동할 경우 태양기어는 역전증속한다.
③ 내접기어를 고정하고 태양기어를 구동할 경우 캐리어는 증속한다.
④ 태양기어를 고정하고 내접기어를 구동할 경우 캐리어는 역전감속한다.

**10** 다음 중 플라스틱의 성형과 관계없는 가공 공정은?

① 압출성형  ② 사출성형
③ 인발성형  ④ 압축성형

**11** 원심주조와 다이캐스트법에 대한 설명으로 옳지 않은 것은?

① 원심주조법은 고속회전하는 사형 또는 금형주형에 쇳물을 주입하여 주물을 만든다.
② 원심주조법은 주로 주철관, 주강관, 실린더 라이너, 포신 등을 만든다.
③ 다이캐스트법은 용융금속을 강한 압력으로 금형에 주입하고 가압하여 주물을 얻는다.
④ 다이캐스트법은 주로 철금속 주조에 사용된다.

**12** 항복 인장응력이 $Y$인 금속을 소성영역까지 인장시켰다가 하중을 제거하고 다시 압축을 하면 압축 항복응력이 인장 항복응력 $Y$보다 작아지는 현상이 있다. 이러한 현상과 관련이 없는 것은?

① 변형율 연화
② 스프링 백
③ 가공 연화
④ 바우싱어(Bauschinger) 효과

**13** 증기원동기의 증기동력 사이클과 가장 가까운 사이클은?

① 오토 사이클
② 디젤 사이클
③ 브레이톤 사이클
④ 랭킨 사이클

**14** 다음 중 잔류응력에 대한 설명으로 옳은 것으로만 묶인 것은?

> ㄱ. 표면에 남아 있는 인장잔류응력은 피로수명과 파괴강도를 향상시킨다.
> ㄴ. 표면에 남아 있는 압축잔류응력은 응력부식균열을 발생시킬 수 있다.
> ㄷ. 표면에 남아 있는 인장잔류응력은 피로수명과 파괴강도를 저하시킨다.
> ㄹ. 잔류응력은 물체 내의 온도구배(temperature gradient)에 의해 생길 수 있다.
> ㅁ. 풀림처리(annealing)를 하거나 소성변형을 추가시키는 방법을 통하여 잔류응력을 제거하거나 감소시킬 수 있다.
> ㅂ. 실온에서도 충분한 시간을 두고 방치하면 잔류응력을 줄일 수 있다.

① ㄱ, ㄴ, ㅁ, ㅂ
② ㄴ, ㄷ, ㄹ, ㅁ
③ ㄷ, ㄹ, ㅁ, ㅂ
④ ㄱ, ㄴ, ㄷ, ㄹ

**15** 열간가공과 냉간가공에 대한 설명으로 옳은 것은?

① 열간가공은 냉간가공에 비해 표면 거칠기가 향상된다.
② 열간가공은 냉간가공에 비해 정밀한 허용치수 오차를 갖는다.
③ 일반적으로 열간가공된 제품은 냉간가공된 같은 제품에 비해 균일성이 적다.
④ 열간가공은 냉간가공에 비해 가공이 용이하지 않다.

**16** 열처리에 대한 설명으로 옳지 않은 것은?

① 완전 풀림처리(Full annealing)에서 얻어진 조직은 조대 펄라이트(Pearlite)이다.
② 노말라이징(Normalizing)은 강의 풀림처리에서 일어날 수 있는 과도한 연화를 피할 수 있도록 공기 중에서 냉각하는 것을 의미한다.
③ 오스템퍼링(Austempering)은 오스테나이트(Austenite)에서 베이나이트(Bainite)로 완전히 등온변태가 일어날 때까지 특정 온도로 유지한 후 공기 중에서 냉각한다.
④ 스페로다이징(Spherodizing)은 미세한 펄라이트 구조를 얻기 위해 공석온도 이상으로 가열한 후 서랭하는 공정이다.

**17** 유압펌프의 특성에 대한 설명으로 옳지 않은 것은?

① 기어펌프는 구조가 간단하고 신뢰도가 높으며 운전보수가 비교적 용이할 뿐만 아니라 가변토출형으로 제작이 가능하다는 장점이 있다.
② 베인펌프의 경우에는 깃이 마멸되어도 펌프의 토출은 충분히 행해질 수 있다는 것이 장점이다.
③ 피스톤 펌프는 다른 펌프와 비교해서 상당히 높은 압력에 견딜 수 있고, 효율이 높다는 장점이 있다.
④ 일반적으로 용적형 펌프(Positive displacement pump)는 정량토출을 목적으로 사용하고, 비용적형 펌프(Non-positivedisplacement pump)는 저압에서 대량의 유체를 수송하는 데 사용된다.

**18** 4사이클 기관과 2사이클 기관을 비교할 때 2 사이클 기관의 장점이 아닌 것은?

① 2사이클 기관은 4사이클 기관에 비하여 소형 경량으로 할 수 있다.
② 2사이클 기관은 구조가 간단하여 저가로 제작할 수 있다.
③ 이론적으로는 4사이클 기관의 2배의 출력을 얻게 된다.
④ 2사이클 기관은 4사이클 기관에 비하여 연료소비가 적다.

**19** 그림과 같은 수평면에 놓인 50kg 무게의 상자에 힘 $P=400$N으로 5초 동안 잡아 당긴 후 운동하게 되는 상자의 속도[m/sec]와 가장 가까운 값은? (단, 상자와 바닥면 간의 마찰계수는 0.3이다.)

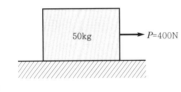

① 10        ② 25
③ 40        ④ 50

**20** 높은 경도의 금형 가공에 많이 적용되는 방법으로 전극의 형상을 절연성 있는 가공액 중에서 금형에 전사하여 원하는 치수와 형상을 얻는 가공법은?

① 전자빔가공법
② 플라즈마 아크 가공법
③ 방전가공법
④ 초음파가공법

# 03

## 2011년 5월 14일 시행
# 지방직 9급 공개경쟁채용

→ 정답과 해설은 p.18에 있습니다.

**01** 자기변태에 대한 설명으로 옳지 않은 것은?

① 자기변태가 일어나는 점을 자기변태점이라 하며, 이 변태가 일어나는 온도를 큐리점(curie point)이라고 한다.
② 자기변태점에서 원자배열이 변화함으로써 자기강도가 변화한다.
③ 철, 니켈, 코발트 등의 강자성 금속을 가열하여 자기변태점에 이르면 상자성 금속이 된다.
④ 순철의 자기변태점은 768℃이다.

**02** 양쪽 끝 모두 수나사로 되어 있고, 관통하는 구멍을 뚫을 수 없는 경우에 사용하며, 한쪽 끝은 상대 쪽에 암나사를 만들어 미리 반영구적으로 박음을 하고 다른 쪽 끝에는 너트를 끼워 조이는 볼트는?

① 관통볼트 ② 탭 볼트
③ 스터드 볼트 ④ 양 너트 볼트

**03** 플라스틱 성형법 중에서 음료수병과 같이 좁은 입구를 가지는 용기의 제작에 가장 적합한 것은?

① 압축성형 ② 사출성형
③ 블로우성형 ④ 열성형

**04** CNC 공작기계의 프로그램에서 G 코드가 의미하는 것은?

① 순서번호 ② 준비기능
③ 보조기능 ④ 좌표값

**05** 두 가지 성분의 금속이 용융되어 있는 상태에서는 하나의 액체로 존재하나, 응고 시 일정한 온도에서 액체로부터 두 종류의 금속이 일정한 비율로 동시에 정출되어 나오는 반응은?

① 공정반응 ② 포정반응
③ 편정반응 ④ 포석반응

**06** 자동차에서 직교하는 사각구조의 차동 기어열(differential gear train)에 사용되는 기어는?

① 평기어 ② 베벨기어
③ 헬리컬기어 ④ 웜기어

**07** 나사에 대한 설명으로 옳은 것은?

① 나사의 지름은 수나사에서는 대문자로, 암나사에서는 소문자로 표기한다.
② 피치는 나사가 1회전할 때 축 방향으로 이동하는 거리이다.
③ 피치가 같으면 한 줄 나사와 다중 나사의 리드(lead)는 같다.
④ 나사의 크기를 나타내는 호칭은 수나사의 바깥지름으로 표기한다.

**08** 다음 합금 중에서 열에 의한 팽창계수가 작아 측정기 재료로 가장 적합한 것은?

① Ni-Fe ② Cu-Zn
③ Al-Mg ④ Pb-Sn-Sb

**09** M-D-100-L-75-B로 표시된 연삭숫돌에서 L이 의미하는 것은?

① 결합도　　　　　② 연삭입자의 종류
③ 결합제의 종류　　④ 입도지수

**10** 비파괴검사에 일반적으로 이용되는 것과 가장 거리가 먼 것은?

① 초음파　　　　　② 자성
③ 방사선　　　　　④ 광탄성

**11** 소성가공법에 대한 설명으로 옳은 것은?

① 냉간가공은 재결정온도 이상에서 가공한다.
② 가공경화는 소성가공 중 재료가 약해지는 현상이다.
③ 압연시 압하율이 크면 롤 간격에서의 접촉호가 길어지므로 최고 압력이 감소한다.
④ 노칭(notching)은 전단가공의 한 종류이다.

**12** 선형 탄성재료로 된 균일 단면봉이 인장하중을 받고 있다. 선형탄성범위 내에서 인장하중을 증가시켜 신장량을 2배로 늘리면 변형에너지는 몇 배가 되는가?

① 2　　　　　　　　② 4
③ 8　　　　　　　　④ 16

**13** 가스 터빈에 대한 설명으로 옳지 않은 것은?

① 단위시간당 동작유체의 유량이 많다.
② 기관중량당 출력이 크다.
③ 연소가 연속적으로 이루어진다.
④ 불완전 연소에 의해서 유해성분의 배출이 많다.

**14** 판재의 굽힘가공에서 최소굽힘반지름에 대한 설명으로 옳지 않은 것은?

① 인장단면감소율이 0%에 가까워질수록 $\dfrac{굽힘\ 반지름}{판재\ 두께}$의 비율도 0에 접근하게 되고 재료는 완전 굽힘이 된다.
② $\dfrac{굽힘\ 반지름}{판재\ 두께}$의 비율이 작은 경우, 폭이 좁은 판재는 측면에 균열이 발생할 수 있다.
③ 최소굽힘반지름은 $T$의 배수로 표기되는데, $2T$라고 하면 균열이 발생하지 않고 판재를 굽힐 수 있는 최소굽힘반지름이 판재 두께의 2배라는 것을 의미한다.
④ 굽힘의 바깥 면에 균열이 발생하기 시작하는 한계굽힘반지름을 최소굽힘반지름이라고 한다.

**15** 용접에서 열영향부(heat affected zone)에 대한 설명으로 가장 적절한 것은?

① 융합부로부터 멀어져서 아무런 야금학적 변화가 발생하지 않은 부분
② 용융점 이하의 온도이지만 금속의 미세조직 변화가 일어난 부분
③ 높은 온도로 인하여 경계가 뚜렷하며 화학적 조성이 모재 금속과 다른 조직이 생성된 부분
④ 용가재 금속과 모재 금속이 액체 상태로 용해되었다가 응고된 부분

**16** 주철에 함유된 원소 중 인(P)의 영향으로 옳은 것은?

① 스테다이트(steadite)를 형성하여 주철의 경도를 낮춘다.
② 공정온도와 공석온도를 상승시킨다.
③ 주철의 융점을 낮추어 유동성을 양호하게 한다.
④ 1wt% 이상 사용할 때 경도는 상승하지만 인성은 감소한다.

**17** 변형이 일어나지 않는 튼튼한 벽 사이에 길이 $L$은 50mm이고 지름 $d$는 20mm인 강철봉이 고정되어 있다. 온도를 10°C에서 60°C로 가열하는 경우 봉에 발생하는 열응력[MPa]은? (단, 선팽창계수는 $12 \times 10^{-6}$/°C, 봉 재료의 항복응력은 500MPa이고 탄성계수 $E$는 200GPa이다)

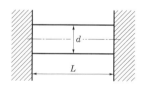

① −60      ② −120
③ −240      ④ −480

**18** 유압장치의 구성요소에 대한 설명으로 옳지 않은 것은?

① 유압 펌프는 전기적 에너지를 유압 에너지로 변환시킨다.
② 유압 실린더는 유압 에너지를 기계적 에너지로 변환시킨다.
③ 유압 모터는 유압 에너지를 기계적 에너지로 변환시킨다.
④ 축압기는 유압 에너지의 보조원으로 사용할 수 있다.

**19** 테르밋 용접에 대한 설명으로 옳지 않은 것은?

① 금속 산화물이 알루미늄에 의하여 산소를 빼앗기는 반응을 이용한 용접이다.
② 레일의 접합, 차축, 선박의 선미 프레임 등 비교적 큰 단면을 가진 주조나 단조품의 맞대기 용접과 보수 용접에 사용된다.
③ 설비가 간단하여 설치비가 적게 들지만 용접변형이 크고 용접시간이 많이 걸린다.
④ 알루미늄 분말과 산화철 분말의 혼합반응으로 발생하는 열로 접합하는 용접법이다.

**20** 취성 재료의 분리 파손과 가장 잘 일치하는 이론은?

① 최대 주응력설
② 최대 전단응력설
③ 총 변형 에너지설
④ 전단 변형 에너지설

# 04

# 지방직 9급 공개경쟁채용

→ 정답과 해설은 p.23에 있습니다.

**01** 펄라이트(pearlite) 상태의 강을 오스테나이트(austenite) 상태까지 가열하여 급랭할 경우 발생하는 조직은?

① 시멘타이트(cementite)
② 마르텐자이트(martensite)
③ 펄라이트(pearlite)
④ 베이나이트(bainite)

**02** 강(steel)의 재결정에 대한 설명으로 옳지 않은 것은?

① 냉간가공도가 클수록 재결정 온도는 높아진다.
② 냉간가공도가 클수록 재결정 입자크기는 작아진다.
③ 재결정은 확산과 관계되어 시간의 함수가 된다.
④ 선택적 방향성은 재결정 후에도 유지된다.

**03** 서로 맞물려 돌아가는 기어 A와 B의 피치원의 지름이 각각 100mm, 50mm이다. 이에 대한 설명으로 옳지 않은 것은?

① 기어 B의 전달 동력은 기어 A에 가해지는 동력의 2배가 된다.
② 기어 B의 회전각속도는 기어 A의 회전각속도의 2배이다.
③ 기어 A와 B의 모듈은 같다.
④ 기어 B의 잇수는 기어 A의 잇수의 절반이다.

**04** 전위기어(profile shifted gear)를 사용하는 목적이 아닌 것은?

① 두 기어 간 중심거리의 자유로운 변화
② 이의 강도 증가
③ 물림률 증가
④ 최소잇수 증가

**05** 강관이나 알루미늄 압출튜브를 소재로 사용하며, 내부에 액체를 이용한 압력을 가함으로써 복잡한 형상을 제조할 수 있는 방법은?

① 롤포밍(roll forming)
② 인베스트먼트 주조(investment casting)
③ 플랜징(flanging)
④ 하이드로포밍(hydroforming)

**06** 가단주철에 대한 설명으로 옳지 않은 것은?

① 가단주철은 연성을 가진 주철을 얻는 방법 중 시간과 비용이 적게 드는 공정이다.
② 가단주철의 연성이 백주철에 비해 좋아진 것은 조직 내의 시멘타이트의 양이 줄거나 없어졌기 때문이다.
③ 조직 내에 존재하는 흑연의 모양은 회주철에 존재하는 흑연처럼 날카롭지 않고 비교적 둥근 모양으로 연성을 증가시킨다.
④ 가단주철은 파단 시 단면감소율이 10% 정도에 이를 정도로 연성이 우수하다.

**07** 표면경화를 위한 질화법(nitriding)을 침탄경화법(carburizing)과 비교하였을 때, 옳지 않은 것은?

① 질화법은 침탄경화법에 비하여 경도가 높다.
② 질화법은 침탄경화법에 비하여 경화층이 얇다.
③ 질화법은 경화를 위한 담금질이 필요 없다.
④ 질화법은 침탄경화법보다 가열 온도가 높다.

**08** 동력전달축이 비틀림을 받을 때, 그 축의 반지름과 길이가 모두 두 배로 증가하였다면, 비틀림 각은 몇 배로 변하는가?

① $\dfrac{1}{2}$　　　　② $\dfrac{1}{4}$

③ $\dfrac{1}{8}$　　　　④ $\dfrac{1}{16}$

**09** 압축코일스프링에서 스프링 전체의 평균 지름을 반으로 줄이면 축방향 하중에 대한 스프링의 처짐과 스프링에 발생하는 최대 전단응력은 몇 배가 되는가?

① $\dfrac{1}{16}$, $\dfrac{1}{4}$　　② $\dfrac{1}{8}$, $\dfrac{1}{2}$

③ 8, 2　　　　④ 16, 8

**10** 바이트 날 끝의 고온, 고압 때문에 칩이 조금씩 응착하여 단단해진 것을 무엇이라 하는가?

① 구성인선(built-up edge)
② 채터링(chattering)
③ 치핑(chipping)
④ 플랭크(flank)

**11** 기어를 가공하는 방법에 대한 설명으로 옳지 않은 것은?

① 주조법은 제작비가 저렴하지만 정밀도가 떨어진다.
② 전조법은 전조공구로 기어소재에 압력을 가하면서 회전시켜 만드는 방법이다.
③ 기어모양의 피니언공구를 사용하면 내접 기어의 가공은 불가능하다.
④ 호브를 이용한 기어가공에서는 호브공구가 기어축에 평행한 방향으로 왕복이송과 회전운동을 하여 절삭하며, 가공될 기어는 회전이송을 한다.

**12** 유압회로에서 사용하는 축압기(accumulator)의 기능에 해당되지 않는 것은?

① 유압 회로 내의 압력 맥동 완화
② 유속의 증가
③ 충격압력의 흡수
④ 유압 에너지 축적

**13** 다이캐스팅에 대한 설명으로 옳지 않은 것은?

① 정밀도가 높은 표면을 얻을 수 있어 후가공 작업이 줄어든다.
② 주형재료보다 용융점이 높은 금속재료에도 적용할 수 있다.
③ 가압되므로 기공이 적고 치밀한 조직을 얻을 수 있다.
④ 제품의 형상에 따라 금형의 크기와 구조에 한계가 있다.

**14** 지름이 600mm인 브레이크 드럼의 축에 4,500N·cm의 토크가 작용하고 있을 때, 이 축을 정지시키는 데 필요한 최소 제동력 [N]은?

① 15　　　　② 75

③ 150　　　　④ 300

**15** 아크 용접법 중 전극이 소모되지 않는 것은?

① 피복 아크 용접법
② 서브머지드(submerged) 아크 용접법
③ TIG(tungsten inert gas) 용접법
④ MIG(metal inert gas) 용접법

**16** 다음 공작기계에서 절삭 시 공작물 또는 공구가 회전 운동을 하지 않는 것은?

① 브로칭 머신
② 밀링 머신
③ 호닝 머신
④ 원통 연삭기

**17** 밀링 절삭에서 상향절삭과 하향절삭을 비교하였을 때, 하향절삭의 특성에 대한 설명으로 옳지 않은 것은?

① 공작물 고정이 간단하다.
② 절삭면이 깨끗하다.
③ 날 끝의 마모가 크다.
④ 동력 소비가 적다.

**18** 방전가공(EDM)과 전해가공(ECM)에 사용하는 가공액에 대한 설명으로 옳은 것은?

① 방전가공과 전해가공 모두 전기의 양도체의 가공액을 사용한다.
② 방전가공과 전해가공 모두 전기의 부도체의 가공액을 사용한다.
③ 방전가공은 부도체, 전해가공은 양도체의 가공액을 사용한다.
④ 방전가공은 양도체, 전해가공은 부도체의 가공액을 사용한다.

**19** 지름이 50mm인 황동봉을 주축의 회전수 2,000rpm인 조건으로 원통 선삭할 때, 최소 절삭동력[kW]은? (단, 주절삭 분력은 60N이다)

① $0.1\pi$      ② $0.2\pi$
③ $\pi$      ④ $2\pi$

**20** 유압기기에 사용되는 작동유의 구비조건에 대한 설명으로 옳지 않은 것은?

① 인화점과 발화점이 높아야 한다.
② 유연하게 유동할 수 있는 점도가 유지되어야 한다.
③ 동력을 전달시키기 위하여 압축성이어야 한다.
④ 화학적으로 안정하여야 한다.

# 05

2013년 8월 24일 시행

# 지방직 9급 공개경쟁채용

→ 정답과 해설은 p.30에 있습니다.

**01** 환경친화형 가공기술 및 공작기계 설계를 위한 고려 조건으로 옳지 않은 것은?

① 절삭유를 많이 사용하는 습식 가공의 도입
② 공작기계의 소형화
③ 주축의 냉각 방식을 오일 냉각에서 공기 냉각으로 대체
④ 가공시간의 단축

**02** 20mm 두께의 소재가 압연기의 롤러(roller)를 통과한 후 16mm로 되었다면, 이 압연기의 압하율[%]은?

① 20
② 40
③ 60
④ 80

**03** 금속의 결정구조 분류에 해당하지 않는 것은?

① 공간입방격자
② 체심입방격자
③ 면심입방격자
④ 조밀육방격자

**04** 체결된 나사가 스스로 풀리지 않을 조건(self-locking condition)으로 옳은 것만을 모두 고른 것은?

> ㄱ. 마찰각 > 나선각(lead angle)
> ㄴ. 마찰각 < 나선각(lead angle)
> ㄷ. 마찰각 = 나선각(lead angle)

① ㄱ
② ㄴ
③ ㄱ, ㄷ
④ ㄴ, ㄷ

**05** 연삭숫돌의 입자가 무디어지거나 눈메움이 생기면 연삭능력이 떨어지고 가공물의 치수 정밀도가 저하되므로 예리한 날이 나타나도록 공구로 숫돌 표면을 가공하는 것을 나타내는 용어는?

① 트루잉(truing)
② 글레이징(glazing)
③ 로딩(loading)
④ 드레싱(dressing)

**06** 열간 가공에 대한 설명으로 옳지 않은 것은?

① 냉간 가공에 비해 가공 표면이 거칠다.
② 가공 경화가 발생하여 가공품의 강도가 증가한다.
③ 냉간 가공에 비해 가공에 필요한 동력이 작다.
④ 재결정 온도 이상으로 가열한 상태에서 가공한다.

**07** 알루미늄에 많이 적용되며 다양한 색상의 유기 염료를 사용하여 소재 표면에 안정되고 오래가는 착색피막을 형성하는 표면처리 방법으로 옳은 것은?

① 침탄법(carburizing)
② 화학증착법(chemical vapor deposition)
③ 양극산화법(anodizing)
④ 고주파경화법(induction hardening)

**08** 소재에 없던 구멍을 가공하는 데 적합한 것은?

① 브로칭(broaching)
② 밀링(milling)
③ 셰이핑(shaping)
④ 리이밍(reaming)

**09** 안지름이 $d_1$, 바깥지름이 $d_2$, 지름비가 $x = \dfrac{d_1}{d_2}$인 중공축이 정하중을 받아 굽힘모멘트(bending moment) $M$이 발생하였다. 허용굽힘 응력을 $\sigma_a$라 할 때, 바깥지름 $d_2$를 구하는 식으로 옳은 것은?

① $d_2 = \sqrt[3]{\dfrac{64M}{\{\pi(1-x^4)\sigma_a\}}}$

② $d_2 = \sqrt[3]{\dfrac{32M}{\{\pi(1-x^4)\sigma_a\}}}$

③ $d_2 = \sqrt[3]{\dfrac{64M}{\{\pi(1-x^3)\sigma_a\}}}$

④ $d_2 = \sqrt[3]{\dfrac{32M}{\{\pi(1-x^3)\sigma_a\}}}$

**10** 절삭 가공에서 구성인선(built-up edge)에 대한 설명으로 옳지 않은 것은?

① 구성인선을 줄이기 위해서는 공구 경사각을 작게 한다.
② 발생 → 성장 → 분열 → 탈락의 주기를 반복한다.
③ 바이트의 절삭 날에 칩이 달라붙은 것이다.
④ 마찰 계수가 작은 절삭 공구를 사용하면 구성인선이 감소한다.

**11** 고무 스프링에 대한 설명으로 옳지 않은 것은?

① 충격흡수에 좋다.
② 다양한 크기 및 모양 제작이 어려워 용도가 제한적이다.
③ 변질 방지를 위해 기름에 접촉되거나 직사광선에 노출되는 것을 피해야 한다.
④ 방진효과가 우수하다.

**12** 소성가공에서 이용하는 재료의 성질로 옳지 않은 것은?

① 가소성　　　　② 가단성
③ 취성　　　　　④ 연성

**13** 용접 안전사고를 예방하기 위한 것으로 옳지 않은 것은?

① 작업 공간 안의 가연성 물질 및 폐기물 등은 사전에 제거한다.
② 용접할 때에 작업 공간을 지속적으로 환기하여야 한다.
③ 용접에 필요한 가스 용기는 밀폐 공간 내부에 배치한다.
④ 몸에 잘 맞는 작업복을 입고 방진마스크를 쓰며 작업화를 신는다.

**14** 생산 능력과 납품 기일 등을 고려하여 제품 제작 순서와 생산 일정을 계획하는 기계 공장 부서로 옳은 것은?

① 품질 관리실　　② 제품 개발실
③ 설계 제도실　　④ 생산 관리실

**15** 흙이나 모래 등의 무기질 재료를 높은 온도로 가열하여 만든 것으로 특수 타일, 인공 뼈, 자동차 엔진 등에 사용하며 고온에도 잘 견디고 내마멸성이 큰 소재는?

① 파인 세라믹 　　② 형상기억합금
③ 두랄루민 　　　④ 초전도합금

**16** 용접에 대한 설명으로 적절하지 않은 것은?

① 기밀이 요구되는 제품에 사용한다.
② 열영향으로 용접 모재가 변형된다.
③ 용접부의 이음효율이 높다.
④ 용접부의 결함 검사가 쉽다.

**17** 회주철을 급랭하여 얻을 수 있으며 다량의 시멘타이트(cementite)를 포함하는 주철로 옳은 것은?

① 백주철 　　　　② 주강
③ 가단주철 　　　④ 구상흑연주철

**18** 레이디얼 저널 베어링(radial journal bearing)에 관한 설명으로 옳지 않은 것은?

① 베어링은 축 반경 방향의 하중을 지지한다.
② 베어링이 축을 지지하는 위치에 따라 끝저널과 중간저널로 구분한다.
③ 베어링 평균압력은 하중을 압력이 작용하는 축의 표면적으로 나눈 것과 같다.
④ 베어링 재료는 열전도율이 좋아야 한다.

**19** 기어에 대한 설명으로 옳지 않은 것은?

① 한 쌍의 원형 기어가 일정한 각속도비로 회전하기 위해서는 접촉점의 공통법선이 일정한 점을 지나야 한다.
② 인벌류트(involute) 치형에서는 기어 한 쌍의 중심거리가 변하면 일정한 속도비를 유지할 수 없다.
③ 기어의 모듈(module)은 피치원의 지름(mm)을 잇수로 나눈 값이다.
④ 기어 물림률(contact ratio)은 물림길이를 법선피치(normal pitch)로 나눈 값이다.

**20** 컴퓨터의 통제로 바닥에 설치된 유도로를 따라 필요한 작업장 위치로 소재를 운반하는 공장 자동화 구성요소는?

① 자동 창고시스템 　② 3차원 측정기
③ NC 공작기계 　　　④ 무인 반송차

# 06 2014년 6월 21일 시행
# 지방직 9급 공개경쟁채용

→ 정답과 해설은 p.35에 있습니다.

**01** 두 축의 중심이 일치하지 않는 경우에 사용할 수 있는 커플링은?

① 올덤 커플링(Oldham coupling)
② 머프 커플링(muff coupling)
③ 마찰원통 커플링(friction clip coupling)
④ 셀러 커플링(Seller coupling)

**02** 연삭가공 방법의 하나인 폴리싱(polishing)에 대한 설명으로 옳은 것은?

① 원통면, 평면 또는 구면에 미세하고 연한 입자로 된 숫돌을 낮은 압력으로 접촉시키면서 진동을 주어 가공하는 것이다.
② 알루미나 등의 연마 입자가 부착된 연마 벨트에 의한 가공으로 일반적으로 버핑 전 단계의 가공이다.
③ 공작물과 숫돌 입자, 콤파운드 등을 회전하는 통 속이나 진동하는 통 속에 넣고 서로 마찰 충돌시켜 표면의 녹, 흠집 등을 제거하는 공정이다.
④ 랩과 공작물을 누르며 상대 운동을 시켜 정밀 가공을 하는 것이다.

**03** 피복금속 용접봉의 피복제 역할을 설명한 것으로 옳지 않은 것은?

① 수소의 침입을 방지하여 수소기인균열의 발생을 예방한다.
② 용융금속 중의 산화물을 탈산하고 불순물을 제거하는 작용을 한다.
③ 아크의 발생과 유지를 안정되게 한다.
④ 용착금속의 급랭을 방지한다.

**04** 비철금속에 대한 설명으로 옳지 않은 것은?

① 비철금속으로는 구리, 알루미늄, 티타늄, 텅스텐, 탄탈륨 등이 있다.
② 지르코늄은 고온강도와 연성이 우수하며, 중성자 흡수율이 낮기 때문에 원자력용 부품에 사용한다.
③ 마그네슘은 공업용 금속 중에 가장 가볍고 진동감쇠 특성이 우수하다.
④ 니켈은 자성을 띠지 않으며 강도, 인성, 내부식성이 우수하다.

**05** 금속의 가공경화에 대한 설명으로 옳지 않은 것은?

① 가공에 따른 소성변형으로 강도 및 경도는 높아지지만 연성은 낮아진다.
② 가공경화된 금속이 일정 온도 이상 가열되면 강도, 경도 및 연성이 가공 전의 성질로 되돌아간다.
③ 가공경화된 금속을 가열하면 새로운 결정립이 생성되고 성장하는 단계를 거친 후 회복 현상이 나타난다.
④ 냉간가공된 금속은 인장강도가 높으며, 정밀도 및 표면 상태를 향상시킬 수 있다.

**06** 전기저항 용접 방법 중 맞대기 이음 용접에 해당하지 않는 것은?

① 플래시 용접(flash welding)
② 충격 용접(percussion welding)
③ 업셋 용접(upset welding)
④ 프로젝션 용접(projection welding)

**07** 아래의 TTT곡선(Time−Temperature−Transformation diagram)에 나와 있는 화살표를 따라 강을 담금질할 때 얻게 되는 조직은? (단, 그림에서 $A_1$은 공석온도, $M_s$는 마르텐사이트 변태 개시점, $M_f$는 마르텐사이트 변태 완료점을 나타낸다.)

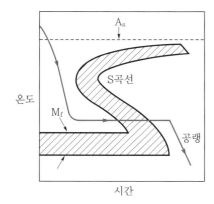

① 베이나이트(bainite)
② 마르텐사이트(martensite)
③ 페라이트(ferrite)
④ 오스테나이트(austenite)

**08** 절삭가공에서 발생하는 크레이터 마모(crater wear)에 대한 설명으로 옳지 않은 것은?

① 공구와 칩 경계에서 원자들의 상호 이동이 주요 원인이다.
② 공구와 칩 경계의 온도가 어떤 범위 이상이면 마모는 급격하게 증가한다.
③ 공구의 여유면과 절삭면과의 마찰로 발생한다.
④ 경사각이 크면 마모의 발생과 성장이 지연된다.

**09** 단면이 직사각형이고 길이가 $\ell$인 외팔보형 단판 스프링에서 최대 처짐이 $\delta_o$이고, 스프링의 두께를 2배로 하였을 때 최대 처짐이 $\delta$일 경우 $\delta/\delta_o$는? (단, 다른 조건은 동일하다.)

① 1/16
② 1/8
③ 1/4
④ 1/2

**10** 지름 피치가 4이고, 압력각은 $20°$이며 구동기어에 대한 종동기어의 속도비는 1/3, 중심거리는 10인치인 한 쌍의 스퍼기어가 물려있는 경우 구동기어의 잇수는?

① 10개
② 20개
③ 30개
④ 60개

**11** 열가소성 플라스틱 제품의 대량 생산공정에 가장 적합한 방법은?

① 압축성형(compression molding)
② 다이캐스팅(die casting)
③ 전이성형(transfer molding)
④ 사출성형(injection molding)

**12** 미끄럼 베어링에 대한 설명으로 옳지 않은 것은?

① 오일 휩(oil whip)에 의한 진동이 발생하기도 한다.
② 재료로는 오일 흡착력이 높고 축 재료보다 단단한 것이 좋다.
③ 회전축과 유막 사이의 두께는 윤활유 점도가 높을수록, 회전 속도가 빠를수록 크다.
④ 구름 베어링에 비해 진동과 소음이 적고 고속 회전에 적합하다.

**13** 재료의 마찰과 관련된 설명으로 옳지 않은 것은?

① 금형과 공작물 사이의 접촉면에 초음파 진동을 가하여 마찰을 줄일 수 있다.
② 접촉면에 작용하는 수직 하중에 대한 마찰력의 비를 마찰계수라 한다.
③ 마찰계수는 일반적으로 링압축시험법으로 구할 수 있다.
④ 플라스틱 재료는 금속에 비하여 일반적으로 강도는 작지만 높은 마찰계수를 갖는다.

**14** 서냉한 공석강의 미세조직인 펄라이트(pearlite)에 대한 설명으로 옳은 것은?

① $\alpha$-페라이트로만 구성된다.
② $\delta$-페라이트로만 구성된다.
③ $\alpha$-페라이트와 시멘타이트의 혼합상이다.
④ $\delta$-페라이트와 시멘타이트의 혼합상이다.

**15** 밀링 절삭 중 상향 절삭에 대한 설명으로 옳지 않은 것은?

① 공작물의 이송 방향과 날의 진행 방향이 반대인 절삭 작업이다.
② 이송나사의 백래시(backlash)가 절삭에 미치는 영향이 거의 없다.
③ 마찰을 거의 받지 않으므로 날의 마멸이 적고 수명이 길다.
④ 칩이 가공할 면 위에 쌓이므로 시야가 좋지 않다.

**16** 선삭 가공에 사용되는 절삭 공구의 여유각에 대한 설명으로 옳지 않은 것은?

① 공구와 공작물 접촉 부위에서 간섭과 미끄럼 현상에 영향을 준다.
② 여유각을 크게 하면 인선강도가 증가한다.
③ 여유각이 작으면 떨림의 원인이 된다.
④ 여유각이 크면 플랭크 마모(flank wear)가 감소된다.

**17** 나사를 1회전을 시켰을 때 축 방향 이동거리가 가장 큰 것은?

① M48×5
② 2줄 M30×2
③ 2줄 M20×3
④ 3줄 M8×1

**18** 유체 토크 컨버터(fluid torque converter)에 대한 설명 중 옳지 않은 것은?

① 유체 커플링과 달리 안내깃(stator)이 존재하지 않는 구조이다.
② 입력축의 토크보다 출력축의 토크가 증대될 수 있다.
③ 자동차용 자동변속기에 사용된다.
④ 출력축이 정지한 상태에서 입력축이 회전할 수 있다.

**19** 고압 증기터빈에서 저압 증기터빈으로 유입되는 증기의 건도를 높여 상대적으로 높은 보일러 압력을 사용할 수 있게 하고, 터빈 일을 증가시키며, 터빈 출구의 건도를 높이는 사이클은?

① 재열 사이클(reheat cycle)
② 재생 사이클(regenerative cycle)
③ 과열 사이클(superheat cycle)
④ 스털링 사이클(Stirling cycle)

**20** 소성가공법 중 압연과 인발에 대한 설명으로 옳지 않은 것은?

① 압연 제품의 두께를 균일하게 하기 위하여 지름이 작은 작업롤러(roller)의 위아래에 지름이 큰 받침롤러(roller)를 설치한다.

② 압하량이 일정할 때, 직경이 작은 작업롤러(roller)를 사용하면 압연 하중이 증가한다.

③ 연질 재료를 사용하여 인발할 경우에는 경질 재료를 사용할 때보다 다이(die) 각도를 크게 한다.

④ 직경이 5mm 이하의 가는 선 제작 방법으로는 압연보다 인발이 적합하다.

# 07 2015년 6월 27일 시행 지방직 9급 공개경쟁채용

→ 정답과 해설은 p.40에 있습니다.

**01** 알루미늄에 대한 설명으로 옳지 않은 것은?

① 비중이 작은 경금속이다.
② 내부식성이 우수하다.
③ 연성이 높아 성형성이 우수하다.
④ 열전도도가 작다.

**02** 두 축이 평행하지도 만나지도 않을 때 사용하는 기어를 모두 고른 것은?

| ㄱ. 나사 기어 | ㄴ. 헬리컬 기어 |
|---|---|
| ㄷ. 베벨 기어 | ㄹ. 웜 기어 |

① ㄱ, ㄴ
② ㄴ, ㄷ
③ ㄷ, ㄹ
④ ㄱ, ㄹ

**03** 용융금속을 금형에 사출하여 압입하는 영구주형 주조 방법으로 주물 치수가 정밀하고 마무리 공정이나 기계가공을 크게 절감시킬 수 있는 공정은?

① 사형 주조
② 인베스트먼트 주조
③ 다이캐스팅
④ 연속 주조

**04** 밀링 작업을 할 때 안전 수칙에 대한 설명으로 옳지 않은 것은?

① 절삭 중에는 손을 보호하기 위해 장갑을 끼고 작업한다.
② 칩을 제거할 때에는 브러시를 사용한다.
③ 눈을 보호하기 위해 보안경을 착용한다.
④ 상하 좌우의 이송 장치 핸들은 사용 후 풀어 둔다.

**05** 금속결정의 격자결함에 대한 설명으로 옳은 것은?

① 실제강도가 이론강도보다 일반적으로 높다.
② 기공(void)은 점결함이다.
③ 전위밀도는 소성변형을 받을수록 증가한다.
④ 항복강도에 영향을 미치지 않는다.

**06** 신속조형(RP) 공정과 적용 가능한 재료가 바르게 연결되지 않은 것은?

① 융해용착법(FDM) – 열경화성 플라스틱
② 박판적층법(LOM) – 종이
③ 선택적 레이저 소결법(SLS) – 열 용융성 분말
④ 광조형법(STL) – 광경화성 액상 폴리머

**07** NC 프로그램에서 보조 기능인 M 코드에 의해 작동되는 기능만을 모두 고른 것은?

| ㄱ. 주축 정지 | ㄴ. 좌표계 설정 |
|---|---|
| ㄷ. 공구반경 보정 | ㄹ. 원호 보간 |

① ㄱ
② ㄱ, ㄴ
③ ㄱ, ㄴ, ㄷ
④ ㄱ, ㄴ, ㄷ, ㄹ

**08** 구멍의 치수가 $10^{+0.012}_{-0.012}$mm이고, 축의 치수가 $10^{+0.025}_{+0.005}$mm으로 가공되었을 때 최대 죔새[μm]는?

① 7
② 13
③ 17
④ 37

**09** 응력 – 변형률 선도에 대한 설명으로 옳지 않은 것은?

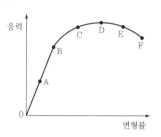

① A점은 후크의 법칙이 적용된다.
② C점에서 하중을 제거하면 영구변형이 발생한다.
③ D점은 인장강도이고 진응력 – 진변형률 선도에서 나타난다.
④ E점에서 네킹(necking)이 진행된다.

**10** 가스 용접에 대한 설명으로 옳지 않은 것은?

① 전기를 필요로 하며 다른 용접에 비해 열을 받는 부위가 넓지 않아 용접 후 변형이 적다.
② 표면을 깨끗하게 세척하고 오염된 산화물을 제거하기 위해 적당한 용제가 사용된다.
③ 기화용제가 만든 가스 상태의 보호막은 용접할 때 산화작용을 방지할 수 있다.
④ 가열할 때 열량 조절이 비교적 용이하다.

**11** 재료의 성질에 대한 설명으로 옳지 않은 것은?

① 경도 – 영구적인 압입에 대한 저항성
② 크리프 – 동하중이 가해진 상태에서 시간의 경과와 더불어 변형이 계속되는 현상
③ 인성 – 파단될 때까지 단위 체적당 흡수한 에너지의 총량
④ 연성 – 파단 없이 소성변형 할 수 있는 능력

**12** 연마공정에 대한 설명으로 옳지 않은 것은?

① 호닝(honing)은 내연기관 실린더 내면의 다듬질 공정에 많이 사용된다.
② 래핑(lapping)은 공작물과 래핑공구 사이에 존재하는 매우 작은 연마입자들이 섞여 있는 용액이 사용된다.
③ 슈퍼피니싱(superfinishing)은 전해액을 이용하여 전기화학적 방법으로 공작물을 연삭하는 데 사용된다.
④ 폴리싱(polishing)은 천, 가죽, 펠트(felt) 등으로 만들어진 폴리싱 휠을 사용한다.

**13** 절삭공구의 날 끝에 칩(chip)의 일부가 절삭열에 의한 고온, 고압으로 녹아 붙거나 압착되어 공구의 날과 같은 역할을 할 때 가공면에 흠집을 만들고 진동을 일으켜 가공면이 나쁘게 되는 것을 구성인선(Built-up Edge)이라 하는데, 이것의 발생을 감소시키기 위한 방법이 아닌 것은?

① 효과적인 절삭유를 사용한다.
② 절삭깊이를 작게 한다.
③ 공구반경을 작게 한다.
④ 공구의 경사각을 작게 한다.

**14** 단열 깊은 홈 볼 베어링에 대한 설명으로 옳지 않은 것은?

① 내륜과 외륜을 분리할 수 없다.
② 전동체가 접촉하는 면적이 크다.
③ 마찰저항이 적어 고속 회전축에 적합하다.
④ 반경 방향과 축 방향의 하중을 지지할 수 있다.

**15** 내연기관에 대한 설명으로 옳지 않은 것은?

① 디젤 기관은 공기만을 압축한 뒤 연료를 분사시켜 자연착화시키는 방식으로 가솔린 기관보다 열효율이 높다.
② 옥탄가는 연료의 노킹에 대한 저항성, 세탄가는 연료의 착화성을 나타내는 수치이다.
③ 가솔린 기관은 연료의 옥탄가가 높고, 디젤 기관은 연료의 세탄가가 낮은 편이 좋다.
④ EGR(Exhaust Gas Recirculation)은 배출 가스의 일부를 흡입 공기에 혼입시켜 연소 온도를 억제하는 것으로서, $NO_X$의 발생을 저감하는 장치이다.

**16** 선삭 가공에서 공작물의 회전수가 200rpm, 공작물의 길이가 100mm, 이송량이 2mm/rev일 때 절삭 시간은?

① 4초   ② 15초
③ 30초   ④ 60초

**17** 인벌류트 치형과 사이클로이드 치형의 공통점에 대한 설명으로 옳은 것은?

① 원주피치와 구름원의 크기가 같아야 호환성이 있다.
② 전위기어를 사용할 수 있다.
③ 미끄럼률은 이끝면과 이뿌리면에서 각각 일정하다.
④ 두 이의 접촉점에서 공통법선 방향의 속도는 같다.

**18** 양단지지형 겹판 스프링에 대한 설명으로 옳지 않은 것은?

① 조립 전에는 길이가 달라도 곡률이 같은 판자(leaf)를 사용한다.
② 모판(main leaf)이 파단되면 사용할 수 없다.
③ 판자 사이의 마찰은 스프링이 진동하였을 때 감쇠력으로 작용한다.
④ 철도차량과 자동차의 현가장치로 사용한다.

**19** 전조가공에 대한 설명으로 옳지 않은 것은?

① 나사 및 기어의 제작에 이용될 수 있다.
② 절삭가공에 비해 생산 속도가 높다.
③ 매끄러운 표면을 얻을 수 있지만 재료의 손실이 많다.
④ 소재 표면에 압축잔류응력을 남기므로 피로수명을 늘릴 수 있다.

**20** 방전가공에 대한 설명으로 옳지 않은 것은?

① 절연액 속에서 음극과 양극 사이의 거리를 접근시킬 때 발생하는 스파크 방전을 이용하여 공작물을 가공하는 방법이다.
② 전극 재료로는 구리 또는 흑연을 주로 사용한다.
③ 콘덴서의 용량이 적으면 가공 시간은 빠르지만 가공면과 치수 정밀도가 좋지 못하다.
④ 재료의 경도나 인성에 관계없이 전기 도체이면 모두 가공이 가능하다.

# 08

01 공작기계 작업 시 지켜야 할 안전수칙으로 옳지 않은 것은?

① 칩을 제거할 때는 칩 제거용 공구를 사용한다.
② 절삭 중에는 안전을 위하여 반드시 장갑을 착용한다.
③ 안전 덮개가 설치된 상태로 연삭 작업을 실시한다.
④ 절삭 가공을 할 때는 보안경을 착용하여 눈을 보호한다.

02 탄소강에서 내마멸성을 증가시키고 적열취성을 방지하기 위해서 첨가하는 원소는?

① 구리(Cu)          ② 망간(Mn)
③ 규소(Si)          ④ 티타늄(Ti)

03 커플링(coupling)에 대한 설명으로 옳은 것은?

① 올덤 커플링(Oldham's coupling)은 두 축이 평행하고 두 축의 거리가 가까운 경우에 사용한다.
② 플렉시블 커플링(flexible coupling)은 두 축의 중심이 완전히 일치한 경우에 주로 사용한다.
③ 유니버설 커플링(universal coupling)은 중심선이 60°까지 서로 교차하는 경우에 사용한다.
④ 플랜지 커플링(flange coupling)은 주철제의 원통 속에서 두 축을 맞대고 키(key)로 고정한 것이다.

04 다음 설명에 해당하는 제동장치는?

• 유압 피스톤으로 작동되는 마찰패드가 회전축 방향에 힘을 가하여 제동한다.
• 원판 브레이크와 원추 브레이크가 있다.

① 블록 브레이크
② 밴드 브레이크
③ 드럼 브레이크
④ 디스크 브레이크

05 담금질한 강의 내부에 생기는 응력을 제거하기 위하여 그림의 (ㄱ) 구간처럼 일정한 온도로 가열한 후 냉각시켜 인성을 회복시키는 열처리 방법은?

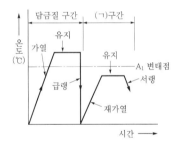

① 표면 경화법(surface hardening)
② 뜨임(tempering)
③ 풀림(annealing)
④ 불림(normalizing)

**06** 체인 전동장치에 대한 설명으로 옳지 않은 것은?

① 큰 동력을 전달시킬 수 있다.
② 여러 개의 축을 동시에 구동할 수 있다.
③ 미끄럼이 없어 일정한 속도비를 얻을 수 있다.
④ 회전각의 전달 정확도가 좋아 고속 회전에 적합하다.

**07** 베어링 호칭번호 6208 C2 P6에 대한 설명으로 옳지 않은 것은?

① 단열 깊은 홈 볼 베어링이다.
② 안지름 치수는 8mm이다.
③ C2는 틈새기호로 보통 틈새보다 작다.
④ P6는 등급기호로 6등급에 해당한다.

**08** 상향 절삭방식 밀링작업에 대한 설명으로 옳지 않은 것은?

① 구성인선의 영향이 적다.
② 날마멸이 크고 수명이 짧다.
③ 절삭열로 인한 치수불량이 적다.
④ 백래시(backlash) 제거장치가 반드시 필요하다.

**09** 금속 결정 구조에 대한 설명으로 옳은 것은?

① 체심 입방 격자(BCC)의 배위수는 12이다.
② 면심 입방 격자(FCC)는 전연성이 좋고, 강도가 충분하다.
③ 조밀 육방 격자(HCP)는 전연성이 떨어지고, 강도가 충분하다.
④ 체심 입방 격자(BCC)는 용융점이 비교적 높고, 전연성이 떨어진다.

**10** 결합용 기계요소에 대한 설명으로 옳은 것만을 모두 고른 것은?

> ㄱ. 평키는 축과 보스에 키 홈을 만들어 고정하는 것으로 가장 많이 사용한다.
> ㄴ. 관용나사는 가스관, 수도관 등의 이음부분과 같이 기밀을 유지하는데 사용한다.
> ㄷ. 스플라인은 원주 방향에 여러 개의 키 홈을 가공한 축으로 공작기계, 자동차 등에 사용한다.
> ㄹ. 둥근나사는 나사의 홈에 강구를 넣어 마찰을 줄인 나사로 정밀 공작기계의 이송 나사로 사용한다.

① ㄱ, ㄴ      ② ㄱ, ㄹ
③ ㄴ, ㄷ      ④ ㄷ, ㄹ

**11** 수치제어 공작기계 프로그램에 대한 설명으로 옳지 않은 것은?

① 프로그램을 구성하는 지령단위를 워드(word)라 한다.
② 'G01'은 준비기능으로 직선 절삭을 의미한다.
③ 'M03'은 보조기능으로 주축 정회전 지령이다.
④ 'G96'은 공작물 지름에 따라 회전수가 변화하는 원주 속도 일정제어이다.

**12** 다음 측정기 중 비교 측정기는?

① 높이 게이지      ② 다이얼 게이지
③ 마이크로미터      ④ 버니어 캘리퍼스

**13** 다음 중 표면 거칠기가 가장 우수한 가공 방법은?

① 보링 가공      ② 호닝 가공
③ 래핑 가공      ④ 밀링 가공

**14** 선반 가공의 절삭 조건에 대한 설명으로 옳지 않은 것은?

① 절삭 속도는 공작물의 지름과 주축 회전수에 따라 결정된다.
② 이송은 공작물이 1회전할 때 공구가 이동한 거리이다.
③ 절삭 저항의 크기는 배분력 > 이송 분력 > 주분력 순이다.
④ 바깥지름 깎기의 경우 공작물 지름은 절삭하는 깊이의 2배로 작아진다.

**15** 4행정 사이클 기관에서 흡기 밸브와 배기 밸브가 모두 닫혀 있는 행정은?

① 흡입 행정과 압축 행정
② 압축 행정과 폭발 행정
③ 폭발 행정과 배기 행정
④ 배기 행정과 흡입 행정

**16** 압축식 냉동기 구성요소에 해당하는 것은?

① 압축기, 응축기, 팽창 밸브, 증발기
② 압축기, 흡수기, 팽창 밸브, 증발기
③ 압축기, 응축기, 팽창 밸브, 재생기
④ 압축기, 흡수기, 팽창 밸브, 재생기

**17** 도면에서 사용하는 치수 보조 기호에 대한 설명으로 옳은 것은?

① C5 : 45°의 모따기 5mm
② t10 : 참고 치수 10mm
③ S$\phi$8 : 구의 반지름 8mm
④ $\overset{\frown}{20}$ : 현의 길이 20mm

**18** 드릴링 머신의 가공에 대한 설명으로 옳은 것은?

① 리밍(reaming)은 구멍을 넓히는 가공이다.
② 보링(boring)은 구멍을 정밀하게 다듬는 가공이다.
③ 태핑(tapping)은 구멍에 암나사를 내는 가공이다.
④ 카운터 싱킹(counter sinking)은 나사나 볼트의 머리 부분이 묻히도록 단을 파는 가공이다.

**19** 다음에서 설명하는 것은?

- 보통 주철에 비해 인성과 연성을 현저하게 개선시킨 주철이다.
- 백주철을 열처리로에 넣고 가열하여 탈탄 또는 흑연화 방법으로 제조한다.
- 강도 및 내식성이 우수하여 커넥팅 로드, 유니버설 커플링 등에 사용한다.

① 가단 주철
② 칠드 주철
③ 구상 흑연 주철
④ 미하나이트 주철

**20** 테이퍼 형상의 다이 구멍을 통해 판재나 봉재를 잡아 당겨서 가늘고 긴 선이나 봉재 등을 만드는 소성 가공은?

① 압출
② 압연
③ 인발
④ 단조

# 09

2016년 6월 18일 시행

# 지방직 9급 공개경쟁채용

→ 정답과 해설은 p.55에 있습니다.

**01** 재료의 원래 성질을 유지하면서 내마멸성을 강화시키는 데 가장 적합한 열처리 공정은?

① 풀림(annealing)
② 뜨임(tempering)
③ 담금질(quenching)
④ 고주파 경화법(induction hardening)

**02** 응고수축에 의한 주물제품의 불량을 방지하기 위한 목적으로 주형에 설치하는 탕구계 요소는?

① 탕구(sprue)
② 압탕구(feeder)
③ 탕도(runner)
④ 주입구(pouring basin)

**03** 금속 판재의 가공 공정 중 가장 매끈하고 정확한 전단면을 얻을 수 있는 전단공정은?

① 슬리팅(slitting)
② 스피닝(spinning)
③ 파인블랭킹(fine blanking)
④ 신장성형(stretch forming)

**04** 다음 중 소성가공이 아닌 것은?

① 인발(drawing)
② 호닝(honing)
③ 압연(rolling)
④ 압출(extrusion)

**05** 각종 용접법에 대한 설명으로 옳은 것은?

① TIG용접(GTAW)은 소모성인 금속전극으로 아크를 발생시키고, 녹은 전극은 용가재가 된다.
② MIG용접(GMAW)은 비소모성인 텅스텐 전극으로 아크를 발생시키고, 용가재를 별도로 공급하는 용접법이다.
③ 일렉트로 슬래그 용접(ESW)은 산화철 분말과 알루미늄 분말의 반응열을 이용하는 용접법이다.
④ 서브머지드 아크 용접(SAW)은 노즐을 통해 용접부에 미리 도포된 용제(flux) 속에서, 용접봉과 모재 사이에 아크를 발생시키는 용접법이다.

**06** 금속의 결정격자구조에 대한 설명으로 옳은 것은?

① 체심입방격자의 단위 격자당 원자는 4개이다.
② 면심입방격자의 단위 격자당 원자는 4개이다.
③ 조밀육방격자의 단위 격자당 원자는 4개이다.
④ 체심입방격자에는 정육면체의 각 모서리와 각 면의 중심에 각각 1개의 원자가 배열되어 있다.

**07** 다음 ㉠, ㉡에 해당하는 것은?

> ㉠ 압력을 가하여 용탕금속을 금형공동부에 주입하는 주조법으로, 얇고 복잡한 형상의 비철금속 제품 제작에 적합한 주조법이다.
>
> ㉡ 금속판재에서 원통 및 각통 등과 같이 이음매 없이 바닥이 있는 용기를 만드는 프레스가공법이다.

① 인베스트먼트주조(investment casting) 플랜징(flanging)

② 다이캐스팅(die casting) 플랜징(flanging)

③ 인베스트먼트주조(investment casting) 딥드로잉(deep drawing)

④ 다이캐스팅(die casting) 딥드로잉(deep drawing)

**08** 레이저 용접에 대한 설명으로 옳지 않은 것은?

① 좁고 깊은 접합부를 용접하는 데 유리하다.

② 수축과 뒤틀림이 작으며 용접부의 품질이 뛰어나다.

③ 반사도가 높은 용접 재료의 경우, 용접효율이 감소될 수 있다.

④ 진공 상태가 반드시 필요하며, 진공도가 높을수록 깊은 용입이 가능하다.

**09** 자동차에 사용되는 판 스프링(leaf spring)이나 쇼크 업소버(shock absorber)의 역할은?

① 클러치　　　　② 완충 장치

③ 제동 장치　　　④ 동력 전달 장치

**10** 윤곽투영기(optical comparator)에 대한 설명으로 옳은 것은?

① 빛의 간섭무늬를 이용해서 평면도를 측정하는 데 사용한다.

② 측정침이 물체의 표면 위치를 3차원적으로 이동하면서 공간좌표를 검출하는 장치이다.

③ 피측정물의 실제 모양을 스크린에 확대 투영하여 길이나 윤곽 등을 검사하거나 측정한다.

④ 랙과 피니언 기구를 이용해서 측정자의 직선운동을 회전운동으로 변환시켜 눈금판에 나타낸다.

**11** 금속 재료의 파손에 대한 설명으로 옳지 않은 것은?

① 연성 금속이라도 응력부식 균열이 발생하면 취성 재료처럼 파단된다.

② 파단면에 비치마크(beach mark)가 발견되면 피로에 의한 파괴로 추정할 수 있다.

③ 재료 내부에 수소 성분이 침투하면 연성이 저하되어 예상보다 낮은 하중에서 파단될 수 있다.

④ 숏피닝이나 롤러버니싱 같은 공정은 표면에 인장잔류응력을 발생시키기 때문에 제품 수명을 향상시킨다.

**12** 두 축의 중심선을 일치시키기 어려운 경우, 두 축의 연결 부위에 고무, 가죽 등의 탄성체를 넣어 축의 중심선 불일치를 완화하는 커플링은?

① 유체 커플링

② 플랜지 커플링

③ 플렉시블 커플링

④ 유니버설 조인트

**13** 4행정 기관과 2행정 기관에 대한 설명으로 옳은 것은?

① 배기량이 같은 가솔린 기관에서 4행정 기관은 2행정 기관에 비해 출력이 작다.

② 배기량이 같은 가솔린 기관에서 4행정 기관은 2행정 기관에 비해 연료 소비율이 크다.

③ 4행정 기관은 크랭크축 1회전 시 1회 폭발하며, 2행정 기관은 크랭크축 2회전 시 1회 폭발한다.

④ 4행정 기관은 밸브 기구는 필요 없고 배기구만 있으면 되고, 2행정 기관은 밸브 기구가 복잡하다.

**14** 한 쌍의 기어가 맞물려 회전할 때 이의 간섭을 방지하기 위한 방법으로 옳지 않은 것은?

① 압력각을 작게 한다.

② 기어의 이 높이를 줄인다.

③ 기어의 잇수를 한계 잇수 이하로 감소시킨다.

④ 피니언의 잇수를 최소 잇수 이상으로 증가시킨다.

**15** 감기 전동기구에 대한 설명으로 옳지 않은 것은?

① 벨트 전동기구는 벨트와 풀리 사이의 마찰력에 의해 동력을 전달한다.

② 타이밍 벨트 전동기구는 동기(synchronous)전동을 한다.

③ 체인 전동기구를 사용하면 진동과 소음이 작게 발생하므로 고속 회전에 적합하다.

④ 구동축과 종동축 사이의 거리가 멀리 떨어져 있는 경우에도 동력을 전달할 수 있다.

**16** 냉매의 구비 조건에 대한 설명으로 옳지 않은 것은?

① 응축 압력과 응고 온도가 높아야 한다.

② 임계 온도가 높고, 상온에서 액화가 가능해야 한다.

③ 증기의 비체적이 작아야 하고, 부식성이 없어야 한다.

④ 증발 잠열이 크고, 저온에서도 증발 압력이 대기압 이상이어야 한다.

**17** 축 방향의 압축하중이 작용하는 원통 코일 스프링에서 코일 소재의 지름이 $d$일 때 최대 전단응력이 $\tau_1$이고, 코일 소재의 지름이 $d/2$일 때 최대 전단응력이 $\tau_2$일 경우 $\tau_2/\tau_1$는? (단, 응력 수정계수는 1로 하고, 다른 조건은 동일하다.)

① 2　　　　　　② 4

③ 8　　　　　　④ 16

**18** 유압 작동유의 점도 변화가 유압 시스템에 미치는 영향으로 옳지 않은 것은? (단, 정상운전 상태를 기준으로 한다.)

① 점도가 낮을수록 작동유의 누설이 증가한다.

② 점도가 낮을수록 운동부의 윤활성이 나빠진다.

③ 점도가 높을수록 유압 펌프의 동력 손실이 증가한다.

④ 점도가 높을수록 밸브나 액추에이터의 응답성이 좋아진다.

**19** 그림과 같이 폭 $b$, 높이 $h$인 직사각 단면의 보에 휨모멘트 $M$이 작용하고 있다. 이 모멘트에 의해 발생되는 최대 휨응력을 $\sigma_1$, 이 단면을 $90°$ 회전하여 폭 $h$, 높이 $b$로 하였을 때 동일한 휨모멘트 $M$이 작용할 때의 최대 휨응력을 $\sigma_2$라 한다면 $\sigma_2/\sigma_1$는? (단, 다른 조건은 동일하다.)

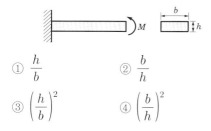

① $\dfrac{h}{b}$  　　② $\dfrac{b}{h}$

③ $\left(\dfrac{h}{b}\right)^2$  　　④ $\left(\dfrac{b}{h}\right)^2$

**20** 금속의 결정 구조에서 결정립에 대한 설명으로 옳은 것은?

① 피로현상은 결정립계에서의 미끄러짐과 관계있다.
② 일반적으로 결정립의 크기는 용융금속이 급속히 응고되면 커지고, 천천히 응고되면 작아진다.
③ 결정립 자체는 등방성(isotropy)이지만, 다결정체로 된 금속편은 평균적으로 이방성(anisotropy)이 된다.
④ 결정립이 작을수록 단위 체적당 결정립계의 면적이 넓기 때문에 금속의 강도가 커진다.

# 10

## 2016년 10월 1일 시행
## 지방직 9급 고졸경채

→ 정답과 해설은 p.62에 있습니다.

**01** 금속의 소성변형을 이용하는 가공법은?

① 연삭
② 단조
③ 용접
④ 래핑

**02** 가스용접의 가연성 가스로 적합하지 않은 것은?

① 수소
② 프로판
③ 이산화탄소
④ 아세틸렌

**03** 기어의 잇수가 24개, 피치원의 지름이 48mm일 때 모듈(module)은?

① 0.5
② 2
③ 36
④ 1,152

**04** 다음 설명에 해당하는 펌프는?

- 케이싱 안에 반경방향의 홈이 있는 편심 회전자가 있고, 그 홈 속에 판 모양의 깃이 들어 있다.
- 깃이 원심력이나 스프링의 장력에 의하여 벽에 밀착되면서 회전하여 유체를 운반한다.

① 기어펌프
② 베인펌프
③ 원심펌프
④ 왕복펌프

**05** 소성가공 방법과 그 적용 예가 바르게 연결되지 않은 것은?

① 인발 - 기어
② 압출 - 환봉
③ 전조 - 나사
④ 압연 - 레일

**06** 기계적 금속재료시험에 대한 설명으로 옳은 것은?

① 인장시험으로 연신율을 구할 수 있다.
② 인장시험에서 최대하중을 시편의 처음 단면적으로 나눈 값을 압축강도라 한다.
③ 브리넬 경도는 Hv로 표시한다.
④ 추를 낙하하여 반발 높이에 따라 경도를 측정하는 것을 비커스 경도시험이라 한다.

**07** 다음 중 동력을 전달하며 속도를 변환하는 기계요소의 종류만을 모두 고른 것은?

ㄱ. 볼트와 너트
ㄴ. 기어
ㄷ. 스프링
ㄹ. 체인과 스프로킷 휠
ㅁ. 벨트와 풀리
ㅂ. 리벳
ㅅ. 마찰차
ㅇ. 브레이크

① ㄱ, ㄷ, ㅂ
② ㄴ, ㅁ, ㅇ
③ ㄴ, ㄹ, ㅁ, ㅅ
④ ㄱ, ㅁ, ㅂ, ㅅ

**08** 센터리스 연삭의 장점으로 옳지 않은 것은?

① 센터 구멍을 뚫을 필요가 없다.
② 속이 빈 원통의 내면연삭도 가능하다.
③ 연속 가공이 가능하여 생산속도가 높다.
④ 지름이 크거나 무거운 공작물의 연삭에 적합하다.

**09** 다음 겹치기 이음에서 리벳의 양쪽에 작용하는 하중 P가 1,500N일 때, 각 리벳에 작용하는 응력의 종류와 크기[N/mm²]는? (단, 리벳의 지름은 5mm, $\pi$ = 3으로 계산한다)

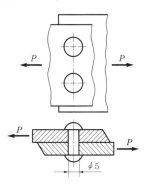

① 전단응력, 40  ② 인장응력, 80

③ 전단응력, 80  ④ 인장응력, 40

**10** 원자로의 종류 중 가압수형 경수로에 대한 설명으로 옳은 것은?

① 원자로 내의 고온·고압의 물을 순환시켜 그 열을 이용하여 증기 발생기에서 증기를 발생시킨다.

② 원자로 내에서 물을 직접 끓게 하여 증기를 발생시킨다.

③ 천연 우라늄을 사용하며 감속재는 흑연, 냉각재는 이산화탄소를 사용한다.

④ 사고발생 시 비등수형 경수로에 비하여 방사능 오염이 심하다.

**11** 유압 잭(jack)으로 작은 힘을 이용하여 자동차를 들어 올릴 때 적용되는 기본 원리나 법칙은?

① 보일의 법칙

② 샤를의 법칙

③ 파스칼의 원리

④ 보일·샤를의 법칙

**12** 다음 설명에 해당하는 기계요소는?

> - 원동절의 회전운동이나 직선운동을 종동절의 왕복 직선 운동이나 왕복 각운동으로 변환한다.
> - 내연기관의 밸브개폐 기구에 이용된다.

① 마찰차

② 캠

③ 체인과 스프로킷 휠

④ 벨트와 풀리

**13** 탄소강을 $A_3$ 변태점 또는 $A_1$ 변태점 이상의 온도로 가열한 후 일정 시간 유지시킨 다음, 물이나 기름 등에 급랭시키는 열처리법은?

① 담금질  ② 뜨임

③ 풀림  ④ 불림

**14** 일반적으로 공작물의 회전운동에 의하여 절삭이 이루어지는 공작기계는?

① 드릴링 머신  ② 플레이너

③ 프레스  ④ 선반

**15** 비파괴 시험법에 대한 설명으로 옳은 것은?

① 초음파 탐상시험은 재료의 표면결함만 검사한다.

② 자분(자기) 탐상시험은 자성체 재료의 내부결함만 검사한다.

③ 침투 탐상시험은 재료의 표면결함부에 침투액을 스며들게 한 다음, 현상액으로 결함을 검사한다.

④ 방사선 투과시험은 가시광선을 재료에 투과시켜 재료의 내부결함을 검사한다.

**16** 측정에 대한 설명으로 옳은 것만을 고른 것은?

> ㄱ. 비교 측정기에는 게이지 블록, 마이크로미터 등이 있다.
>
> ㄴ. 직접 측정기에는 버니어 캘리퍼스, 사인바(sine bar), 다이얼 게이지 등이 있다.
>
> ㄷ. 형상측정의 종류에는 진원도, 원통도, 진직도, 평면도 등이 있다.
>
> ㄹ. 3차원 측정기는 측정점의 좌표를 검출하여 3차원적인 크기나 위치, 방향 등을 알 수 있다.

① ㄱ, ㄴ      ② ㄱ, ㄹ
③ ㄴ, ㄷ      ④ ㄷ, ㄹ

**17** 연삭숫돌에서 발생하는 현상과 수정에 대한 설명으로 옳지 않은 것은?

① 연삭숫돌의 결합도가 너무 높을 경우에는 눈무딤 현상이 발생할 수 있다.
② 결합도가 높은 숫돌로 연한 금속을 연삭할 때 숫돌 표면에 눈메움 현상이 발생할 수 있다.
③ 연삭숫돌의 결합도가 낮을 경우에는 숫돌 입자가 마모되기 전에 입자가 탈락하는 현상이 발생할 수 있다.
④ 눈메움, 눈무딤이 생긴 입자를 제거하여 숫돌 표면에 새로운 입자를 생성시키는 것을 버핑(buffing)이라 한다.

**18** 특수볼트의 종류에 대한 설명으로 옳지 않은 것은?

① 아이볼트 – 볼트의 머리부에 핀을 끼우거나 훅을 걸 수 있도록 만든 볼트이다.
② 기초볼트 – 기계나 구조물 등을 바닥이나 콘크리트 기초 위에 고정시킬 때 사용하는 볼트이다.
③ T볼트 – 공작기계 테이블에 일감이나 기계 바이스 등을 고정시킬 때 사용하는 볼트이다.
④ 나비볼트 – 두 물체 사이의 간격을 일정하게 유지하면서 체결하는 볼트이다.

**19** 재료의 안전율(safety factor)에 대한 설명으로 옳은 것은?

① 안전율은 일반적으로 마이너스( – ) 값을 취한다.
② 기준강도가 100MPa이고, 허용응력이 1,000MPa이면 안전율은 10이다.
③ 안전율이 너무 크면 안전성은 좋지만 경제성이 떨어진다.
④ 안전율이 1보다 작아질 때 안전성이 좋아진다.

**20** 주철에 대한 설명으로 옳은 것만을 고른 것은?

> ㄱ. 주철은 탄소강보다 용융점이 높고 유동성이 커 복잡한형상의 부품을 제작하기 쉽다.
>
> ㄴ. 탄소강에 비하여 충격에 약하고 고온에서도 소성가공이 되지 않는다.
>
> ㄷ. 회주철은 진동을 잘 흡수하므로 진동을 많이 받는 기계 몸체 등의 재료로 많이 쓰인다.
>
> ㄹ. 가단주철은 보통주철의 쇳물을 금형에 넣고 표면만 급랭시켜 단단하게 만든 주철이다.
>
> ㅁ. 많이 사용되는 주철의 탄소 함유량은 보통 2.5%~4.5% 정도이다.

① ㄱ, ㄴ, ㄷ
② ㄴ, ㄷ, ㅁ
③ ㄱ, ㄴ, ㄹ
④ ㄷ, ㄹ, ㅁ

# 11

2017년 6월 17일 시행

# 지방직 9급 공개경쟁채용

→ 정답과 해설은 p.69에 있습니다.

**01** 회전 중에 임의로 힘의 전달을 끊을 수 없는 기계요소는?

① 맞물림 클러치(jaw clutch)
② 마찰차(friction wheel)
③ 마찰 클러치(friction clutch)
④ 커플링(coupling)

**02** 무단 변속장치에 이용되는 마찰차가 아닌 것은?

① 원판 마찰차    ② 원뿔 마찰차
③ 원통 마찰차    ④ 구면 마찰차

**03** 사형주조에서 사용되는 주물사의 조건이 아닌 것은?

① 성형성이 있어야 한다.
② 통기성이 있어야 한다.
③ 수축성이 없어야 한다.
④ 열전도도가 낮아야 한다.

**04** 펌프에서 수격현상의 방지 대책으로 옳지 않은 것은?

① 송출관 내의 유속이 빠르도록 관의 지름을 선정한다.
② 펌프에 플라이휠을 설치한다.
③ 송출 관로에 공기실을 설치한다.
④ 펌프의 급정지를 피한다.

**05** 일반적인 금속재료의 온도를 증가시킬 때 나타날 수 있는 현상으로 옳지 않은 것은?

① 인성 및 연성이 증가한다.
② 강도에 대한 변형률속도의 영향이 감소한다.
③ 인장강도가 감소한다.
④ 탄성계수 및 항복응력이 감소한다.

**06** 재료의 피로수명에 대한 설명으로 옳지 않은 것은?

① 시편의 파손을 일으키는 데 필요한 반복 응력 사이클 수를 피로 수명이라 한다.
② 재료 표면에 숏피닝(shot peening) 공정을 통해 피로수명을 증가시킬 수 있다.
③ 반복 응력의 평균값이 클수록 피로 수명이 감소한다.
④ 재료 표면에 존재하는 노치(notch)를 제거하면 피로수명이 감소한다.

**07** 디젤기관의 디젤노크 저감 방법으로 옳지 않은 것은?

① 발화성이 좋은 연료를 사용한다.
② 연소실 벽의 온도를 낮춘다.
③ 발화까지의 연료 분사량을 감소시킨다.
④ 가솔린 기관과 노크 저감 방법이 정반대이다.

**08** 플라스틱 가공 공정에 대한 설명으로 옳지 않은 것은?

① 압출 공정은 고분자 재료에 압축력을 가하여 다이 오리피스를 통과시키는 공정이다.
② 사출성형된 제품은 냉각 수축이 거의 없다.
③ 사출성형은 고분자 재료를 용융시켜 금형 공동에 고압으로 주입하고 고화시키는 공정이다.
④ 압출된 제품의 단면적은 다이 구멍의 면적보다 크다.

**09** 한줄 겹치기 리벳이음의 일반적인 파괴형태에 대한 설명으로 옳지 않은 것은?

① 리벳의 지름이 작아지면 리벳이 전단에 의해 파괴될 수 있다.
② 리벳 구멍과 판 끝 사이의 여유가 작아지면 판 끝이 갈라지는 파괴가 발생할 수 있다.
③ 판재가 얇아지면 압축응력에 의해 리벳 구멍 부분에서 판재의 파괴가 발생할 수 있다.
④ 피치가 커지면 리벳 구멍 사이에서 판이 절단될 수 있다.

**10** 다음 설명에 가장 적합한 소재는?

- 우주선의 안테나, 치열 교정기, 안경 프레임, 급유관의 이음쇠 등에 사용한다.
- 소재의 회복력을 이용하여 용접 또는 납땜이 불가능한 것을 연결하는 이음쇠로도 사용 가능하다.

① 압전재료　　　② 수소저장합금
③ 파인세라믹　　④ 형상기억합금

**11** 풀리(원판) 주위에 감겨 있는 줄에 질량 $m$의 블록이 연결되어 있다. 블록이 아래쪽으로 운동할 때 풀리의 각가속도 $\alpha$는? (단, 줄은 늘어나지 않으며 줄의 질량은 무시한다. 점 O에 대한 풀리의 회전 관성모멘트는 $I$, 반지름은 $r$, 중력가속도는 g로 가정한다.)

① $\alpha = \dfrac{mgr}{I}$

② $\alpha = \dfrac{mgr}{(I + mr^2)}$

③ $\alpha = \dfrac{mg}{(I + mr^2)}$

④ $\alpha = \dfrac{mgr^2}{(I + mgr)}$

**12** 공압 발생 장치에서 공기의 온도를 이슬점 이하로 낮추어 압축 공기에 포함된 수분을 제거하는 공기 건조 방식은?

① 냉각식(냉동식) 건조
② 흡수식 건조
③ 흡착식 건조
④ 애프터 쿨러(after cooler)

**13** 백래시(backlash)가 적어 정밀 이송장치에 많이 쓰이는 운동용 나사는?

① 사각 나사　　② 톱니 나사
③ 볼 나사　　　④ 사다리꼴 나사

**14** 필라멘트(filament) 형태의 소재를 사용하는 쾌속조형법(rapid prototyping)은?

① 융해융착모델(FDM: fused deposition modeling)
② 스테레오리소그래피(STL : stereolithography)
③ 폴리젯(polyjet)
④ 선택적 레이저 소결(SLS : selective laser sintering)

**15** 소성가공에 대한 설명으로 옳지 않은 것은?

① 절삭가공에 비하여 생산율이 낮다.
② 절삭가공 제품에 비하여 강도가 크다.
③ 취성인 재료는 소성가공에 적합하지 않다.
④ 절삭가공과 비교하여 칩(chip)이 생성되지 않으므로 재료의 이용률이 높다.

**16** 딥 드로잉 공정에서 나타나는 결함에 대한 설명으로 옳지 않은 것은?

① 플랜지가 컵 속으로 빨려 들어가면서 수직벽에서 융기된 현상을 이어링(earing)이라고 한다.
② 플랜지부에 방사상으로 융기된 형상을 플랜지부 주름(wrinkling)이라고 한다.
③ 펀치와 다이 표면이 매끄럽지 못하거나 윤활이 불충분하면 제품 표면에 스크래치(scratch)가 발생한다.
④ 컵 바닥 부근의 인장력에 의해 수직 벽에 생기는 균열을 파열(tearing)이라고 한다.

**17** 드릴링 머신 작업에 대한 설명으로 옳지 않은 것은?

① 드릴 가공은 드릴링 머신의 주된 작업이다.
② 카운터 싱킹은 드릴로 뚫은 구멍의 내면을 다듬어 치수정밀도를 향상시키는 작업이다.
③ 스폿 페이싱은 볼트 머리나 너트 등이 닿는 부분을 평탄하게 가공하는 작업이다.
④ 카운터 보링은 작은 나사나 볼트의 머리가 공작물에 묻히도록 턱이 있는 구멍을 뚫는 작업이다.

**18** $Fe-Fe_3C$ 상태도에 대한 설명으로 옳지 않은 것은?

① 오스테나이트는 공석변태온도보다 높은 온도에서 존재한다.
② 0.5%의 탄소를 포함하는 탄소강은 아공석강이다.
③ 시멘타이트는 사방정계의 결정구조를 가지고 있어 높은 경도를 나타낸다.
④ 공석강은 공정반응을 보이는 탄소 성분을 가진다.

**19** 알루미늄 합금인 두랄루민에 대한 설명으로 옳지 않은 것은?

① Cu, Mg, Mn을 성분으로 가진다.
② 비중이 연강의 약 1/3 정도로 경량재료에 해당된다.
③ 주물용 알루미늄 합금이다.
④ 고온에서 용체화 처리 후 급랭하여 상온에 방치하면 시효경화한다.

**20** 초소성 성형의 특징에 해당하지 않는 것은?

① 높은 변형률 속도로 성형이 가능하다.
② 성형 제품에 잔류응력이 거의 없다.
③ 복잡한 제품을 일체형으로 성형할 수 있어 2차 가공이 거의 필요 없다.
④ 다른 소성가공 공구들보다 낮은 강도의 공구를 사용할 수 있어 공구 비용이 절감된다.

# 12

## 2017년 9월 23일 시행
## 지방직 9급 고졸경채

→ 정답과 해설은 p.77에 있습니다.

**01** 용접전류가 과대할 때 모재 용접부의 양단이 지나치게 녹아서 오목하게 파이는 용접결함은?

① 기포　　　　② 균열
③ 언더컷　　　④ 오버랩

**02** 주조 공정에서 모형(원형) 제작 시 고려 사항이 아닌 것은?

① 주물사의 입도　② 가공여유
③ 기울기　　　　④ 덧붙임

**03** 다음 설명에 해당하는 관 이음쇠는?

- 배관의 최종 조립 시 관의 길이를 조정하여 연결할 때 사용한다.
- 배관의 분해 시 가장 먼저 분해하는 부분이다.

① 크로스　　　② 엘보
③ 소켓　　　　④ 유니언

**04** 알루미늄에 10% 이내의 마그네슘을 첨가하여 내식성을 향상시켜 철도 차량, 여객선의 갑판 구조물 등에 사용하는 합금은?

① 인바　　　　② 인코넬
③ 두랄루민　　④ 하이드로날륨

**05** 평벨트 전동 장치와 비교할 때, V벨트 전동 장치의 특징만을 모두 고른 것은?

ㄱ. 운전이 조용하다.
ㄴ. 엇걸기를 할 수 있다.
ㄷ. 미끄럼이 적고 속도비를 크게 할 수 있다.
ㄹ. 접촉면이 커서 큰 동력을 전달할 수 있다.

① ㄱ, ㄴ　　　　② ㄷ, ㄹ
③ ㄱ, ㄷ, ㄹ　　④ ㄴ, ㄷ, ㄹ

**06** 수치 제어 공작 기계의 프로그래밍에 대한 설명으로 옳은 것은?

① 주축 기능은 주축의 회전수를 지정하는 것으로 어드레스 S 다음에 회전수를 수치로 지령한다.
② 이송 기능은 공구와 공작물의 상대 속도를 지정하는 것으로 어드레스 T 다음에 이송 속도값을 지령 한다.
③ 보조 기능은 수치 제어 공작 기계의 제어를 준비하는 기능으로 어드레스 G 다음에 2자리 숫자를 붙여 지령한다.
④ 준비 기능은 수치 제어 공작 기계의 여러 가지 동작을 위한 on/off 기능을 수행하는 것으로 어드레스 M 다음에 2자리 숫자를 붙여 지령한다.

**07** 공기 조화의 4대 요소는?

① 온도, 기류, 습도, 청정도
② 습도, 조도, 건조도, 청정도
③ 기류, 조도, 습도, 건조도
④ 온도, 기류, 조도, 건조도

**08** 다음 설명에 해당하는 펌프는?

- 프로펠러 모양인 임펠러의 회전에 의해 유체가 원주 방향에서 축 방향으로 유입된다.
- 구조는 케이싱, 임펠러, 안내 날개, 베어링 등으로 구성된다.
- 임펠러의 날개 수는 2~8개로서 유량이 많아질 때는 날개 수를 많게 한다.
- 농업용의 양수 및 배수용, 상하수도용으로 널리 사용한다.

① 원심 펌프　　　② 축류 펌프
③ 사류 펌프　　　④ 회전 펌프

**09** 철강의 제조 과정에서 제강 공정의 가장 중요한 목적은?

① 용광로에서 철광석을 용해하는 것
② 금속 원소를 첨가하여 합금하는 것
③ 탄소 함유량을 줄이고 불순물을 제거하는 것
④ 열처리를 통하여 강의 성질을 개선하는 것

**10** 키(key)의 전달 동력 크기가 큰 순서대로 바르게 나열한 것은?

① 스플라인>접선 키>묻힘 키>안장 키
② 스플라인>묻힘 키>접선 키>안장 키
③ 접선 키>스플라인>묻힘 키>안장 키
④ 접선 키>묻힘 키>스플라인>안장 키

**11** 디젤 기관의 연료 장치와 관계있는 것만을 고른 것은?

| ㄱ. 노즐 | ㄴ. 기화기 |
| ㄷ. 점화 플러그 | ㄹ. 연료 분사 펌프 |

① ㄱ, ㄴ　　　② ㄱ, ㄹ
③ ㄴ, ㄷ　　　④ ㄷ, ㄹ

**12** 연성 재료의 응력($\sigma$)−변형률($\varepsilon$) 선도에서 인장 강도에 해당하는 위치는?

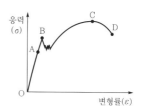

① A　　　② B
③ C　　　④ D

**13** 연삭 작업에서 변형된 숫돌 바퀴의 모양을 바로잡기 위하여 수정하는 것은?

① 드레싱(dressing)
② 눈메움(loading)
③ 트루잉(truing)
④ 눈무딤(glazing)

**14** CAD에 의한 형상 모델링 방법 중 솔리드 모델링에 대한 설명으로 옳지 않은 것은?

① 숨은선 제거가 가능하다.
② 정확한 형상을 파악하기 쉽다.
③ 복잡한 형상의 표현이 가능하다.
④ 부피, 무게 등을 계산할 수 없다.

**15** 밀링 머신의 구조에 대한 설명으로 옳지 않은 것은?

① 주축은 밀링 커터가 고정되며 회전하는 부분이다.
② 새들(saddle)은 공작물을 좌우로 이송시키는 부분이다.
③ 니(knee)는 공작물을 상하로 이송시키는 부분으로 가공 시 절삭 깊이를 결정한다.
④ 칼럼(column)은 밀링 머신의 몸체로 절삭 가공 시 진동이 적고 하중을 충분히 견딜 수 있어야 한다.

**16** 주철을 600℃ 이상의 온도에서 가열과 냉각을 반복하였을 때 발생하는 주철의 성장 원인이 아닌 것은?

① 시멘타이트의 흑연화에 의한 팽창
② 망간(Mn)의 함유량 증가에 따른 팽창
③ 흡수되는 가스에 의하여 생기는 팽창
④ 불균일한 가열로 생기는 균열에 의한 팽창

**17** 다음 설명에 해당하는 브레이크는?

- 축압 브레이크의 일종으로, 회전축 방향에 힘을 가하여 회전을 제동한다.
- 부피가 작아 차량이나 자동화 장치 등에 사용한다.
- 값이 비싸 자동차와 오토바이의 앞바퀴 제동에 주로 사용한다.

① ABS 브레이크
② 원심 브레이크
③ 내확 브레이크
④ 디스크 브레이크

**18** 선반 가공에서 공작물의 지름이 10 cm이고 절삭 속도가 314m/min일 때, 선반의 주축 회전수[rpm]는? (단, 원주율은 3.14이다.)

① 10
② 100
③ 1,000
④ 2,000

**19** 선반을 이용한 테이퍼 가공에 대한 설명으로 옳은 것은? (단, $D$ : 테이퍼의 큰 지름, $d$ : 테이퍼의 작은 지름, $l$ : 테이퍼의 길이, $L$ : 공작물 전체의 길이, $\alpha$ : 복식 공구대 회전각이다.)

① 심압대 편위량은 $\dfrac{l(D-d)}{2L}$ 로 구할 수 있다.
② 복식 공구대는 길이가 길고 테이퍼 각이 작은 공작물에 사용한다.
③ 복식 공구대의 회전각은 $\tan\alpha = \dfrac{D-d}{2l}$ 에서 구할 수 있다.
④ 심압대의 편위에 의한 가공은 비교적 길이가 짧은 공작물에 사용한다.

**20** 합금강에 첨가되는 합금 원소와 그 효과를 바르게 연결한 것은?

① Ni – 적열 메짐을 방지하고 내식성을 증가
② Mn – 청열 메짐을 방지하고 내마모성을 증가
③ Cr – 전자기적 성질을 개선하고 내마멸성을 증가
④ Mo – 담금질 깊이를 깊게 하고 크리프 저항을 증가

# 13

# 지방직 9급 공개경쟁채용

→ 정답과 해설은 p.87에 있습니다.

**01** 전달 회전력(토크)이 매우 커 자동차 등의 변속기어 축에 사용되는 기계요소는?

① 평키　　　　② 묻힘키
③ 접선키　　　　④ 스플라인

**02** 유압제어 밸브 중 압력제어용이 아닌 것은?

① 릴리프(relief) 밸브
② 카운터밸런스(counter balance) 밸브
③ 체크(check) 밸브
④ 시퀀스(sequence) 밸브

**03** 사형주조에서 코어(core)가 필요한 주물은?

① 내부에 구멍이 있는 주물
② 외형이 복잡한 주물
③ 치수정확도가 필요한 주물
④ 크기가 큰 주물

**04** ㉠~㉢에 들어갈 용어를 바르게 연결한 것은?

> • 용광로에 코크스, 철광석, 석회석을 교대로 장입하고 용해하여 나오는 철을 ( ㉠ )이라 하며, 이 과정을 ( ㉡ )과정이라 한다.
> • 용광로에서 나온 ( ㉠ )을 다시 평로, 전기로 등에 넣어 불순물을 제거하여 제품을 만드는 과정을 ( ㉢ )과정이라 한다.

|  | ㉠ | ㉡ | ㉢ |
|---|---|---|---|
| ① | 선철 | 제선 | 제강 |
| ② | 선철 | 제강 | 제선 |
| ③ | 강철 | 제선 | 제강 |
| ④ | 강철 | 제강 | 제선 |

**05** 용융 플라스틱이 캐비티 내에서 분리되어 흐르다 서로 만나는 부분에서 생기는 것으로, 주조 과정에서 나타나는 콜드셧(cold shut)과 유사한 형태의 사출 결함은?

① 플래시(flash)
② 용접선(weld line)
③ 함몰자국(sink mark)
④ 주입부족(short shot)

**06** 자동차 엔진의 피스톤 링에 대한 설명으로 옳지 않은 것은?

① 피스톤 링은 압축 링과 오일 링으로 구분할 수 있다.
② 압축 링의 주 기능은 피스톤과 실린더 사이의 기밀 유지이다.
③ 오일 링은 실린더 벽에 뿌려진 과잉 오일을 긁어내린다.
④ 피스톤 링은 탄성을 주기 위하여 절개부가 없는 원형으로 만든다.

**07** 절삭가공에서 발생하는 열에 대한 설명으로 옳지 않은 것은?

① 공작물의 강도가 크고 비열이 낮을수록 절삭열에 의한 온도상승이 커진다.
② 절삭가공 시 공구의 날 끝에서 최고 온도점이 나타난다.
③ 전단면에서의 전단변형과, 공구와 칩의 마찰작용이 절삭열발생의 주 원인이다.
④ 절삭속도가 증가할수록 공구나 공작물로 배출되는 열의 비율보다 칩으로 배출되는 열의 비율이 커진다.

**08** 강에 첨가되는 합금 원소의 효과에 대한 설명으로 옳지 않은 것은?

① 망간(Mn)은 황(S)과 화합하여 취성을 방지한다.
② 니켈(Ni)은 절삭성과 취성을 증가시킨다.
③ 크롬(Cr)은 경도와 내식성을 향상시킨다.
④ 바나듐(V)은 열처리 과정에서 결정립의 성장을 억제하여 강도와 인성을 향상시킨다.

**09** 금속 판재의 딥드로잉(deep drawing) 시 판재의 두께보다 펀치와 다이 간의 간극을 작게 하여 두께를 줄이거나 균일하게 하는 공정은?

① 이어링(earing)
② 아이어닝(ironing)
③ 벌징(bulging)
④ 헤밍(hemming)

**10** 금속의 재결정에 대한 설명으로 옳지 않은 것은?

① 재결정 온도는 일반적으로 약 1시간 이내에 재결정이 완료되는 온도이다.
② 금속의 용융 온도를 $T_m$이라 할 때 재결정 온도는 대략 $0.3T_m \sim 0.5T_m$ 범위 내에 있다.
③ 냉간가공률이 커질수록 재결정 온도는 높아진다.
④ 재결정은 금속의 연성은 증가시키고 강도는 저하시킨다.

**11** 압연공정에서 압하력을 감소시키는 방법으로 옳지 않은 것은?

① 반지름이 큰 롤을 사용한다.
② 롤과 소재 사이의 마찰력을 감소시킨다.
③ 압하율을 작게 한다.
④ 소재에 후방장력을 가한다.

**12** 레이저 빔 가공에 대한 설명으로 옳지 않은 것은?

① 레이저를 이용하여 재료 표면의 일부를 용융·증발시켜 제거하는 가공법이다.
② 금속 재료에는 적용이 가능하나 비금속 재료에는 적용이 불가능하다.
③ 구멍 뚫기, 홈파기, 절단, 마이크로 가공 등에 응용될 수 있다.
④ 가공할 수 있는 재료의 두께와 가공깊이에 한계가 있다.

**13** 한 쌍의 평기어에서 모듈이 4이고 잇수가 각각 25개와 50개일 때 두 기어의 축간 중심 거리는?

① 150mm  ② 158mm
③ 300mm  ④ 316 mm

**14** 유압실린더를 사용하는 쓰레기 수거 차량 (가)의 평면 기구를 (나)와 같이 도시할 때 기구의 자유도는? (단, (나)의 색칠된 부분은 하나의 링크이며, 원은 조인트를 나타낸다.)

(가)

(나)

① 0  ② 1
③ 2  ④ 3

**15** 수소취성(hydrogen embrittlement)과 관련한 설명으로 옳지 않은 것은?

① 재료 표면의 산화물을 제거하는 산세척공정(pickling)에서 나타날 수 있다.
② 재료 내로 침투되는 수소에 의하여 연성이 떨어지는 현상을 의미한다.
③ 충분히 건조되지 않은 용접봉으로 용접하면 이 현상이 나타날 수 있다.
④ 강도가 낮은 강일수록 수소취성에 더욱 취약해진다.

**16** 다이캐스팅에 대한 설명으로 옳지 않은 것은?

① 분리선 주위로 소량의 플래시(flash)가 형성될 수 있다.
② 사형주조보다 주물의 표면정도가 우수하다.
③ 고온챔버 공정과 저온챔버 공정으로 구분된다.
④ 축, 나사 등을 이용한 인서트 성형이 불가능하다.

**17** (가), (나)의 설명에 해당하는 것은?

(가) 회전하는 휠 또는 롤러 형태의 전극으로 금속판재를 연속적으로 점용접 하는 용접법이다.
(나) 주축과 함께 회전하며 반경 방향으로 왕복 운동하는 다수의 다이로 봉재나 관재를 타격하여 직경을 줄이는 작업이다.

|  | (가) | (나) |
|---|---|---|
| ① | 마찰용접 | 스웨이징 |
| ② | 심용접 | 스웨이징 |
| ③ | 심용접 | 헤딩 |
| ④ | 플래시용접 | 전조 |

**18** 연삭숫돌과 관련된 용어의 설명으로 옳은 것은?

① 드레싱(dressing) – 숫돌의 원형 형상과 직선 원주면을 복원시키는 공정
② 로딩(loading) – 마멸된 숫돌 입자가 탈락하지 않아 입자의 표면이 평탄해지는 현상
③ 셰딩(shedding) – 자생작용이 과도하게 일어나 숫돌의 소모가 심해지는 현상
④ 글레이징(glazing) – 숫돌의 입자 사이에 연삭칩이 메워지는 현상

**19** 너트의 풀림을 방지하기 위한 기계요소로 옳은 것만을 모두 고른 것은?

| ㄱ. 로크너트 | ㄴ. 이붙이 와셔 |
|---|---|
| ㄷ. 나비너트 | ㄹ. 스프링 와셔 |

① ㄱ, ㄴ, ㄷ
② ㄱ, ㄴ, ㄹ
③ ㄱ, ㄷ, ㄹ
④ ㄴ, ㄷ, ㄹ

**20** 오늘날 대부분의 화력발전소에서 사용되고 있는 보일러는?

① 노통 보일러
② 연관 보일러
③ 노통 연관 보일러
④ 수관 보일러

# 14 2018년 5월 19일 시행
# 지방직 9급 공개경쟁채용

→ 정답과 해설은 p.97에 있습니다.

**01** 다음 중 금속재료의 연성과 전성을 이용한 가공방법만을 모두 고르면?

| ㄱ. 자유단조 | ㄴ. 구멍뚫기 |
| ㄷ. 굽힘가공 | ㄹ. 밀링가공 |
| ㅁ. 압연가공 | ㅂ. 선삭가공 |

① ㄱ, ㄴ, ㄹ     ② ㄱ, ㄷ, ㅁ
③ ㄴ, ㄷ, ㅂ     ④ ㄹ, ㅁ, ㅂ

**02** 자동공구교환장치를 활용하여 구멍가공, 보링, 평면가공, 윤곽가공을 할 경우 적합한 공작기계는?

① 선반     ② 밀링 머신
③ 드릴링 머신     ④ 머시닝 센터

**03** 주물의 균열을 방지하기 위한 대책으로 옳지 않은 것은?

① 각부의 온도 차이를 될 수 있는 한 작게 한다.
② 주물을 최대한 빨리 냉각하여 열응력이 발생하지 않도록 한다.
③ 주물 두께 차이의 변화를 작게 한다.
④ 각이 진 부분은 둥글게 한다.

**04** 회전력을 전달할 때 축방향으로 추력이 발생하는 기어는?

① 스퍼 기어     ② 전위 기어
③ 헬리컬 기어     ④ 래크와 피니언

**05** 공장자동화의 구성요소로 옳은 것만을 모두 고르면?

| ㄱ. CAD/CAM | ㄴ. CNC 공작기계 |
| ㄷ. 무인 반송차 | ㄹ. 산업용 로봇 |
| ㅁ. 자동창고 | |

① ㄱ, ㄴ, ㄹ     ② ㄷ, ㄹ, ㅁ
③ ㄱ, ㄴ, ㄷ, ㅁ     ④ ㄱ, ㄴ, ㄷ, ㄹ, ㅁ

**06** 정적인장시험으로 구할 수 있는 기계재료의 특성에 해당하지 않는 것은?

① 변형경화지수     ② 점탄성
③ 인장강도     ④ 인성

**07** 탄소강의 열처리에 대한 설명으로 옳지 않은 것은?

① 담금질을 하면 경도가 증가한다.
② 풀림을 하면 연성이 증가된다.
③ 뜨임을 하면 담금질한 강의 인성이 감소된다.
④ 불림을 하면 결정립이 미세화되어 강도가 증가한다.

**08** 유압기기와 비교하여 공압기기의 장점으로 옳은 것은?

① 구조가 간단하고 취급이 용이하다.
② 사용압력이 낮아 정확한 위치제어를 할 수 있다.
③ 효율이 좋아 대용량에 적합하다.
④ 부하가 변화해도 압축공기의 영향으로 균일한 작업속도를 얻을 수 있다.

**09** 동일한 치수와 형상의 제품을 제작할 때 강도가 가장 높은 제품을 얻을 수 있는 공정은?

① 광조형법
　(stereo-lithography apparatus)
② 융해용착법
　(fused deposition modeling)
③ 선택적 레이저 소결법
　(selective laser sintering)
④ 박판적층법
　(laminated object manufacturing)

**10** 선반의 절삭조건과 표면거칠기에 대한 설명으로 옳은 것은?

① 절삭유를 사용하면 공작물의 표면거칠기가 나빠진다.
② 절삭속도가 빨라지면 절삭능률은 향상되지만 절삭온도가 올라가고 공구수명이 줄어든다.
③ 절삭깊이를 크게 하면 절삭저항이 작아져 절삭온도가 내려가고 공구수명이 향상된다.
④ 공작물의 표면거칠기는 절삭속도, 절삭깊이, 공구 및 공작물의 재질에 따라 달라지지 않는다.

**11** 다음 설명에 해당하는 작업은?

> 튜브형상의 소재를 금형에 넣고 유체압력을 이용하여 소재를 변형시켜 가공하는 작업으로 자동차 산업 등에서 많이 활용하는 기술이다.

① 아이어닝　　② 하이드로 포밍
③ 엠보싱　　　④ 스피닝

**12** 열간압연과 냉간압연을 비교한 설명으로 옳지 않은 것은?

① 큰 변형량이 필요한 재료를 압연할 때는 열간압연을 많이 사용한다.
② 냉간압연은 재결정온도 이하에서 작업하며 강한 제품을 얻을 수 있다.
③ 열간압연판에서는 이방성이 나타나므로 2차 가공에서 주의하여야 한다.
④ 냉간압연은 치수가 정확하고 표면이 깨끗한 제품을 얻을 수 있어 마무리 작업에 많이 사용된다.

**13** 4행정 사이클 기관에서 크랭크 축이 12회 회전하는 동안 흡기 밸브가 열리는 횟수는?

① 3회　　　　② 4회
③ 6회　　　　④ 12회

**14** 결합에 사용되는 기계요소만으로 옳게 묶인 것은?

① 관통 볼트, 묻힘 키, 플랜지 너트, 분할 핀
② 삼각나사, 유체 커플링, 롤러 체인, 플랜지
③ 드럼 브레이크, 공기 스프링, 웜 기어, 스플라인
④ 스터드 볼트, 테이퍼 핀, 전자 클러치, 원추 마찰차

**15** 폭 30mm, 두께 20mm, 길이 60mm인 강재의 길이방향으로 최대허용하중 36kN이 작용할 때 안전계수는? (단, 재료의 기준 강도는 240MPa이다.)

① 2　　　　　② 4
③ 8　　　　　④ 12

**16** 다음 설명에 해당하는 주철은?

- 주철의 인성과 연성을 현저히 개선시킨 것으로 자동차의 크랭크 축, 캠 축 및 브레이크 드럼 등에 사용된다.
- 용융상태의 주철에 Mg합금, Ce, Ca 등을 첨가한다.

① 구상 흑연 주철
② 백심 가단 주철
③ 흑심 가단 주철
④ 칠드 주철

**17** 친환경 가공을 위하여 최근 절삭유 사용을 최소화하는 가공방법이 도입되고 있다. 이에 대한 설명으로 옳지 않은 것은?

① 건절삭(dry cutting)법으로 가공한다.
② 절삭속도를 가능하면 느리게 하여 가공한다.
③ 공기 – 절삭유 혼합물을 미세 분무하며 가공한다.
④ 극저온의 액체질소를 공구 – 공작물 접촉면에 분사하며 가공한다.

**18** 플라이휠(flywheel)에 대한 설명으로 옳은 것만을 모두 고르면?

ㄱ. 회전모멘트를 증대시키기 위해 사용된다.
ㄴ. 에너지를 비축하기 위해 사용된다.
ㄷ. 회전방향을 바꾸기 위해 사용된다.
ㄹ. 구동력을 일정하게 유지하기 위해 사용된다.
ㅁ. 속도 변화를 일으키기 위해 사용된다.

① ㄱ, ㄹ　　　② ㄴ, ㄷ
③ ㄴ, ㄹ　　　④ ㄷ, ㅁ

**19** 화학공업, 식품설비, 원자력산업 등에 널리 사용되는 오스테나이트계 스테인리스 강재에 대한 설명으로 옳은 것은?

① STS304L은 STS304에서 탄소함유량을 낮춘 저탄소강으로 STS304보다 용접성, 내식성, 내열성이 우수하다.
② STS316은 STS304 표준조성에 알루미늄을 첨가하여 석출 경화성을 부여한 것으로 STS304보다 내해수성이 우수하다.
③ STS304는 고크롬계 스테인리스 강에 니켈을 8% 이상 첨가한 것으로 일반적으로 자성을 가진다.
④ STS304, STS316은 체심입방구조의 강재로 가공성은 떨어지지만 내부식성이 우수하다.

**20** 다음 용접방법 중 모재의 열변형이 가장 적은 것은?

① 가스 용접법
② 서브머지드 아크 용접법
③ 플라즈마 용접법
④ 전자 빔 용접법

# 15

## 2018년 10월 13일 시행
# 지방직 9급 고졸경채

→ 정답과 해설은 p.105에 있습니다.

**01** 내식성과 내마멸성이 우수하여 도시 가스 공급관, 수도용 급수관, 통신용 케이블관 등과 같이 매설용으로 널리 사용되는 관의 재료는?

① 고무
② 주철
③ 구리
④ 강

**02** 파스칼의 원리에 대한 설명으로 옳은 것은?

① 밀폐된 용기 내부의 압력은 용기의 체적에 비례한다.
② 밀폐된 이상유체에 가한 압력은 용기의 벽에 수평 방향으로 작용한다.
③ 밀폐된 이상유체에 가한 압력은 밀도에 따라 다른 크기로 전달된다.
④ 밀폐된 이상유체에 가한 압력은 유체의 모든 부분과 용기의 모든 벽에 같은 크기로 작용한다.

**03** 그림과 같이 접시 머리 나사를 이용하여 공작물을 체결하고자 할 때 나사머리가 들어갈 수 있게 가공하는 방법으로 가장 적절한 것은?

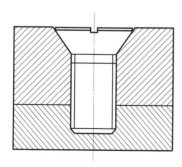

① 태핑
② 스폿 페이싱
③ 카운터 보링
④ 카운터 싱킹

**04** 유체의 누설을 막기 위한 너트로 가장 적절한 것은?

① 나비 너트
② 캡 너트
③ 사각 너트
④ 아이 너트

**05** 열경화성 수지에 해당하지 않는 것은?

① 요소 수지
② 페놀 수지
③ 멜라민 수지
④ 폴리에틸렌 수지

**06** 체인을 이용하여 동력을 전달하는 방식에 대한 설명으로 옳지 않은 것은?

① 미끄럼이 없는 일정한 속도비를 얻을 수 있다.
② 진동과 소음의 발생 가능성이 크고 고속회전에 적당하지 않다.
③ 초기장력이 필요하며 베어링의 마찰손실이 발생한다.
④ 여러 개의 축을 동시에 구동할 수 있다.

**07** 입도가 작고 연한 숫돌 입자를 공작물 표면에 접촉시킨 후 낮은 압력과 미세한 진동을 주어 고정밀도의 표면으로 다듬질하는 가공 방법은?

① 래핑
② 호닝
③ 리밍
④ 슈퍼 피니싱

**08** 전기저항 용접(electric resistance welding)이 아닌 것은?

① forge welding
② seam welding
③ projection welding
④ spot welding

**09** 가솔린 기관 중 4행정 사이클 기관과 비교한 2행정 사이클 기관의 특징으로 옳지 않은 것은?

① 크랭크 축 1회전 시 1회 폭발한다.
② 밸브 기구가 필요하며 구조가 복잡하다.
③ 배기량이 같은 경우 큰 동력을 얻을 수 있다.
④ 혼합 기체가 많이 손실되며 효율이 떨어진다.

**10** 절삭 시 발생하는 칩에 대한 설명으로 옳은 것만을 고른 것은?

> ㄱ. 칩이 공구의 날 끝에 붙어 원활하게 흘러가지 못하면 균열형 칩이 생성된다.
> ㄴ. 메짐성이 큰 재료를 저속으로 절삭하면 열단형 칩이 생성된다.
> ㄷ. 공구의 진행방향 위쪽으로 압축되면서 불연속적인 미끄럼이 생기면 전단형 칩이 생성된다.
> ㄹ. 연성재료에서 절삭조건이 맞고 절삭저항 변동이 작으면 유동형 칩이 생성된다.

① ㄱ, ㄴ
② ㄱ, ㄷ
③ ㄴ, ㄹ
④ ㄷ, ㄹ

**11** 용접 부위에 공급된 용제 속에서 아크를 발생시켜 용접하는 방법은?

① 전기 아크 용접
② 텅스텐 불활성 가스 아크 용접
③ 서브머지드 아크 용접
④ 이산화탄소 아크 용접

**12** 다음 작업들을 수행하는 공통적인 목적으로 가장 적절한 것은?

> • 로크 너트를 사용한다.
> • 스프링 와셔, 이붙이 와셔를 사용한다.
> • 볼트 끝 부분에 구멍을 뚫어 분할 핀을 장착한다.

① 전단응력의 감소
② 결합 풀림의 방지
③ 결합 모재의 보호
④ 응력 집중의 방지

**13** 강의 표면 경화 열처리 방법이 아닌 것은?

① 침탄법
② 화염 경화법
③ 풀림법
④ 질화법

**14** 내부조직이 치밀하고 강인한 작은 기어나 나사를 대량 생산할 때 사용하는 가공 방법으로 가장 적절한 것은?

① 전조 가공
② 호빙 머신 가공
③ 기어 셰이퍼(shaper) 가공
④ 기어 셰이빙(shaving)

**15** 재료 시험방법에 대한 설명으로 옳지 않은 것은?

① 인장시험은 축 방향으로 잡아당기는 힘에 대한 재료의 저항성을 측정하는 시험이다.
② 경도시험은 일정한 온도에서 하중을 가하여 시간에 따른 변형을 측정하는 시험이다.
③ 충격시험은 고속으로 가해지는 하중에 대한 재료의 저항성을 측정하는 시험이다.
④ 굽힘시험은 시험편에 굽힘 하중을 가하여 재료의 손상이나 저항성 등을 측정하는 시험이다.

**16** 증기압축식 냉동기에서 냉매가 움직이는 경로를 바르게 나열한 것은?

① 압축기 → 응축기 → 팽창밸브 → 증발기 → 압축기
② 압축기 → 팽창밸브 → 증발기 → 응축기 → 압축기
③ 압축기 → 증발기 → 팽창밸브 → 응축기 → 압축기
④ 압축기 → 응축기 → 증발기 → 팽창밸브 → 압축기

**17** CAD 작업에서 설계물의 관성모멘트를 계산할 수 있는 형상 모델링 방법은?

① dot-wire modeling
② wire-frame modeling
③ surface modeling
④ solid modeling

**18** 그림과 같은 마이크로미터를 이용하여 수나사에서 측정할 수 있는 것은?

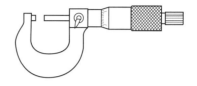

① 골지름
② 피치
③ 호칭지름
④ 나사산 높이

**19** 금속재료의 인장시험을 통해 얻을 수 있는 성질로만 묶은 것은?

① 파단점, 내마모성, 인장강도
② 푸아송비, 단면 수축률, 연신율
③ S−N 선도, 항복점, 연성
④ 응력−변형률 선도, 탄성한도, 전성

**20** 그림과 같은 기구의 평면 운동에 대한 설명으로 옳은 것은? (단, 링크 A, B, C는 모두 강체이며 링크 사이의 ○는 회전 관절을 나타낸다)

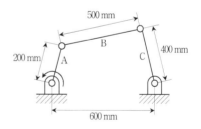

① A가 360° 회전할 때, C는 왕복 각운동을 한다.
② A와 C는 모두 360° 회전한다.
③ A, B, C는 모두 왕복 각운동만 한다.
④ C는 360° 회전하나 A와 B는 왕복 각운동을 한다.

2019년 6월 15일 시행

# 지방직 9급 공개경쟁채용

⋯→ 정답과 해설은 p.113에 있습니다.

**01** 사형주조법에서 주형을 구성하는 요소로 옳지 않은 것은?

① 라이저(riser)  ② 탕구(sprue)
③ 플래시(flash)  ④ 코어(core)

**02** 소성가공에 대한 설명으로 옳지 않은 것은?

① 열간가공은 냉간가공보다 치수 정밀도가 높고 표면상태가 우수한 가공법이다.
② 압연가공은 회전하는 롤 사이로 재료를 통과시켜 두께를 감소시키는 가공법이다.
③ 인발가공은 다이 구멍을 통해 재료를 잡아당김으로써 단면적을 줄이는 가공법이다.
④ 전조가공은 소재 또는 소재와 공구를 회전시키면서 기어, 나사 등을 만드는 가공법이다.

**03** TIG 용접에 대한 설명으로 옳지 않은 것은?

① 불활성 가스인 아르곤이나 헬륨 등을 이용한다.
② 소모성 전극을 사용하는 아크 용접법이다.
③ 텅스텐 전극을 사용한다.
④ 용제를 사용하지 않으므로 후처리가 용이하다.

**04** 물리량과 단위의 연결로 옳지 않은 것은?

① 일률 − N · m/s
② 압력 − N/m$^2$
③ 힘 − kg · m/s$^2$
④ 관성모멘트 − kg · m/s

**05** 드릴 가공에서 회전당 공구 이송(feed)이 1mm/rev, 드릴 끝 원추높이가 5mm, 가공할 구멍 깊이가 95mm, 드릴의 회전 속도가 200rpm일 때, 가공 시간은?

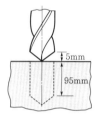

① 10초  ② 30초
③ 1분  ④ 0.5시간

**06** 플라스틱 사출성형공정에서 수축에 대한 설명으로 옳지 않은 것은?

① 동일한 금형으로 성형된 사출품이라도 고분자재료의 종류에 따라 제품의 크기가 달라진다.
② 사출압력이 증가하면 수축량은 감소한다.
③ 성형온도가 높으면 수축량이 감소한다.
④ 제품의 두께가 두꺼우면 수축량이 감소한다.

**07** 관용나사에 대한 설명으로 옳지 않은 것은?

① 관용 테이퍼나사의 테이퍼 값은 $\frac{1}{16}$이다.
② 관용 평행나사와 관용 테이퍼나사가 있다.
③ 관 내부를 흐르는 유체의 누설을 방지하기 위해 사용한다.
④ 관용나사의 나사산각은 60°이다.

**08** 절삭가공에 대한 설명으로 옳지 않은 것은?

① 초정밀가공(ultra-precision machining)은 광학 부품 제작 시 단결정 다이아몬드 공구를 사용하여 주로 탄소강의 경면을 얻는 가공법이다.

② 경식선삭(hard turning)은 경도가 높거나 경화처리된 금속재료를 경제적으로 제거하는 가공법이다.

③ 열간절삭(thermal assisted machining)은 소재에 레이저빔, 플라즈마아크 같은 열원을 집중시켜 절삭하는 가공법이다.

④ 고속절삭(high-speed machining)은 강성과 회전정밀도가 높은 주축으로 고속 가공함으로써 공작물의 열팽창이나 변형을 줄일 수 있는 이점이 있는 가공법이다.

**09** 다음과 같은 수치제어 공작기계 프로그래밍의 블록 구성에서, ㉠~㉤에 들어갈 내용을 바르게 연결한 것은?

| N_ | G_ | X_. | Y_. | Z_. | F_ | S_ | T_ | M_ | ; |
|---|---|---|---|---|---|---|---|---|---|
| 전개번호 | ㉠ | | 좌표어 | | ㉡ | ㉢ | ㉣ | ㉤ | EOB |

| | ㉠ | ㉡ | ㉢ | ㉣ | ㉤ |
|---|---|---|---|---|---|
| ① | 준비기능 | 이송기능 | 주축기능 | 공구기능 | 보조기능 |
| ② | 준비기능 | 주축기능 | 이송기능 | 공구기능 | 보조기능 |
| ③ | 준비기능 | 이송기능 | 주축기능 | 보조기능 | 공구기능 |
| ④ | 보조기능 | 주축기능 | 이송기능 | 공구기능 | 준비기능 |

**10** 벨트 전동의 한 종류로 벨트와 풀리(pulley)에 이(tooth)를 붙여서 이들의 접촉에 의하여 구동되는 전동 장치의 일반적인 특징으로 옳지 않은 것은?

① 효과적인 윤활이 필수적으로 요구된다.

② 미끄럼이 대체로 발생하지 않는다.

③ 정확한 회전비를 얻을 수 있다.

④ 초기 장력이 작으므로 베어링에 작용하는 하중을 작게 할 수 있다.

**11** 다음 설명에 해당하는 경도시험법은?

- 끝에 다이아몬드가 부착된 해머를 시편의 표면에 낙하시켜 반발 높이를 측정한다.
- 경도값은 해머의 낙하 높이와 반발 높이로 구해진다.
- 시편에는 경미한 압입자국이 생기며, 반발 높이가 높을수록 시편의 경도가 높다.

① 누우프 시험(Knoop test)

② 쇼어 시험(Shore test)

③ 비커스 시험(Vickers test)

④ 로크웰 시험(Rockwell test)

**12** 다음 설명에 해당하는 스프링은?

- 비틀었을 때 강성에 의해 원래 위치로 되돌아가려는 성질을 이용한 막대 모양의 스프링이다.
- 가벼우면서 큰 비틀림 에너지를 축적할 수 있다.
- 자동차와 전동차에 주로 사용된다.

① 코일 스프링(coil spring)

② 판 스프링(leaf spring)

③ 토션 바(torsion bar)

④ 공기 스프링(air spring)

**13** 디젤 기관에 대한 설명으로 옳지 않은 것은?

① 공기만을 흡입 압축하여 압축열에 의해 착화되는 자기착화 방식이다.
② 노크를 방지하기 위해 착화지연을 길게 해주어야 한다.
③ 가솔린 기관에 비해 압축 및 폭발압력이 높아 소음, 진동이 심하다.
④ 가솔린 기관에 비해 열효율이 높고, 연료 소비율이 낮다.

**14** 프레스 가공에 해당하지 않는 것은?

① 블랭킹(blanking)
② 전단(shearing)
③ 트리밍(trimming)
④ 리소그래피(lithography)

**15** 방전가공에 대한 설명으로 옳지 않은 것은?

① 소재제거율은 공작물의 경도, 강도, 인성에 따라 달라진다.
② 스파크방전에 의한 침식을 이용한 가공법이다.
③ 전도체이면 어떤 재료도 가공할 수 있다.
④ 전류밀도가 클수록 소재제거율은 커지나 표면거칠기는 나빠진다.

**16** 합성수지에 대한 설명으로 옳지 않은 것은?

① 합성수지는 전기 절연성이 좋고 착색이 자유롭다.
② 열경화성 수지는 성형 후 재가열하면 다시 재생할 수 없으며 에폭시 수지, 요소 수지 등이 있다.
③ 열가소성 수지는 성형 후 재가열하면 용융되며 페놀 수지, 멜라민 수지 등이 있다.
④ 아크릴 수지는 투명도가 좋아 투명 부품, 조명 기구에 사용된다.

**17** 기계제도에서 사용하는 선에 대한 설명으로 옳지 않은 것은?

① 외형선은 굵은 실선으로 표시한다.
② 지시선은 가는 실선으로 표시한다.
③ 가상선은 가는 2점 쇄선으로 표시한다.
④ 중심선은 굵은 1점 쇄선으로 표시한다.

**18** 측정 대상물을 지지대에 올린 후 촉침이 부착된 이동대를 이동하면서 촉침(probe)의 좌표를 기록함으로써, 복잡한 형상을 가진 제품의 윤곽선을 측정하여 기록하는 측정기기는?

① 공구 현미경      ② 윤곽 투영기
③ 삼차원 측정기    ④ 마이크로미터

**19** 담금질에 의한 잔류 응력을 제거하고, 재질에 적당한 인성을 부여하기 위해 담금질 온도보다 낮은 변태점 이하의 온도에서 일정 시간을 유지하고 나서 냉각시키는 열처리 방법은?

① 불림(normalizing)
② 뜨임(tempering)
③ 풀림(annealing)
④ 표면경화(surface hardening)

**20** 응력-변형률 선도에 대한 설명으로 옳은 것은?

① 탄성한도 내에서 응력을 제거하면 변형된 상태가 유지된다.
② 진응력-진변형률 선도에서의 파괴강도는 공칭응력-공칭변형률 선도에서 나타나는 값보다 크다.
③ 연성재료의 경우, 공칭응력-공칭변형률 선도 상에서 파괴강도는 극한강도보다 크다.
④ 취성재료의 경우, 공칭응력-공칭변형률 선도상에 하항복점과 상항복점이 뚜렷이 구별된다.

# 17

# 지방직 9급 고졸경채

→ 정답과 해설은 p.123에 있습니다.

**01** 빌트업 에지(built-up edge) 발생 시 억제하는 방법으로 옳지 않은 것은?

① 절삭 깊이를 깊게 한다.
② 절삭 속도를 높인다.
③ 절삭 날을 예리하게 한다.
④ 바이트의 경사각을 크게 한다.

**02** 재료의 전연성을 이용한 가공법만을 모두 고르면?

| ㄱ. 단조 | ㄴ. 호닝 |
|---|---|
| ㄷ. 인발 | ㄹ. 전조 |
| ㅁ. 트루잉 | |

① ㄱ, ㄴ
② ㄱ, ㄷ, ㄹ
③ ㄱ, ㄴ, ㄷ, ㅁ
④ ㄴ, ㄷ, ㄹ, ㅁ

**03** 비철 금속 재료에 대한 설명으로 옳지 않은 것은?

① 청동은 황동보다 내식성과 내마멸성이 좋다.
② 마그네슘 합금은 비강도가 알루미늄 금속보다 우수하므로 항공기, 자동차 등에 사용된다.
③ 니켈-구리 합금은 내식성이 우수하나 기계 가공이 어렵다.
④ 금형 주조가 발달하여 피스톤, 실린더 헤드 커버 등도 주물용 알루미늄 합금으로 생산되고 있다.

**04** 연삭 숫돌에 다음과 같이 표기되었을 때 K의 의미는?

| WA 60 K m V |
|---|

① 입도
② 숫돌 입자
③ 결합제
④ 결합도

**05** 다음에서 설명하는 주조법은?

- 쇳물을 고온, 고압으로 주입하여 얇고 복잡한 형상의 제품을 생산함
- 대량생산에 적합한 방식

① 원심 주조법
② 셸 몰드 주조법
③ 인베스트먼트 주조법
④ 다이캐스팅 주조법

**06** 주철에 대한 설명으로 옳지 않은 것은?

① 인장 강도가 강에 비하여 작고 메짐성이 크다.
② 고온에서 소성변형이 잘 된다.
③ 산에는 약하지만 알칼리에는 강하다.
④ 복잡한 형상도 쉽게 주조가 된다.

**07** 블록게이지의 등급 중 정밀도가 가장 낮은 것은?

① 0급
② 1급
③ 2급
④ 3급

**08** 다음에서 설명하는 압력제어 밸브는?

> • 두 개 이상의 분기 회로가 있을 때 액추에이터를 순차적으로 작동시키기 위하여 사용한다.
> • 압축 공기는 밸브의 설정 압력이 될 때 유로가 접속구와 연결되어 흐르게 된다.

① 압력 시퀀스 밸브
② 압력 조절 밸브
③ 압력 제한 밸브
④ 감압 밸브

**09** 측정에 대한 설명으로 옳은 것만을 모두 고르면?

> ㄱ. 버니어캘리퍼스 어미자의 한 눈금은 0.1mm이다.
> ㄴ. 형상측정에는 진직도, 평면도, 진원도 측정 등이 있다.
> ㄷ. 하이트 게이지는 스크라이버를 이용하여 측정한다.
> ㄹ. 사인 바는 길이 측정기이다.

① ㄱ, ㄷ
② ㄱ, ㄹ
③ ㄴ, ㄷ
④ ㄴ, ㄹ

**10** 유압유가 갖추어야 할 성질이 아닌 것은?

① 압축성이고 유동성이 좋을 것
② 인화점이 높고 온도에 대한 점도 변화가 적을 것
③ 거품이 일지 않고 수분을 쉽게 분리시킬 수 있을 것
④ 장시간 사용해도 물리적, 화학적 성질의 변화가 없을 것

**11** 심 용접(seam welding)에 대한 설명으로 옳은 것은?

① 모재보다 용융점이 낮은 금속을 모재 사이에 녹여 접합하는 방법
② 전극으로 사용하는 롤러 사이 모재를 겹쳐 놓고 전류를 통하면서 가열, 가압하여 접합하는 방법
③ 겹쳐 놓은 두 모재의 위 아래에 전극을 점 접촉시켜 강하게 가압하면서 전류를 흘려 접합하는 방법
④ 아르곤 또는 헬륨 등의 불활성 가스 환경 하에서 텅스텐 봉이나 금속 전극봉과 모재 사이에 아크를 발생시켜 용접하는 방법

**12** 다음의 탄소강 중 탄소의 함량이 가장 높은 것은?

① 연강
② 경강
③ 탄소 공구강
④ 표면 경화강

**13** 재료의 경도 시험법에 대한 설명으로 옳은 것만을 모두 고르면?

> ㄱ. 브리넬 경도는 다이아몬드 추를 압입자로 사용하며 오목자국의 깊이를 경도의 척도로 삼는다.
> ㄴ. 쇼어 경도는 완성품 검사에 사용된다.
> ㄷ. 비커스 경도는 강철구를 압입자로 사용하며 오목자국의 표면적을 측정하여 경도를 계산한다.
> ㄹ. 로크웰 경도는 다이아몬드 추를 일정 높이에서 낙하시켜 반발 높이로 경도를 측정한다.

① ㄴ
② ㄹ
③ ㄱ, ㄴ
④ ㄷ, ㄹ

**14** 다음에서 설명하는 기계요소는?

> - 유체를 한 방향으로만 흐르게 하기 위한 역류 방지용이다.
> - 대부분 외력을 사용하지 않고 유체 자체의 압력으로 조작한다.

① 플랜지 커플링
② 토션 바
③ 체크 밸브
④ 글러브 밸브

**15** 다음에서 설명하는 기관은?

> - 대기에서 흡입한 공기를 모두 압축기로 압축한 후 연소실로 보내 연료를 분사시켜 연소시킨다.
> - 고온·고압의 연소가스를 압축기 구동용 터빈에 분출시켜 터빈을 구동한다.
> - 고속에서 효율이 높으며, 주로 항공기용으로 사용된다.

① 터보팬 기관(turbofan engine)
② 터보제트 기관(turbojet engine)
③ 터보프롭 기관(turboprop engine)
④ 터보샤프트 기관(turboshaft engine)

**16** 다음 중 공업규격을 제정하여 표준화를 하는 이유만을 모두 고르면?

> ㄱ. 품질 향상
> ㄴ. 생산원가 절감
> ㄷ. 작업 능률 향상
> ㄹ. 부품의 호환성 증가
> ㅁ. 차별화된 제품 생산
> ㅂ. 개성 있는 제품을 소량 생산

① ㄱ, ㄴ, ㄷ
② ㄴ, ㄷ, ㄹ
③ ㄹ, ㅁ, ㅂ
④ ㄱ, ㄴ, ㄷ, ㄹ

**17** (가), (나)에서 설명하는 금속을 바르게 연결한 것은?

> (가) 비중이 4.5 정도로 은백색의 금속이며, 무게가 철의 $\frac{1}{2}$ 정도이나, 단단하고 내식 내열성이 우수하다. 그 합금은 가스 터빈용, 항공기 구조용으로 다양하게 쓰이고 있다.
> (나) 비중이 8.9이며 인성이 풍부한 은백색 광택의 금속으로, 전연성이 좋아 동전 등의 화폐를 만드는 데 쓰이기도 한다.

|  | (가) | (나) |
|---|---|---|
| ① | 알루미늄 | 마그네슘 |
| ② | 마그네슘 | 알루미늄 |
| ③ | 니켈 | 티타늄 |
| ④ | 티타늄 | 니켈 |

**18** 다음에서 설명하는 연삭 방법은?

> - 고정하기 어려운 가늘고 긴 공작물을 연삭하는 방법이다.
> - 바깥지름 연삭과 안지름 연삭이 모두 가능하다.
> - 지름이 크거나 무거운 공작물의 연삭은 어렵다.
> - 연속 가공이 가능하여 대량 생산에 적합하다.

① 센터리스 연삭
② 수평 평면 연삭
③ 공작물 왕복형 원통 연삭
④ 숫돌 왕복형 원통 연삭

**19** 원동축 기어의 잇수가 30, 종동축 기어의 잇수가 10이며 모듈이 2인 스퍼기어에 대한 설명으로 옳은 것만을 모두 고르면?

---

ㄱ. 두 기어의 중심거리는 40이다.
ㄴ. 원동축의 피치원 지름은 50이다.
ㄷ. 종동축의 원주피치는 원동축의 원주피치와 같다.
ㄹ. 원동축이 20회전을 할 때 종동축은 30회전을 한다.

---

① ㄱ, ㄴ      ② ㄱ, ㄷ
③ ㄴ, ㄷ      ④ ㄷ, ㄹ

**20** 용접과 비교하여 설명한 리벳이음의 특징으로 옳지 않은 것은?

① 열과 잔류 응력으로 인한 변형이 없다.
② 열에 약한 금속이나 얇은 판의 접합이 불가능하다.
③ 작업에 숙련도를 요하지 않으며 검사도 간단하다.
④ 구멍 가공으로 인하여 판의 강도가 약화된다.

# 18

2020년 6월 13일 시행

# 지방직 9급 공개경쟁채용

→ 정답과 해설은 p.134에 있습니다.

**01** 최소 측정 단위가 0.05 mm인 버니어 캘리퍼스를 이용한 측정 결과가 그림과 같을 때 측정값[mm]은? (단, 아들자와 어미자 눈금이 일직선으로 만나는 화살표 부분의 아들자 눈금은 4이다)

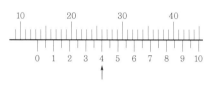

① 13.2      ② 13.4
③ 26.2      ④ 26.4

**02** 한쪽 방향으로만 힘을 받는 바이스(Vice)의 이송나사로 가장 적합한 것은?

① 삼각 나사      ② 사각 나사
③ 톱니 나사      ④ 관용 나사

**03** 물체에 가한 힘을 제거해도 원래 형태로 돌아가지 않고 변형된 상태로 남는 성질은?

① 탄성(Elasticity)
② 소성(Plasticity)
③ 항복점(Yield point)
④ 상변태(Phase transformation)

**04** 연삭 작업 중 공작물과 연삭숫돌 간의 마찰열로 인하여 공작물의 다듬질면이 타서 색깔을 띠게 되는 연삭 버닝의 발생 조건이 아닌 것은?

① 숫돌입자의 자생 작용이 일어날 때
② 매우 연한 공작물을 연삭할 때

③ 공작물과 연삭숫돌 간에 과도한 압력이 가해질 때
④ 연삭액을 사용하지 않거나 부적합하게 사용할 때

**05** 선삭의 외경절삭 공정 시 공구의 온도가 최대가 되는 영역에서 발생하는 공구 마모는?

① 플랭크 마모(Flank wear)
② 노즈반경 마모(Nose radius wear)
③ 크레이터 마모(Crater wear)
④ 노치 마모(Notch wear)

**06** 보통의 주철 쇳물을 금형에 넣어 표면만 급랭시켜 내열성과 내마모성을 향상시킨 것은?

① 회주철      ② 가단주철
③ 칠드주철      ④ 구상흑연주철

**07** 양쪽 끝에 플랜지(Flange)가 있는 대형 곡관을 주조할 때 사용하는 모형은?

① 회전 모형      ② 분할 모형
③ 단체 모형      ④ 골격 모형

**08** 주로 대형 공작물의 길이방향 홈이나 노치 가공에 사용되는 공정으로, 고정된 공구를 이용하여 공작물의 직선운동에 따라 절삭행정과 귀환행정이 반복되는 가공법은?

① 브로칭(Broaching)
② 평삭(Planning)
③ 형삭(Shaping)
④ 보링(Boring)

**09** 마찰이 없는 관속 유동에서 베르누이(Bernoulli) 방정식에 대한 설명으로 옳은 것은?

① 압력수두, 속도수두, 온도수두로 구성된다.
② 벤추리미터(Venturimeter)를 이용한 유량 측정에 사용되는 식이다.
③ 가열부 또는 냉각부 등 온도 변화가 큰 압축성 유체에도 적용할 수 있다.
④ 각 항은 무차원 수이다.

**10** 형단조(Impression die forging)의 예비성형 공정에서 오목면을 가지는 금형을 이용하여 최종 제품의 부피가 큰 영역으로 재료를 모으는 단계는?

① 트리밍(Trimming)
② 풀러링(Fullering)
③ 에징(Edging)
④ 블로킹(Blocking)

**11** 프란츠 뢸로(Franz Reuleaux)가 정의한 기계의 구비 조건에 해당하지 않는 것은?

① 물체의 조합으로 구성되어 있을 것
② 각 부분의 운동은 한정되어 있을 것
③ 구성된 조립체는 저항력이 없을 것
④ 에너지를 공급받아서 유효한 기계적 일을 할 것

**12** 결합용 기계 요소인 나사에 대한 설명으로 옳은 것은?

① 미터보통나사의 수나사 호칭 지름은 바깥 지름을 기준으로 한다.
② 원기둥의 바깥 표면에 나사산이 있는 것을 암나사라고 한다.
③ 오른나사는 반시계방향으로 돌리면 죄어지며, 왼나사는 시계 방향으로 돌리면 죄어진다.

④ 한줄나사는 빨리 풀거나 죌 때 편리하나, 풀어지기 쉬우므로 죔나사로 적합하지 않다.

**13** 가공공정에 대한 설명으로 옳지 않은 것은?

① 리밍(Reaming)은 구멍을 조금 확장하여, 치수 정확도를 향상할 때 사용한다.
② 드릴 작업 시 손 부상을 방지하기 위하여 장갑을 끼고 작업한다.
③ 카운터 싱킹(Counter sinking)은 원뿔 형상의 단이 진 구멍을 만들 때 사용한다.
④ 탭핑(Tapping)은 구멍의 내면에 나사산을 만들 때 사용한다.

**14** 실린더 행정과 안지름이 각 10 cm이고, 연소실 체적이 250 cm³인 4행정 가솔린 엔진의 압축비는? (단, $\pi = 3$으로 계산한다)

① 43 ② 2
③ 3 ④ 4

**15** 카르노(Carnot) 사이클의 $P-v$ 선도에서 각 사이클 과정에 대한 설명으로 옳은 것은? (단, $q_1$ 및 $q_2$는 열량이다)

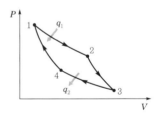

① 상태 1 → 상태 2 : 가역단열팽창과정
② 상태 2 → 상태 3 : 등온팽창과정
③ 상태 3 → 상태 4 : 등온팽창과정
④ 상태 4 → 상태 1 : 가역단열압축과정

**16** 일반적으로 CAD에 사용되는 모델링 가운데 솔리드 모델링(Solid modeling)의 특징이 아닌 것은?

① 숨은선 제거와 복잡한 형상 표현이 가능하다.
② 표면적, 부피 및 관성모멘트 등을 계산할 수 있다.
③ 실물과 근접한 3차원 형상의 모델을 만들 수 있다.
④ 간단한 자료구조를 갖추고 있어 처리해야 할 데이터양이 적다.

**17** 다음은 탄소강에 포함된 원소의 영향에 대한 설명이다. 이에 해당하는 원소는?

> 고온에서 결정 성장을 방지하고 강의 점성을 증가시켜 주조성과 고온 가공성을 향상시킨다. 탄소강의 인성을 증가시키고, 열처리에 의한 변형을 감소시키며, 적열취성을 방지한다.

① 인(P)　　　② 황(S)
③ 규소(Si)　　④ 망간(Mn)

**18** 실온에서 탄성계수가 가장 작은 재료는?

① 납(Lead)
② 구리(Copper)
③ 알루미늄(Aluminum)
④ 마그네슘(Magnesium)

**19** 구름 베어링의 호칭번호가 6208 C1 P2일 때, 옳은 것은?

① 안지름이 8 mm이다.
② 단열 앵귤러 콘택트 볼베어링이다.
③ 정밀도 2급으로 매우 우수한 정밀도를 가진다.
④ 내륜과 외륜 사이의 내부 틈새는 가장 큰 것을 의미한다.

**20** 반도체 제조공정에서 기판 표면에 코팅된 양성 포토레지스트(Positive photoresist)에 마스크(Mask)를 이용하여 노광공정(Exposing)을 수행한 후, 자외선이 조사된 영역의 포토레지스트만 선택적으로 제거하는 공정은?

① 현상(Developing)
② 식각(Etching)
③ 에싱(Ashing)
④ 스트립핑(Stripping)

# 19

## 2020년 10월 17일 시행
# 지방직 9급 고졸경채

→ 정답과 해설은 p.145에 있습니다.

**01** 철강을 순철, 강, 주철로 분류하는 기준은?

① 황(S) 함유량
② 인(P) 함유량
③ 탄소(C) 함유량
④ 규소(Si) 함유량

**02** 분해가 어려운 영구적인 고정 방식에 사용되는 결합용 기계요소는?

① 키
② 핀
③ 볼트
④ 리벳

**03** 나사를 1회전시켰을 때 축 방향 이동 거리인 리드(lead)가 가장 큰 미터나사는?

① 2줄 M25 × 5
② 2줄 M30 × 4
③ 3줄 M20 × 3
④ 3줄 M25 × 2

**04** 지름이 30mm, 표점 거리가 100mm인 시편으로 인장시험하여 파단 시 표점 거리가 120mm가 되었을 때의 연신율[%]은?

① 5
② 10
③ 15
④ 20

**05** 5개의 기어로 구성된 복합 기어열이 있고, 기어들의 잇수는 $Z_A$(기어 A의 잇수)=10, $Z_B$=40, $Z_C$=10, $Z_D$=20, $Z_E$=10이다. 기어 A의 회전속도 $N_A$=200rpm일 때, 기어 E의 회전속도 NE[rpm]는?

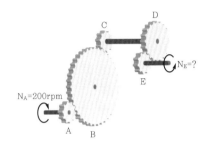

① 50
② 100
③ 200
④ 400

**06** 측정 오차에 대한 설명으로 옳지 않은 것은?

① 정기적으로 측정기를 검사하여 사용하므로 측정기는 오차가 없다.
② 온도, 습도, 진동 등 주위 환경 요인에 의하여 오차가 발생될 수 있다.
③ 측정자의 숙련도 부족, 습관, 부주의 등으로 발생될 수 있다.
④ 우연 오차를 줄이는 방법 중 하나는 측정 횟수를 늘려 그 평균값을 측정값으로 하는 것이다.

**07** 벨트 전동 장치에 대한 설명으로 옳지 않은 것은?

① 두 축 간의 거리가 먼 경우 벨트를 사용하여 간접적으로 동력을 전달하는 장치이다.
② 평 벨트는 바로 걸기(open belting)와 엇걸기(cross belting)가 가능하다.
③ V 벨트는 바로 걸기만 가능하다.
④ 같은 조건에서 평 벨트는 V 벨트보다 마찰력이 증대되어 전동효율이 더 높다.

**08** 모스 테이퍼(morse taper)로 되어 있는 주축 대에 설치하는 선반의 부속 장치가 아닌 것은?

① 면판　　　　　② 연동척
③ 방진구　　　　④ 돌림판

**09** 회전력을 전달하는 축에 대한 설명으로 옳은 것은?

① 차축은 휨과 비틀림 하중을 동시에 받으며, 일반적인 동력전달용 축으로 사용된다.
② 전동축은 휨 하중을 받는 축으로, 자동차, 철도용 차량 등의 중량을 차륜에 전달한다.
③ 크랭크축은 직선 운동을 회전 운동으로 바꾸거나, 회전 운동을 직선 운동으로 바꾸는 데 사용된다.
④ 플렉시블축은 비틀림 하중을 받는 축으로, 한쪽만 지지하고 있는 선반이나 밀링 머신의 주축으로 사용된다.

**10** 일반적인 합성수지에 대한 설명으로 옳지 않은 것은?

① 열팽창 계수가 작고 내열성이 크다.
② 절연성이 크고 피막 형성 성능이 우수하며 착색이 자유롭다.
③ 가벼워서 운반 및 취급이 용이하고 대기에 의한 부식 현상이 적다.
④ 내산성, 내알칼리성, 내염류성, 내용제성 등의 내약품성이 크다.

**11** 원의 중심에서 반지름이 이상적인 진원으로 부터 벗어난 크기를 의미하는 형상 정밀도는?

① 진직도　　　　② 평면도
③ 진원도　　　　④ 윤곽도

**12** 실내 또는 특정 장소의 공기를 사용 목적에 적합하도록 조절하기 위한 공기 조화(air conditioning)의 4대 요소가 아닌 것은?

① 청정도(cleanliness)
② 습도(humidity)
③ 기류(air movement)
④ 압력(pressure)

**13** 공작물이 회전운동하는 경우, 절삭 속도가 600m/min이고 공작물의 지름이 10cm일 때, 회전수[rpm]는? (단, $\pi = 3$이다)

① 20　　　　　　② 2,000
③ 4,000　　　　 ④ 20,000

**14** 다음에서 설명하는 유압 펌프(hydraulic pump)는?

- 원통 모양의 케이싱 안에 편심 회전자와 판 모양의 깃으로 구성되어 있다.
- 회전체의 편심량을 조절하여 송출량을 조절할 수도 있다.
- 구조가 간단하고 취급이 용이하다.
- 송출 압력의 맥동이 거의 없으므로 원활한 운동이 가능하다.

① 나사 펌프(screw pump)
② 베인 펌프(vane pump)
③ 피스톤 펌프(piston pump)
④ 기어 펌프(gear pump)

**15** 직육면체 소재를 다음과 같은 형상으로 밀링 (milling) 가공하고자 할 때 필요한 절삭 공구가 아닌 것은?

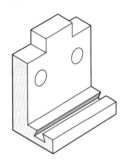

① 맨드릴(mandrel)
② 더브테일 커터(dovetail cutter)
③ 엔드밀(endmill)
④ 정면 커터(face cutter)

**16** 펌프에서 흡입구 및 배출구 쪽의 진공계와 압력계의 지침이 흔들리고 송출 유량이 변화하는 현상은?

① 공동 현상(cavitation)
② 맥동 현상(surging)
③ 수격 현상(water hammer)
④ 모세관 현상(capillarity)

**17** 기어의 특징에 대한 설명으로 옳지 않은 것은?

① 큰 동력을 전달할 수 있다.
② 정확한 회전 비율을 얻을 수 있다.
③ 소음과 진동이 발생하지 않는다.
④ 큰 감속비를 얻을 수 있다.

**18** 알루미늄(Al)에 대한 설명으로 옳은 것만을 모두 고르면?

> ㄱ. 비중이 약 2.7로 가벼우며, 가공성이 좋고 주조가 용이하다.
> ㄴ. 다른 금속과 합금하면 기계적 성질이 현저히 향상되는 특징이 있다.
> ㄷ. 보호 피막을 형성하여 대기 및 해수에서 내식성이 우수하다.
> ㄹ. 전기, 열의 양도체이며 구리(Cu)보다 전기 전도율이 높다.

① ㄱ, ㄴ      ② ㄱ, ㄷ
③ ㄴ, ㄹ      ④ ㄷ, ㄹ

**19** 접합하려는 두 금속 사이에 전기적 저항을 일으켜 용접에 필요한 열을 발생시키고, 그 부분에 압력을 가해 용접하는 방법은?

① 테르밋 용접
② 프로젝션 용접
③ 산소 수소 용접
④ 전기 아크 용접

**20** 내연기관(internal combustion engine)에 대한 설명으로 옳은 것은?

① 가솔린 기관은 공기만을 높은 압력으로 압축한 후 연료를 분사하여 자연 착화시킨다.
② 4행정 사이클 디젤 기관은 압축 행정 → 배기 행정 → 흡입 행정 → 폭발 행정의 순서로 작동된다.
③ 불꽃 점화 기관은 사용하는 연료 및 점화 방법에 따라 가스기관, 소구 기관, 제트 기관 등이 있다.
④ 디젤 기관은 가솔린 기관에 비해 압축비와 압축 압력이 높다.

**01** 순철에 대한 설명으로 옳지 않은 것은?

① 연성이 좋다.
② 탄소의 함유량이 1.0% 이상이다.
③ 변압기와 발전기의 철심에 사용된다.
④ 강도가 낮아 기계구조용 재료로 적합하지 않다.

**02** 레이놀즈수를 계산할 때 사용되지 않는 변수는?

① 유체의 속도
② 유체의 밀도
③ 유체의 점도
④ 유체의 열전도도

**03** 다음 특징을 가진 동력전달용 기계요소는?

- 초기장력을 줄 필요가 없다.
- 일정한 속도비를 얻을 수 있다.
- 유지보수가 간단하고 수명이 길다.
- 미끄럼 없이 큰 힘을 전달할 수 있다.

① 벨트
② 체인
③ 로프
④ 마찰차

**04** 선반가공에서 공작물의 지름이 40mm일 때, 절삭속도가 31.4m/min이면, 주축의 회전수[rpm]는? (단, 원주율은 3.14이다)

① 2.5
② 25
③ 250
④ 2500

**05** 용접할 두 표면을 회전공구로 강하게 문지를 때 발생하는 마찰열을 이용하여 접합하는 방법은?

① 초음파용접(ultrasonic welding)
② 마찰교반용접(friction stir welding)
③ 선형마찰용접(linear friction welding)
④ 관성마찰용접(inertia friction welding)

**06** 주조과정에 대한 설명으로 옳지 않은 것은?

① 주형에 용융금속을 주입한 후 응고시키는 과정을 거친다.
② 탕구계를 적절히 설계하면 완성 주물의 결함을 최소화할 수 있다.
③ 미스런(misrun)이나 탕경(cold shut)과 같은 결함이 발생하면 주입온도를 낮춘다.
④ 용융금속에 포함된 불순물들은 응고과정에서 반응하거나 배출되면서 주물결함을 일으킬 수 있다.

**07** 절삭공구의 피복재료에 요구되는 성질로 적절하지 않은 것은?

① 높은 열전도도
② 높은 고온경도와 충격저항
③ 공구 모재와의 양호한 접착성
④ 공작물 재료와의 화학적 불활성

**08** 인발작업과 관련된 힘에 대한 설명 중 가장 적절하지 않은 것은?

① 마찰계수가 커지면 인발하중이 커진다.
② 역장력을 가하면 다이압력이 커진다.
③ 단면감소율이 커지면 인발하중이 커진다.
④ 인발하중이 최소가 되는 최적다이각이 존재한다.

**09** 주전자 등과 같이 배부른 형상의 성형에 주로 적용되는 공법으로 튜브형의 소재를 분할다이에 넣고 폴리우레탄 플러그 같은 충전재를 이용하여 확장시키는 성형법은?

① 벌징(bulging)
② 스피닝(spinning)
③ 엠보싱(embossing)
④ 딥드로잉(deep drawing)

**10** 비파괴시험법과 원리에 대한 설명으로 적절하지 않은 것은?

① 초음파검사법은 초음파가 결함부에서 반사되는 성질을 이용하여 주로 내부결함을 탐지하는 방법이다.
② 액체침투법은 표면결함의 열린 틈으로 액체가 침투하는 현상을 이용하여 표면에 노출된 결함을 탐지하는 방법이다.
③ 음향방사법은 제품에 소성변형이나 파괴가 진행되는 경우 발생하는 응력파를 검출하여 결함을 감지하는 방법이다.
④ 자기탐상법은 제품의 결함부가 와전류의 흐름을 방해하여 이로 인한 전자기장의 변화로부터 결함을 탐지하는 방법이다.

**11** 금속의 파괴 형태에 대한 설명으로 옳은 것은?

① 취성파괴 : 소성변형이 거의 없이 갑자기 발생되는 파괴
② 크리프파괴 : 수소의 존재로 인해 연성이 저하되고 취성이 커져 발생되는 파괴
③ 연성파괴 : 반복응력이 작용할 때 정하중하의 파단응력보다 낮은 응력에서 발생되는 파괴
④ 피로파괴 : 주로 고온의 정하중하에서 시간의 경과에 따라 서서히 변형이 커지면서 발생되는 파괴

**12** 기계가공법에 대한 설명으로 옳지 않은 것은?

① 보링은 구멍 내면을 확장하거나 마무리하는 내면선삭 공정이다.
② 리밍은 이미 만들어진 구멍의 치수정확도와 표면정도를 향상시키는 공정이다.
③ 브로칭은 회전하는 단인절삭공구를 공구의 축방향으로 이동하며 절삭하는 공정이다.
④ 머시닝센터는 자동공구교환 기능을 가진 CNC 공작기계로 다양한 절삭작업이 가능하다.

**13** 냉매에 필요한 성질로 옳은 것은?

① 임계온도가 낮을 것
② 응고온도가 낮을 것
③ 응축압력이 높을 것
④ 증발잠열이 작을 것

**14** 볼나사의 일반적인 특징으로 옳지 않은 것은?

① 정밀한 위치제어가 가능하다.
② 마찰계수가 작아 기계효율이 높다.
③ 하나의 강구를 이용하여 동력을 전달한다.
④ 예압을 주어 백래쉬(backlash)를 작게 할 수 있다.

**15** 형상기억합금에 대한 설명으로 옳지 않은 것은?

① 인공위성 안테나, 치열 교정기 등에 사용된다.
② 대표적인 합금으로는 Ni-Ti 합금이나 Cu-Zn-Al 합금 등이 있다.
③ 에너지 손실이 없어 고압 송전선이나 전자석용 선재에 활용된다.
④ 변형이 가해지더라도 특정 온도에서 원래 모양으로 회복되는 합금이다.

**16** 유압시스템에 대한 설명으로 옳지 않은 것은?

① 무단변속이 가능하여 속도제어가 쉽다.
② 충격에 강하며 높은 출력을 얻을 수 있다.
③ 구동용 유압발생장치로 기어펌프, 베인펌프 등의 용적형 펌프가 사용된다.
④ 릴리프밸브와 감압밸브 등은 유압회로에서 유체방향을 제어하는 밸브이다.

**17** 증기원동기에 대한 설명으로 옳은 것은?

① 고압의 증기를 만드는 장치는 복수기이다.
② 냉각된 물을 보일러로 공급하는 장치는 급수펌프이다.
③ 유체에너지를 기계에너지로 변환하는 장치는 보일러이다.
④ 팽창 후 증기를 냉각시켜 물로 만들어주는 장치는 증기터빈이다.

**18** 철강재료의 표준조직에 대한 설명으로 옳지 않은 것은?

① 페라이트는 연성이 크며 상온에서 자성을 띤다.
② 시멘타이트는 Fe와 C의 금속간화합물이며 경도와 취성이 크다.
③ 오스테나이트는 면심입방구조이며 성형성이 비교적 양호하다.
④ 펄라이트는 페라이트와 오스테나이트의 층상조직으로 연성이 크며 절삭성이 좋다.

**19** 펌프의 효율을 저하시키는 공동현상(cavitation)을 줄이기 위한 대책으로 옳지 않은 것은?

① 배관을 완만하고 짧게 한다.
② 마찰저항이 작은 흡입관을 사용한다.
③ 규정 이상으로 회전수를 올리지 않는다.
④ 펌프의 설치위치를 높여 흡입양정을 크게 한다.

**20** 볼트에 대한 설명으로 옳지 않은 것은?

① 스테이볼트는 볼트의 머리부에 훅(hook)을 걸 수 있도록 만든 볼트이다.
② 관통볼트는 죄려고 하는 2개의 부품에 관통구멍을 뚫고 너트로 체결한다.
③ 스터드볼트는 볼트의 머리부가 없고 환봉의 양단에 나사가 나있는 볼트이다.
④ 탭볼트는 관통구멍을 뚫기 어려운 두꺼운 부품을 결합할 때 부품에 암나사를 만들어 체결한다.

# 21

### 2022년 6월 18일 시행
# 지방직 9급 공개경쟁채용

→ 정답과 해설은 p.166에 있습니다.

**01** 기계공작용 측정기에 대한 설명으로 가장 옳은 것은?

① 다이얼 게이지는 구멍의 안지름을 측정할 수 있다.

② 블록 게이지는 원기둥의 진원도를 측정할 수 있다.

③ 마이크로미터는 회전체의 흔들림을 측정할 수 있다.

④ 버니어 캘리퍼스는 원통의 바깥지름, 안지름, 깊이를 측정할 수 있다.

**02** 그림과 같이 원주를 따라 슬릿(slit)이 배열된 관형구조의 선삭용 공작물 고정장치는?

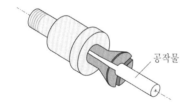

공작물

① 면판　　　　　② 콜릿
③ 연동척　　　　④ 단동척

**03** 선반가공에서 발생하는 불연속형 칩에 대한 설명으로 가장 옳은 것은?

① 칩 브레이커에 의해 발생한다.

② 가공면은 우수한 표면 정도를 갖는다.

③ 취성이 큰 재료를 작은 경사각과 큰 절삭 깊이로 가공할 때 발생한다.

④ 공구와 칩 사이의 마찰로 인하여 공작물 재료의 일부분이 절삭날 근처의 경사면에 들러붙어 발생한다.

**04** 연강의 인장시험에서 알 수 있는 재료의 물성치가 아닌 것은?

① 경도(hardness)
② 연신율(elongation)
③ 탄성계수(modulus of elasticity)
④ 인장강도(tensile strength)

**05** 고온에서 강에 탄성한도보다 낮은 인장하중이 장시간 작용할 때 변형이 서서히 커지는 현상은?

① 피로　　　　　② 크리프
③ 잔류응력　　　④ 바우싱거 효과

**06** 축이음 기계요소에 대한 설명으로 옳지 않은 것은?

① 원판 클러치와 원추 클러치는 구동축과 종동축 사이에 있는 접촉면의 마찰력에 의하여 동력을 전달한다.

② 유니버설 조인트의 구동축과 종동축이 평행하지 않을 때, 축의 회전각도에 따라 종동축과 구동축의 각속도비가 일정하지 않고 변동한다.

③ 올덤 커플링은 두 축이 평행하고 축중심이 약간 편심되어 있는 경우에 사용하는 축이음으로 원심력에 의한 진동 때문에 고속회전에는 부적합하다.

④ 플렉시블 커플링은 두 축의 중심을 일치시키기 어렵거나 진동이 발생하기 쉬운 경우에 사용하는 커플링으로서 동작 중에 연결하거나 분리할 수 있다.

**07** 경도에 대한 설명으로 옳지 않은 것은?

① 다이아몬드는 지금까지 알려진 재료 중 경도가 가장 높아 깨지지 않는다.
② 경도는 압입에 대한 재료의 저항값으로, 높은 경도의 재료는 내마모성이 좋다.
③ 브리넬 경도는 구형 압입체를 시험편에 누른 후 압입하중과 압입자국의 직경을 이용하여 측정한다.
④ 로크웰 경도는 압입체를 시험편에 초기하중으로 누른 후, 시험하중을 가해 발생하는 추가적인 압입깊이를 이용하여 측정한다.

**08** 유체의 유량을 측정하는 장치로 옳지 않은 것은?

① 위어(weir)
② 오리피스(orifice)
③ 액주계(manometer)
④ 벤투리미터(venturi meter)

**09** 재료의 피로수명을 향상시킬 수 있는 공정으로 옳지 않은 것은?

① 연마
② 표면경화
③ 전기도금
④ 숏피닝(shot peening)

**10** (가)와 (나)가 같은 크기의 물리량으로 짝지어지지 않은 것은? (단, 중력가속도는 9.8 m/s$^2$이다)

|   | (가) | (나) |
|---|---|---|
| ① | 3,000rpm | $100\pi$ rad/s |
| ② | 1PS | 75J/s |
| ③ | 1MPa | 1,000kN/m$^2$ |
| ④ | 100kgf | 980N |

**11** 둥근키에 대한 설명으로 옳은 것은?

① 축을 키의 폭만큼 평평하게 깎아서 키를 때려 박아 토크를 전달한다.
② 기울기가 없는 키를 사용하여 보스가 축방향으로 이동할 수 있도록 하면서 토크를 전달한다.
③ 키 홈을 파지 않고 축과 보스 사이에 원추(원뿔)를 끼워 박아서 마찰력으로 토크를 전달한다.
④ 축과 보스를 끼워 맞춤하고 축과 보스 사이에 구멍을 가공하여 원형 단면의 평행핀 또는 테이퍼핀을 때려 박아서 토크를 전달한다.

**12** 나사에 대한 설명으로 옳지 않은 것은?

① 마찰계수와 나선각(리드각)이 같을 경우 삼각나사보다 사각나사의 마찰력이 크다.
② 나사의 마찰각이 나사의 나선각(리드각)보다 큰 경우에는 저절로 풀리지 않는다.
③ 미터 보통나사의 나사산각은 60°이고, 수나사의 바깥지름[mm]을 호칭치수로 한다.
④ 나사의 자립은 외력이 작용하지 않을 경우 나사가 저절로 풀리지 않는 상태를 말한다.

**13** 평기어에 대한 설명으로 옳지 않은 것은?

① 인벌류트 기어의 물림률을 증가시키려면 접촉호의 길이를 크게 해야 한다.
② 인벌류트 기어에서 언더컷은 잇수가 적을 때 혹은 압력각이 작을 때 발생하기 쉽다.
③ 인벌류트 기어에서 피치원지름이 일정할 경우, 모듈(module)이 커질수록 잇수는 적어지고 이높이는 커진다.
④ 사이클로이드 기어는 이의 마멸이 균일하고 작용할 수 있는 추력(thrust)이 커서 주로 동력전달장치, 공작기계 등에 사용한다.

**14** 가공공정에 대한 설명으로 옳지 않은 것은?

① 전자빔가공은 진공챔버에서 수행된다.

② 초음파가공은 세라믹, 유리 등 단단하고 취성이 큰 재료의 가공에 적합하다.

③ 레이저가공은 광학렌즈에 의해 집중된 빛을 이용하며 기화나 용융에 의해 재료를 제거하는 공정이다.

④ 방전가공은 공구(전극)와 공작물 사이에 있는 전해액 속에서 생성된 스파크에 의해 재료를 제거하는 공정이다.

**15** 가솔린기관에서 크랭크축이 1회전하는 동안, 소요 시간은 $\frac{1}{50}$초이고 피스톤의 평균이동 속도는 10m/s이다. 피스톤의 행정거리 (stroke)[mm]는?

① 50 　　　　② 100

③ 200 　　　　④ 400

**16** 냉동기용 압축기의 종류 중 원심식 압축기(터보압축기)에 대한 설명으로 옳은 것은?

① 실린더 안에서 왕복 운동하는 피스톤에 의해 냉매를 흡입, 압축하여 배출한다.

② 실린더 안에 설치된 암·수 두 개의 로터(rotor) 사이의 공간으로 냉매를 흡입, 압축하여 배출한다.

③ 임펠러(impeller)가 고속 회전할 때 생기는 원심력을 이용하여 냉매를 흡입, 압축하여 배출한다.

④ 회전축에 대하여 편심된 회전자의 회전에 의해 회전자와 실린더 사이로 냉매를 흡입, 압축하여 배출한다.

**17** 왕복 펌프에 대한 설명으로 옳지 않은 것은?

① 송출 압력이 낮은 곳에서는 피스톤 펌프보다 플런저 펌프가 사용된다.

② 피스톤 펌프는 실린더 내에서 피스톤을 왕복 운동시켜 유체를 흡입하고 송출한다.

③ 버킷 펌프는 피스톤 중앙부에 구멍을 뚫어 밸브를 설치한 것으로 수동 펌프로 사용된다.

④ 유체의 누설이 차단되는 다이어프램 펌프는 이물질이 혼입되지 않아야 하는 식품제조 공정에서 사용한다.

**18** 금속의 소성 가공에 대한 설명으로 옳지 않은 것은?

① 금속 박판의 블랭킹 공정에서 펀치 직경은 제품 직경과 같게 설계한다.

② 금속 박판의 굽힘가공에서 스프링백(spring back)은 과도굽힘으로 보정할 수 있다.

③ 형단조에서 플래시는 재료가 금형 내 복잡한 세부 부분까지 채워지도록 도와준다.

④ 딥드로잉 공정에서 설계 제품의 드로잉비가 한계를 초과한 경우, 두 번 이상의 단계로 드로잉을 수행한다.

**19** 층(layer)을 쌓아 제품을 제작하는 방식인 적층제조(additive manufacturing) 공정에 대한 설명으로 옳지 않은 것은?

① 조립과정을 거쳐야만 구현 가능한 복잡한 내부 형상을 가진 부품을 일체형으로 제작할 수 있다.

② FDM(fused deposition modeling) 공정으로 제작된 제품은 경사면이 계단형이다.

③ SLS(selective laser sintering) 공정은 돌출부를 지지하기 위한 별도의 구조물이 필요하다.

④ 분말층 위에 접착제를 프린팅하는 공정을 이용하여 세라믹 제품의 제작이 가능하다.

**20** 평판 압연 공정에서 압하량(draft)과 압하력 (roll force)에 대한 설명으로 옳지 않은 것은?

① 마찰계수가 클수록 최대 압하량은 증가한다.

② 평판의 폭이 증가할수록 압하력은 증가한다.

③ 동일한 압하량에서 압연롤의 직경이 증가할수록 압하력은 증가한다.

④ 동일한 압하량에서 평판의 초기 두께가 증가할수록 압하력은 증가한다.

# 22

2023년 6월 10일 시행

# 지방직 9급 공개경쟁채용

→ 정답과 해설은 p.180에 있습니다.

**01** 최대응력 200MPa, 최소응력 80MPa의 반복응력이 주기적으로 작용할 때 응력진폭[MPa]은?

① 60      ② 120
③ 140      ④ 200

**02** 나사에 대한 설명으로 옳은 것은?

① M20×2 삼각나사의 피치는 20mm이다.
② 나사의 유효지름은 피치와 줄 수를 곱한 값이다.
③ 두줄나사의 리드는 피치가 동일한 한줄나사보다 짧다.
④ 삼각나사의 종류 중 미터나사는 나사산의 각도가 60°이다

**03** 부품의 두께를 미터계 마이크로미터로 측정한 결과이다. 사용된 마이크로미터의 분해능[mm]과 측정값[mm]은?

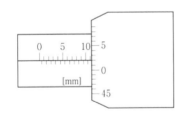

| | 분해능 | 측정값 |
|---|---|---|
| ① | 0.01 | 11.02 |
| ② | 0.01 | 11.20 |
| ③ | 0.02 | 11.02 |
| ④ | 0.02 | 11.20 |

**04** 한 축에서 다른 축으로 동력을 전달하는 동안 필요에 따라 축이음을 단속할 수 있는 기계요소는?

① 리벳(rivet)
② 클러치(clutch)
③ 커플링(coupling)
④ 판스프링(leaf spring)

**05** 밀링가공에서 500rpm으로 회전하는 밀링 커터의 날(tooth)당 이송량이 0.2mm/날이고, 테이블의 분당 이송속도가 200mm/min일 때 커터의 날 수는?

① 1      ② 2
③ 4      ④ 10

**06** 마멸에 대한 설명으로 옳지 않은 것은

① 부식마멸은 표면과 주위 환경 사이의 화학작용이나 전해작용에 의해 발생한다.
② 피로마멸은 돌출부가 있는 단단한 표면과 연한 표면이 서로 미끄럼 운동을 할 때 발생한다.
③ 제품에 생긴 버(burr)를 제거하는 텀블링 가공은 충격마멸 현상을 제조공정에 응용한 것이다.
④ 스커핑(scuffing)은 응착마멸에서 마찰열에 의해 한 표면이 다른 표면에 용융 부착되면서 떨어져 나가는 현상이다.

**07** 알루미늄산화물이나 실리콘카바이드 막대숫돌 공구를 이용하여 구멍 내면을 미세한 표면 정도로 가공하는 방법은?

① 보링(boring)

② 호닝(honing)

③ 태핑(tapping)

④ 드릴링(drilling)

**08** 펌프 내에서 유체의 압력이 국부적으로 포화증기압 이하로 낮아져 기포가 발생했다가 고압부에서 급격히 소멸하는 과정이 반복되어 펌프의 성능을 저하시키는 원인으로 옳은 것은?

① 초킹현상　　② 공진현상

③ 수격현상　　④ 공동현상

**09** 가솔린기관의 연소과정에서 발생하는 노크(knock) 현상의 특징으로 옳지 않은 것은?

① 배기가스의 색깔이 변화한다.

② 기관의 출력과 열효율을 저하시킨다.

③ 옥탄가가 낮은 연료를 사용하면 노크 현상을 방지할 수 있다.

④ 미연소가스의 급격한 자연발화(self-ignition)에 의해 발생한 충격파가 실린더벽을 타격한다.

**10** 금속의 결정구조에 대한 설명으로 옳지 않은 것은?

① 체심입방구조(BCC, Body-Centered Cubic)의 배위수는 8이다.

② 면심입방구조(FCC, Face-Centered Cubic)의 배위수는 12이다.

③ 조밀육방결정구조(HCP, Hexagonal Close-Packed)의 배위수는 12이다.

④ 체심입방구조의 원자충전율은 면심입방구조의 원자충전율보다 크다.

**11** 구름 베어링에서 사용하는 베어링 호칭번호의 구성요소가 아닌 것은?

① 형식기호　　② 안지름 번호

③ 접촉각기호　　④ 정격하중 번호

**12** 강괴를 탈산 정도에 따라 분류할 때 용강 중에 탈산제를 첨가하여 완전히 탈산시킨 강은?

① 림드강(rimmed steel)

② 캡드강(capped steel)

③ 킬드강(killed steel)

④ 세미킬드강(semi-killed steel)

**13** 부품을 정반 위에 올려놓고 정반면을 기준으로 하여 높이를 측정하거나 스크라이버(scriber) 끝으로 금긋기 작업을 하는 데 사용하는 측정기는?

① 사인바(sine bar)

② 블록게이지(block gauge)

③ 다이얼게이지(dial gauge)

④ 하이트게이지(height gauge)

**14** 금속 빌렛(billet)을 컨테이너에 넣고 램(ram)으로 압력을 가하면서 다이(die)의 구멍으로 소재를 밀어내어, 단면이 일정한 각종 형상의 단면재와 관재 등을 가공하는 방법은?

① 압연(rolling)

② 단조(forging)

③ 인발(drawing)

④ 압출(extrusion)

**15** 유체의 흐름 방향을 제어하는 밸브로 옳지 않은 것은?

① 스풀밸브(spool valve)
② 체크밸브(check valve)
③ 교축밸브(throttle valve)
④ 셔틀밸브(shuttle valve)

**16** 이상적인 열기관 사이클에 대한 설명으로 옳지 않은 것은?

① 카르노(Carnot) 사이클은 가역 사이클이다.
② 오토(Otto) 사이클은 불꽃점화(spark-ignition) 내연기관의 이상 사이클이다.
③ 랭킨(Rankine) 사이클에서 응축기의 압력이 감소하면 사이클의 열효율은 감소한다.
④ 디젤(Diesel) 사이클은 1개의 등엔트로피 압축과 1개의 등엔트로피 팽창과정을 가진다.

**17** 마찰차에 대한 설명으로 옳지 않은 것은

① 정확한 속도비를 유지할 수 있다.
② 구름 접촉에 의한 회전으로 동력을 전달한다.
③ 마찰계수를 크게 하기 위해 접촉면에 고무, 가죽 등을 붙인다.
④ 원통 마찰차는 외접하면 서로 반대방향으로 회전하고, 내접하면 서로 같은 방향으로 회전한다.

**18** 다음 설명에서 (가)~(다)에 들어갈 내용을 바르게 연결한 것은?

> 금속재료는 외력에 의해 변형하며 가해지는 외력이 (가)를 넘게 되면 외력을 제거하여도 변형이 남게 된다. 외력을 제거하면 원상태로 돌아오는 변형을 (나)이라 하고, 외력을 제거하여도 영구적으로 돌아오지 않는 변형을 (다)이라 한다.

| | (가) | (나) | (다) |
|---|---|---|---|
| ① | 탄성 계수 | 탄성 변형 | 소성 변형 |
| ② | 탄성 한도 | 탄성 변형 | 소성 변형 |
| ③ | 탄성 계수 | 소성 변형 | 탄성 변형 |
| ④ | 탄성 한도 | 소성 변형 | 탄성 변형 |

**19** 인장시험에서 시편의 초기 단면적이 $400\text{mm}^2$이고 파단 후의 단면적이 $300\text{mm}^2$일 때 단면감소율[%]은?

① 25          ② 33
③ 50          ④ 75

**20** 선반작업 중 널링(knurling)에 대한 설명으로 옳은 것은?

① 축에 직각인 부품 끝단을 평평한 표면으로 가공하는 작업이다.
② 공구를 회전축과 경사지게 이송시켜 외면 또는 내면을 절삭하는 작업이다.
③ 이전 공정에 의해서 생성된 구멍이나 원통 내부를 확대하는 작업이다.
④ 미끄럼방지용 손잡이와 같이 원통 외면에 규칙적인 형태의 무늬를 만드는 작업이다.

# 기계의 진리

## 기계일반
## 기출문제
## 풀이집

# II

# 정답 및 해설

# 01
## 2009년 5월 23일 시행
# 지방직 9급 공개경쟁채용

| 01 | ④ | 02 | ② | 03 | ① | 04 | ① | 05 | ③ | 06 | ① | 07 | ④ | 08 | ③ | 09 | ② | 10 | ③ |
| 11 | ③ | 12 | ① | 13 | ④ | 14 | ① | 15 | ② | 16 | ② | 17 | ④ | 18 | ③ | 19 | ③ | 20 | ② |

## 01
정답 ④

**[형상기억합금]**

- 특정 온도에서의 모양을 기억하는 합금으로, 변형된 후 열을 가하면 원래의 모양으로 되돌아가는 성질을 가지고 있다.
- 온도, 응력에 의존하여 생성되는 마텐자이트 변태를 일으킨다.
- 형상기억 효과를 만들 때 온도는 마텐자이트 변태 온도 이하에서 한다.
- 우주선의 안테나, 치열 교정기, 안경 프레임, 급유관의 이음쇠 등에 사용한다.
- 소재의 회복력을 이용하여 용접 또는 납땜이 불가능한 것을 연결하는 이음쇠로 사용이 가능하다.
- Ni-Ti 합금의 대표적인 상품은 니티놀이며 주성분은 Ni(니켈)과 Ti(티타늄)이다.
- 니티놀 이외에도 Cu-Al-Zn계 합금, Cu-Al-Ni계, Cu계 합금 등이 있다.

**필수비교**

- Ni-Ti계 합금 : 결정립의 미세화가 용이하며 내식성, 내마멸성, 내피로성이 좋다. 다만, 가격이 비싸며 소성가공에 숙련된 기술이 필요하다.
- Cu계 합금 : 결정립의 미세화가 곤란하며 내식성, 내마멸성, 내피로성이 Ni-Ti계 합금보다 좋지 않다. 다만, 가격이 싸며 소성가공성이 우수하여 파이프 이음쇠에 사용된다.

**관련 문제**

**형상 기억 효과를 나타내는 합금이 일으키는 변태는?**    정답 ④
① 오스테나이트 변태
② 펄라이트 변태
③ 레데뷰라이트 변태
④ 마텐자이트 변태

## 02
정답 ②

체심입방격자(BCC) → 면심입방격자(FCC)로 변했다는 것은 원자의 배열이 변했다는 것을 의미하고 이러한 변태를 동소변태(격자변태)라고 한다.

| | | | |
|---|---|---|---|
| **자기변태(동형변태)** | • 원자의 배열 변화 없이 자기적 성질만 변하는 변태이다. 즉, 결정구조는 변하지 않는 변태이다.<br>• 강자성이 상자성 또는 비자성으로 변화하는 변태이다.<br>• 점진적이며 연속적인 변화를 나타낸다.<br>• 자기변태하는 대표적인 금속 : 니켈(Ni), 코발트(Co), 철(Fe) | | |

| 종류 | 니켈(Ni) | 코발트(Co) | 철(Fe) |
|---|---|---|---|
| 자기변태점 온도(큐리점 온도) | 358℃ | 1,150℃ | 768℃ |

| | |
|---|---|
| **동소변태(격자변태)** | • 결정격자의 변화 또는 원자의 배열에 변화가 생기는 변태이다.<br>• 일정 온도에서 급격히 비연속적인 변화를 나타낸다.<br>• 동소변태하는 대표적인 금속 : 철(Fe), 코발트(Co), 주석(Sn), 티타늄(Ti), 지르코늄(Zr), 세슘(Ce) |

※ 니켈(Ni)은 자신의 자기변태 온도인 358℃ 이상으로 가열이 되면 자기변태하여 강자성체에서 어느 정도 자성을 잃어 상자성체로 변한다. 또한, 니켈(Ni)은 동소변태를 하지 않고 자기변태만 하는 금속이다.

## 03

정답 ①

MIG용접

TIG용접

불활성가스아크용접의 종류에는 MIG와 TIG가 있다. MIG에서 M은 금속(Metal)을 의미한다. 금속은 보통 가격이 싼 금속을 사용한다. 따라서 MIG 용접은 전극을 소모시켜 모재의 접합 사이에 흘러들어가 접합 매개체, 즉 용접봉의 역할을 하는 것과 같다. 따라서 MIG 용접의 경우는 전극이 소모되기 때문에 와이어 (Wire) 전극을 연속적으로 공급해야만 한다. 그리고 MIG나 TIG나 용접 주위에 아르곤이나 헬륨 등을 뿌려 대기 중의 산소나 질소가 용접부에 접촉 반응하는 것을 막아주는 방어막 역할을 한다. 따라서 산화물 및 질화물 등을 방지할 수 있다. 아르곤이나 헬륨 등의 불활성가스가 용제의 역할을 해주기 때문에 불활성 가스아크용접(MIG, TIG 용접)은 용제가 필요 없다.
TIG에서 T는 텅스텐(Tungsten)을 의미한다. 텅스텐은 가격이 비싸기 때문에 텅스텐 전극을 소모성 전극으로 사용하지 않는다. 텅스텐 전극은 비소모성 전극으로 MIG 용접에서의 금속 전극처럼 용접봉의 역할을 하지 못하기 때문에 별도로 사선으로 용가재(용접봉)를 공급하면서 용접을 진행하게 된다.

## 04

정답 ①

4는 나사의 개수를 나타낸다.
M은 미터나사를 의미한다.

8은 나사의 호칭지름(바깥지름)을 의미한다.

1.25는 나사의 피치를 의미한다.

• 유효지름은 골지름과 바깥지름 합의 평균값이다.
• 바깥지름은 호칭지름과 같은 의미이다.

## 05 정답 ③

• 트루잉 : 나사나 기어를 연삭가공하기 위해 숫돌의 형상을 처음 형상으로 고치는 작업으로 일명 "모양 고치기"라고 한다.
• 글레이징(눈무딤) : 숫돌입자가 탈락하지 않고 마멸에 의해 납작해지는 현상을 말한다.
• 로딩(눈메움) : 연삭가공으로 발생한 칩이 기공에 끼는 현상을 말한다.
• 드레싱 : 로딩, 글레이징 등의 현상으로 무뎌진 연삭입자를 재생시키는 방법이다. 즉, 드레서라는 공구로 숫돌표면을 가공하여 자생작용시켜 새로운 연삭입자가 표면으로 나오게 하는 방법이다.

## 06 정답 ①

"힘을 전달하는 기구학적 특성"은 기계재료가 갖추어야 할 일반적 성질과 관계가 없다.

## 07 정답 ④

큰 하중이 작용하는 기계장치에 사용되며 설치와 조립이 쉬운 것은 미끄럼 베어링에 대한 특징이다.

• 미끄럼 베어링 : 마찰에 의한 동력 손실이 크고, 충격에 강하며 큰 힘(하중)을 받는 곳에 사용한다. 또한, 시동 시 마찰 저항이 크다. 면접촉을 하며 축과 접촉면이 넓어 진동이 없는 안정적인 운동이 가능하다.
• 구름 베어링 : 축과의 접촉면이 좁아 마찰에 의한 동력 손실이 작고 충격에 약하다. 볼베어링은 점접촉에 의해 운동하며, 롤러베어링은 선접촉에 의해 운동한다. 또한, 규격화되어 호환성이 우수한 특징을 가지고 있으며 베어링의 너비를 작게 제작할 수 있어 기계의 소형화가 가능하다.

## 08 정답 ③

[축의 위험속도]
• 회전축에 발생하는 진동의 주기는 축의 회전수에 따라 변한다. 이 진동수와 축 자체의 고유진동수가 일치하게 되면 공진을 일으켜 축이 파괴되는 현상과 관계가 있다.
• 축이 가지고 있는 고유진동수와 축의 회전수가 같아질 때의 속도를 말한다.
※ 축의 파괴를 방지하려면 축이 회전할 때 위험속도로부터 ±25% 이상 떨어진 상태에서 운전을 해야 한다.

## 09 정답 ②

구성인선 : 절삭 시에 발생하는 칩의 일부가 날 끝에 용착되어 마치 절삭 날의 역할을 하는 현상이다.
• 구성인선은 발생 → 성장 → 분열 → 탈락(발성분탈)의 주기를 반복한다.
주의 숫돌의 자생과정의 순서인 "마멸 → 파괴 → 탈락 → 생성(마파탈생)"과 혼동하면 안 된다.

## [구성인선의 특징]
- 칩이 날 끝에 점점 붙으면 날 끝이 커지기 때문에 끝단 반경은 점점 커지게 된다[칩이 용착되어 날 끝의 둥근 부분(노즈, Nose)이 커지므로].
- 구성인선이 발생하면 날 끝에 칩이 달라붙어 날 끝이 울퉁불퉁해지므로 표면을 거칠게 하거나 동력손실을 유발할 수 있다.
- 구성인선의 경도값은 공작물이나 정상적인 칩보다 상당히 크다.
- 구성인선은 공구면을 덮어 공구면을 보호하는 역할도 할 수 있다.
- 구성인선이 발생하지 않을 임계속도는 120m/min이다.
- 공작물(일감)의 변형경화지수가 클수록 구성인선의 발생 가능성이 크다.
- 구성인선을 이용한 절삭방법은 SWC이다. 칩은 은백색을 띠며 절삭저항을 줄일 수 있는 방법이다.

## [구성인선의 방지법]
- 절삭 깊이가 크다면 깎여서 발생하는 칩과 공구의 접촉면적이 넓어지기 때문에 오히려 칩이 날 끝에 용착할 확률이 더 커져 구성인선의 발생 가능성이 높아진다. 따라서 절삭깊이를 작게 하여야 공구와 칩의 접촉면적을 줄여 칩이 용착되는 가능성을 줄여 구성인선을 방지할 수 있다.
- 공구의 윗면 경사각을 크게 하여 칩을 얇게 절삭해야 용착되는 양이 적어져 구성인선을 방지할 수 있다.
- 바이트의 전면 경사각을 30° 이상으로 크게 한다.
- 윤활성이 좋은 절삭유제를 사용한다.
- 고속으로 절삭한다. 즉, 절삭속도를 빠르게 하여 절삭해야 칩이 날 끝에 용착되기 전에 칩이 떨어져나가기 때문에 구성인선을 방지할 수 있다(120m/min 이상의 절삭속도로 가공한다).
- 절삭공구의 인선을 예리하게 한다.
- 마찰계수가 작은 공구를 사용한다.
- 칩의 두께를 감소시킨다.

## 10
정답 ③

"절삭소요시간"은 수치제어 프로그램에 포함되지 않는다. 즉, 절삭소요시간은 수치제어 프로그램으로 제어할 수 없다.

## 11
정답 ③

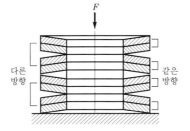

**필수개념**
1) 접시스프링에서 같은 방향으로 포개져 있으면 병렬연결이다.
2) 접시스프링에서 서로 다른 반대 방향으로 포개져 있으면 직렬연결이다.

**[등가스프링상수($k_e$)]**

1) 직렬연결일 때 : $\dfrac{1}{k_e} = \dfrac{1}{k_1} + \dfrac{1}{k_2} + \cdots$

2) 병렬연결일 때 : $k_e = k_1 + k_2 + \cdots$

그림을 해석해보면 ㄷ자 검은색 부분 총 4개는 각각 서로 같은 방향으로 포개져 있으므로 병렬연결이다. ㄷ자 쌍은 병렬연결이므로 등가스프링상수($k_e$)를 구하면 다음과 같다.

$k_e = k_1 + k_2 = 200 + 200 = 400\text{N/mm}$

ㄷ자 쌍은 총 4개가 있고 그 4개 각각의 등가스프링상수($k_e$)가 400N/mm이다. 그리고 ㄷ자 쌍 총 4개는 서로 반대 방향으로 포개져 있으므로 ㄷ자 쌍 4개는 직렬연결을 하고 있다. 따라서 ㄷ자 쌍 4개는 직렬연결이므로 등가스프링상수($k_e$)를 구하면 다음과 같다.

$\dfrac{1}{k_e} = \dfrac{1}{k_1} + \dfrac{1}{k_2} + \dfrac{1}{k_3} + \dfrac{1}{k_4} = \dfrac{1}{400} + \dfrac{1}{400} + \dfrac{1}{400} + \dfrac{1}{400} = \dfrac{4}{400} \quad \rightarrow \quad \therefore k_e = 100\text{N/mm}$

"$k_e = 100\text{N/mm}$"가 위 스프링 전체의 등가스프링상수가 된다.

$F = k_e x$를 이용하여 마지막 답을 도출하면 된다.

[단, $F$ : 스프링에 작용하는 하중, $k_e$ : 스프링의 전체 등가스프링상수, $x$ : 변형량]

$F = k_e x \quad \rightarrow \quad 200\text{N} = 100\text{N/mm} \times x \quad \rightarrow \quad \therefore x = 2\text{mm}$

**필수개념**

1) 선형스프링의 종류 : 코일스프링
2) 비선형스프링의 종류 : 원판스프링, 접시스프링

# 12

정답 ①

**[인베스트먼트법(로스트왁스법)]**

원형을 왁스나 합성수지와 같이 용융점이 낮은 재료로 만들어 그 주위를 내화성 재료로 피복한 후, 원형을 용해 유출시킨 주형을 사용하여 용탕을 주입하고 주물을 만드는 특수제조법이다.

**[특징]**

• 모양이 복잡하고 치수정밀도가 높은 주물(정밀한 제품)을 제작할 수 있다.
  → 항공 및 선박 부품과 같이 가공이 힘들거나 기계가공이 불가능한 제품 제작에 적합하다.
• 모든 재질에 적용이 가능하며, 특히 특수 합금에 적합하다.
• 소량에서 대량생산까지 가능하다.
  → 대량생산은 가능하나, 대형주물은 만들 수 없다.
• 다른 주조법에 비해서 제조비가 비싸다(특수주조법에 해당하는 주조법은 대부분 비용이 비싸다고 생각하면 기억하기 쉽다).

**필수개념**

1) 영구주형을 사용하는 주조법 : 다이캐스팅, 가압주조법, 슬러시주조법, 원심주조법, 스퀴즈주조법, 반용융성형법, 진공주조법
2) 소모성 주형을 사용하는 주조법 : 인베스트먼트법(로스트왁스법), 셸주조법(크로닝법)
  → 소모성 주형은 주형에 쇳물을 붓고 응고되어 주물을 꺼낼 때 주형을 파괴한다.

## 13

정답 ④

유압장치는 공압장치에 비해 입력에 대한 출력의 응답속도가 빠르다.

→ 공압장치는 압축될 수 있는 공기(기체)를 사용하므로 입력을 가해 밀면 어느 정도 압축되었다가 출력이 발생하므로 응답속도가 떨어진다.

→ 유압장치는 압축될 수 없는(비압축성) 기름(액체)을 사용하므로 입력을 가해 밀면 압축되지 않고 바로 출력이 발생하므로 응답속도가 공압장치에 비해 빠르다.

※ 단, 작동속도는 공압장치가 유압장치보다 빠르다.

## 14

정답 ①

비틀림각$(\theta) = \dfrac{TL}{GI_P}$이고 원형축의 $I_P = \dfrac{\pi d^4}{32}$이므로

[단, $T$ : 비틀림모멘트, $L$ : 축의 길이, $G$ : 전단탄성계수(횡탄성계수), $I_P$ : 극단면 2차 모멘트]

$\theta = \dfrac{32\,TL}{G\pi d^4}$으로 도출된다. 이 식에서 비틀림각$(\theta)$은 $\dfrac{1}{d^4}$과 비례 관계임을 알 수 있다.

비틀림각을 $\dfrac{\theta}{4}$로 줄이고자 한다면 $d^4$이 4가 되어야 하므로 $d^4 = 4$가 된다.

$\therefore d = \sqrt{2}$

## 15

정답 ②

고유진동수$(f) = \dfrac{w}{2\pi} = \dfrac{1}{2\pi}\sqrt{\dfrac{k}{m}}$  [단, $m$ : 질량, $k$ : 스프링상수]

고유진동수를 높이려면 질량$(m)$을 줄이고 스프링상수$(k)$를 증가시키면 된다.

※ 강성 : 변형에 대한 저항 성질로 강성이 크면 외력이 작용 시 변형이 잘 되지 않는다.

스프링상수가 작은 스프링일수록 동일한 외력의 힘을 받았을 때 변형량이 크다.

즉, 스프링상수가 작다는 것은 스프링의 강성이 작다는 의미이다.

## 16

정답 ②

**[공동현상]**

• 펌프와 흡수면 사이의 수직거리가 길 때 발생하기 쉽다.
• 침식 및 부식작용의 원인이 될 수 있다.
• 진동과 소음이 발생할 수 있다.
• 펌프의 회전수를 낮출 경우 공동현상 발생을 줄일 수 있다.
• 양흡입 펌프를 사용하면 공동현상 발생을 줄일 수 있다.
• 유속을 3.5m/s 이하로 설계하여 운전해야 공동현상을 방지할 수 있다.

# 17

정답 ④

원통 코일 스프링의 처짐량($\delta$) : $\delta = \dfrac{8PD^3 n}{Gd^4}$

[단, $P$ : 하중, $D$ : 코일의 평균지름, $n$ : 스프링 권수, $G$ : 전단탄성계수(횡탄성계수, 가로탄성계수), $d$ : 소선의 지름]

→ 스프링상수($k$) $= \dfrac{P}{\delta} = \dfrac{Gd^4}{8D^3 n}$

위 식에 의거하여 스프링상수($k$)는 코일스프링의 평균지름의 세제곱에 반비례한다.

# 18

정답 ③

**[다이캐스팅]**

용융금속을 금형(영구주형) 내에 대기압 이상의 높은 압력으로 빠르게 주입하여 용융금속이 응고될 때까지 압력을 가하여 압입하는 주조법으로 다이주조라고도 하며 주물 제작에 이용되는 주조법이다. 필요한 주조 형상과 완전히 일치하도록 정확하게 기계 가공된 강재의 금형에 용융금속을 주입하여 금형과 똑같은 주물 을 얻는 방법으로 그 제품을 다이캐스트 주물이라고 한다.

• 사용재료 : 아연(Zn), 알루미늄(Al), 주석(Sn), 구리(Cu), 마그네슘(Mg), 납(Pb) 등의 합금
  → 고온가압실식 : 납(Pb), 주석(Sn), 아연(Zn)
  → 저온가압실식 : 알루미늄(Al), 마그네슘(Mg), 구리(Cu)

### 특징

• 정밀도가 높고 주물 표면이 매끈하다.
• 기계적 성질이 우수하며 대량생산이 가능하고 얇고 복잡한 주물의 주조가 가능하다.
• 가압되므로 기공이 적고 결정립이 미세화되어 치밀한 조직을 얻을 수 있다.
• 기계 가공이나 다듬질할 필요가 없으므로 생산비가 저렴하다.
• 다이캐스팅된 주물재료는 얇기 때문에 주물 표면과 중심부 강도는 동일하다.
• 가압 시 공기 유입이 용이하며 열처리하면 부풀어 오르기 쉽다.
• 주형재료보다 용융점이 높은 금속재료에는 적합하지 않다.
• 시설비와 금형 제작비가 비싸고 생산량이 많아야 경제성이 있다. 즉, 소량생산에는 비경제적이기 때문 에 적합하지 않다.

# 19

정답 ③

보기 ③과 ④가 서로 반대의 의미를 갖는다는 것을 알 수 있다.
열원의 집중도가 높다면 열원의 온도도 높을 것이다. 즉, 둘 중에 하나가 답으로 도출된다는 의미이다.
※ 일반적으로 산소-아세틸렌 용접(가스용접)은 열원의 집중도가 낮아 열원의 온도가 아크용접에 비하여 낮고 열변형도 크다.

# 20

샤르피 충격시험 : 일정한 각도로 들어 올린 진자를 자유낙하시켜 물체와 충돌시킨 뒤 충돌 전후 진자의
위치에너지 차이를 측정한다.

• 경도시험법의 종류 : 브리넬, 비커즈, 로크웰, 쇼어, 마이어, 누프 등
• 충격시험의 종류
　→ 아이조드 : 시험편을 외팔보 상태에서 시험하는 충격시험기
　→ 샤르피 : 시험편을 단순보 상태에서 시험하는 충격시험기

보기 ①은 쇼어경도에 대한 설명
보기 ③은 브리넬 경도에 대한 설명
보기 ④는 긁기 시험에 대한 설명

## 02 | 2010년 5월 22일 시행
# 지방직 9급 공개경쟁채용

| 01 | ① | 02 | ② | 03 | ② | 04 | ① | 05 | ① | 06 | ① | 07 | ① | 08 | ③ | 09 | ② | 10 | ③ |
|----|---|----|---|----|---|----|---|----|---|----|---|----|---|----|---|----|---|----|---|
| 11 | ④ | 12 | ② | 13 | ④ | 14 | ③ | 15 | ③ | 16 | ④ | 17 | ① | 18 | ④ | 19 | ② | 20 | ③ |

## 01
정답 ①

피복이라는 것은 공구에 코팅이 되어 있는 것인데 절삭 시에 발생하는 열에 의해 피복이 녹으면서 연기가 되어 대기 중의 산소, 질소로부터 공작물 등을 보호해준다. 따라서 산화물, 질화물 등이 생기는 것을 방지해주는 역할을 하게 된다. 하지만 기본적으로 텅스텐의 용융점은 3,410℃로 매우 높다. 즉, 녹기 어렵다는 것이다. 피복이라는 것이 위에서 설명한 것처럼 녹아야 하는데 용융점이 높은 텅스텐을 사용하면 녹기 어렵다. 따라서 답은 ①로 도출된다.

## 02
정답 ②

연성파괴는 취성파괴보다 **더 큰** 변형률 에너지가 필요하다.

## 03
정답 ②

크리프시험 : 고온에서 연성재료에 정하중(일정한 하중＝사하중)을 주었을 때 시간에 따른 변형을 측정하는 시험이다.

## 04
정답 ①

① 회주철 : 탄소가 편상흑연 상태로 석출되어 있는 주철로 단면이 회색이다. 특징으로는 압축강도가 우수하고 내마모성이 좋아 엔진 블록, 브레이크 드럼 등에 사용된다.
② 백주철 : 탄소가 시멘타이트로 존재하는 주철로 단면이 백색이다.
③ 가단주철 : 보통 주철의 여리고 약한 인성을 개선하기 위해 백주철을 장시간 풀림 처리하여 인성과 연성을 개선한 주철로 피삭성이 우수하다.
④ 연철 : 구상흑연주철로 용융 상태의 주철에 Mg, Ca, Ce를 첨가하여 편상으로 존재하는 흑연을 구상화시킨 주철로 자동차 부품 주물 등에 가장 많이 사용된다.

## 05
정답 ①

① 스플라인 키는 축에 원주방향으로 같은 간격으로 여러 개의 키 홈을 깎아 낸 것이다.
② 스플라인 키는 큰 토크를 전달한다.
③ 반달키(우드러프키)에 대한 설명이다.
④ 안장키(새들키)에 대한 설명이다.

## 06

나사의 자립조건(나사를 쪼인 후, 힘을 제거해도 저절로 풀리지 않기 위한 조건)

마찰각($\rho$) ≥ 리드각($\lambda$)

- 마찰각($\rho$)이 나선각(리드각, $\lambda$)보다 크거나 같아야 한다.
- 나사의 효율이 50%(0.5)보다 작아야 한다.

## 07

정답 ①

상당 비틀림모멘트($T_e$) $= \sqrt{M^2 + T^2}$

상당 굽힘모멘트($M_e$) $= \dfrac{1}{2}(M + T_e) = \dfrac{1}{2}(M + \sqrt{M^2 + T^2})$

## 08

정답 ③

**[내압을 받는 원통의 응력]**

- 원주 방향 응력($\sigma_1$) $= \dfrac{PD}{2t} = \dfrac{14 \times 180}{2 \times 6} = 210 \mathrm{kgf/cm}^2$
- 축 방향 응력(길이방향 응력, $\sigma_2$) $= \dfrac{PD}{4t} = \dfrac{14 \times 180}{4 \times 6} = 105 \mathrm{kgf/cm}^2$

## 09

정답 ②

캐리어를 고정하고 내접기어를 구동하게 되면 태양기어는 역전증속하게 된다. 문제의 그림에서 보이는 것처럼 내접기어의 크기가 훨씬 크기 때문에 내접기어가 1바퀴 돌 때 연결된 유성피니언은 훨씬 많이 회전하게 된다. 따라서 그에 연결된 태양기어도 상대적으로 많은 회전을 하게 되어 증속하게 된다.

**[유성기어장치]**

| 고정(0) | 구동(1) | 회전각속도비 | | |
| --- | --- | --- | --- | --- |
| | | 태양기어 | 내접기어 | 캐리어 |
| 태양기어 (S) | 내접기어 | 0 | 1 | $\dfrac{Z_I}{Z_I + Z_S}$ |
| | 캐리어 | 0 | $\dfrac{Z_I + Z_S}{Z_I}$ | 1 |
| 내접기어 (= 링기어) (I) | 태양기어 | 1 | 0 | $\dfrac{Z_S}{Z_I + Z_S}$ |
| | 캐리어 | $\dfrac{Z_I + Z_S}{Z_S}$ | 0 | 1 |

| | | | | |
|---|---|---|---|---|
| 캐리어<br>(C) | 태양기어 | 1 | $-\dfrac{Z_S}{Z_I}$ | 0 |
| | 내접기어 | $-\dfrac{Z_I}{Z_S}$ | 1 | 0 |

- 내접기어의 잇수는 태양기어의 잇수보다 크다($Z_I < Z_S$).
- 각속도비가 1보다 작으면 감속, 1보다 크면 증속한다.
- 각속도비의 부호가 (−)일 경우, 역전한다.

① 태양기어를 고정하고 캐리어를 구동할 경우 내접기어는 <u>증속</u>한다.
③ 내접기어를 고정하고 태양기어를 구동할 경우 캐리어는 <u>감속</u>한다.
④ 태양기어를 고정하고 내접기어를 구동할 경우 캐리어는 <u>감속</u>한다.

# 10

정답 ③

인발성형은 플라스틱의 성형과 관계가 없다.

**[플라스틱 성형과 관련된 성형법]**

| 압출성형 | 압축성형 | 사출성형 | 회전성형 | 진공성형 |
|---|---|---|---|---|
| 중공성형 | 이송성형 | 주형성형 | 적층성형 | 카렌다성형 |

# 11

정답 ④

다이캐스팅에서 가장 많이 틀린 보기로 나오는 것은 다음과 같다.
→ 주로 철금속 주조에 사용된다. (×)
→ 용융점이 높은 재료에 적용이 가능하다. (×)

**[다이캐스팅]**
용융금속을 금형(영구주형) 내에 대기압 이상의 높은 압력으로 빠르게 주입하여 용융금속이 응고될 때까지 압력을 가하여 압입하는 주조법으로 다이주조라고도 하며 주물 제작에 이용되는 주조법이다. 필요한 주조 형상과 완전히 일치하도록 정확하게 기계 가공된 강재의 금형에 용융금속을 주입하여 금형과 똑같은 주물을 얻는 방법으로 그 제품을 다이캐스트 주물이라고 한다.

**[사용재료]**
아연(Zn), 알루미늄(Al), 주석(Sn), 구리(Cu), 마그네슘(Mg), 납(Pb) 등의 합금
- 고온가압실식 : 납(Pb), 주석(Sn), 아연(Zn)
- 저온가압실식 : 알루미늄(Al), 마그네슘(Mg), 구리(Cu)

※ 다이캐스팅법은 사용재료를 보아, 주로 비철금속 주조에 사용되는 것을 알 수 있으며 용융점이 낮은 재료에 적용이 가능하다는 것을 알 수 있다.

## 12

정답 ②

**[스프링백(Spring back)]**
재료를 소성변형한 후에 외력을 제거하면 재료의 탄성에 의해 원래의 상태로 다시 되돌아가는 현상이다.

## 13

정답 ④

| 오토 사이클 | • 2개의 정적과정 + 2개의 단열과정으로 구성된다.<br>• 가솔린기관의 이상사이클이다. |
|---|---|
| 디젤 사이클 | • 2개의 단열과정 + 1개의 정압과정 + 1개의 정적과정으로 구성된다.<br>• 저속디젤기관의 이상사이클이다.<br>★ 고속디젤기관의 이상사이클은 사바테 사이클이다. |
| 브레이톤 사이클 | • 2개의 정압과정 + 2개의 단열과정으로 구성된다.<br>• 가스터빈(GT)의 이상사이클이다. |
| 랭킨 사이클 | • 2개의 정압과정 + 2개의 단열과정으로 구성된다.<br>• 증기원동소의 이상사이클, 화력발전소 기본 사이클이다. |

## 14

정답 ③

ㄱ. 표면에 남아 있는 압축잔류응력은 피로수명과 파괴 강도를 향상시킨다.
ㄴ. 표면에 남아 있는 인장잔류응력은 응력부식균열을 발생시킬 수 있다.
※ 압축잔류응력과 관련된 내용은 부록을 참고하면 이해하기 쉽다.
※ ㅂ은 탄성여효에 대한 설명이다.

## 15

정답 ③

열간가공은 금속의 재결정 온도 이상에서 가공하는 가공으로 높은 온도에서 가공한다. 모든 반응은 높은 온도에서 잘 일어난다. 따라서 높은 온도에서 가공하는 열간가공의 경우, 제품이 대기 중의 산소와 고온에서 반응하여 제품의 표면이 산화되므로 표면이 거칠고 더러운 상태가 될 수 있다. 따라서 열간가공은 냉간가공보다 균일성(치수정밀도 등)이 적다고 표현한다.

**[냉간가공과 열간가공의 비교]**

| 구분 | 냉간가공 | 열간가공 |
|---|---|---|
| 가공온도 | 재결정 온도 이하 | 재결정 온도 이상 |
| 표면거칠기, 치수정밀도 | 양호 | 불량 |
| 동력 | 많이 든다 | 적게 든다 |
| 가공 경화 | 가공 경화가 발생하여 가공품의 강도 증가 | 가공 경화가 발생하지 않음 |
| 변형 응력 | 높음 | 낮음 |
| 용도 | 연강, 구리, 합금, STS 등의 가공 | 압연, 단조, 압출가공 |

※ 냉간가공과 열간가공의 특징을 묻는 문제는 자주 출제되므로 반드시 숙지하자.

## 16

정답 ④

스페로다이징(Spherodizing)은 구상의 펄라이트 구조를 얻기 위해 공석온도 이하로 가열한 후 서랭하는 공정이다.

## 17

정답 ①

**[기어펌프의 특징]**
• 구조가 간단하고 분해 및 세척이 용이하다.
• 신뢰도가 높으며 운전보수가 용이하다.
• 흡입양정이 크며 소음과 맥동, 진동이 작다.
• 고점도액의 이송에 적합한 펌프이다.
• 토출압력은 회전수의 영향을 받지 않고 동력에 의해 얼마든지 높이 올릴 수 있다.
• 토출압력이 바뀌어도 토출량은 크게 바뀌지 않는다.
• 모래와 같이 굵은 입자, 특히 마모를 촉진하는 입자, 기어 사이에 끼어 회전불능이 되는 단단한 입자를 함유하는 액체에 사용할 수 없다.
• **가변토출량으로 제작이 불가능하며 내부누설이 많다.**

## 18

정답 ④

2사이클 기관은 4사이클 기관에 비하여 연료소비가 많다.

## 19

정답 ②

어떤 물체에 외력이 가해지고 있다.
이렇게 물체에 외력(힘)이 가해지고 있으면 "$F=ma$" 공식을 바로 생각해야 한다.
[단, $F$ : 힘, $m$ : 질량, $a$ : 가속도]
"$F=ma$" 공식은 단순하게 "힘은 질량과 가속도의 곱이다."라고 알기보다는 본질적인 의미를 파악해야 한다.

**["$F=ma$"의 본질적인 의미]**
"질량이 $m$인 어떤 물체에 외력 $F$가 가해지면 그 물체는 반드시 가감속운동(등가속도운동)을 하게 된다."
따라서 물체는 반드시 등가속도운동을 하게 될 것이라는 것을 캐치하고 문제를 접근한다.

**문제 풀이**

마찰이 존재하기 때문에 물체의 운동 방향의 반대로 작용하는 마찰력을 고려해야 한다. 즉, 마찰력을 고려한 알짜힘이 바로 물체의 운동 상태를 실질적으로 바꾸는 힘이 되고 이 알짜힘으로 인해 물체는 등가속도운동을 하게 되는 것이다. 마찰력($f$)은 $\mu mg$이므로 $0.3 \times 50 \times 9.8$이 된다. 중력가속도는 10으로 계산하면 마찰력은 150N으로 도출된다. 오른쪽으로 외력이 400N이 작용하고 반대 방향으로 마찰력이 150N으로 작용하므로 서로 상쇄시키면 알짜힘(합력)은 250N이 된다. 즉, 이 250N이라는 힘이 물체를 등가속도 운동시키며 물체의 운동 상태를 실질적으로 바꾸게 된다. 이를 수식으로 표현하면 다음과 같다.

$$\sum F = ma \rightarrow \sum F = 400 - 150 = ma$$

$$\rightarrow 250 = ma \rightarrow 250 = 50a \therefore a = 5m/s^2$$

물체는 가속도$(a) = 5m/s^2$로 등가속도 운동을 하므로 속도$(V)$-시간$(t)$ 그래프를 그려서 물체의 운동을 해석하면 된다. 속도$(V)$-시간$(t)$ 그래프에서 기울기는 가속도$(a)$이다.

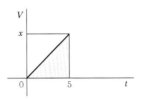

$\rightarrow x$는 5초 후의 물체 속도이며 음영처리된 삼각형에서 빗면의 기울기가 바로 가속도$(a)$이다. 가속도$(a)$ 는 $\dfrac{높이}{밑변}$이므로 가속도$(a) = \dfrac{X}{5}$가 된다. 따라서 $5 = \dfrac{X}{5}$이므로 $X = 25\mathrm{m/s}$가 된다.

## 20

정답 ③

**[방전가공(EDM, electric discharge machining)]**
- 높은 경도의 금형 가공에 많이 적용되는 방법으로 전극의 형상을 절연성 있는 가공액 중에서 금형에 전사하여 원하는 치수와 형상을 얻는 가공법이다.
- 절연액 속에서 음극과 양극 사이의 거리를 접근시킬 때 발생하는 스파크 방전을 이용하여 공작물을 가공하며 방전 전극의 소모현상을 이용한 특수 절삭가공이다.

※ 방전가공 : 경유, 휘발유, 등유 등의 부도체(전기가 안 통함)를 사용하는 가공
※ 전해가공 : 식염수 등의 양도체(전기가 통함)를 사용하는 가공

| 01 | ② | 02 | ③ | 03 | ③ | 04 | ② | 05 | ① | 06 | ② | 07 | ④ | 08 | ① | 09 | ① | 10 | ④ |
| 11 | ④ | 12 | ② | 13 | ④ | 14 | ① | 15 | ② | 16 | ③ | 17 | ② | 18 | ① | 19 | ③ | 20 | ① |

## 01

정답 ②

자기변태는 원자의 배열이 변화하지 않는다.

| 자기변태<br>(동형변태) | • 원자의 배열 변화 없이 자기적 성질만 변하는 변태이다. 즉, 결정구조는 변하지 않는 변태이다.<br>• 강자성이 상자성 또는 비자성으로 변화하는 변태이다.<br>• 점진적이며 연속적인 변화를 나타낸다.<br>• 자기변태하는 대표적인 금속 : 니켈(Ni), 코발트(Co), 철(Fe) |
|---|---|

| 종류 | 니켈(Ni) | 코발트(Co) | 철(Fe) |
|---|---|---|---|
| 자기변태점 온도(큐리점 온도) | 358℃ | 1150℃ | 768℃ |

| 동소변태<br>(격자변태) | • 결정격자의 변화 또는 원자의 배열에 변화가 생기는 변태이다.<br>• 일정 온도에서 급격히 비연속적인 변화를 나타낸다.<br>• 동소변태하는 대표적인 금속 : 철(Fe), 코발트(Co), 주석(Sn), 티타늄(Ti), 지르코늄(Zr), 세슘(Ce) |
|---|---|

※ 니켈(Ni)은 자신의 자기변태 온도인 358℃ 이상으로 가열이 되면 자기변태하여 강자성체에서 어느 정도 자성을 잃어 상자성체로 변한다. 또한, 니켈(Ni)은 동소변태를 하지 않고 자기변태만 하는 금속이다.

## 02

정답 ③

**[스터드 볼트]**
양쪽 끝 모두 수나사로 되어 있고, 관통하는 구멍을 뚫을 수 없는 경우에 사용하며, 한쪽 끝은 상대 쪽에 암나사를 만들어 미리 반영구적으로 박음을 하고 다른 쪽 끝에는 너트를 끼워 조이는 볼트

## 03

정답 ③

**[플라스틱 성형법]**

| 블로성형<br>(중공성형) | 플라스틱 성형법 중에서 음료수병과 같이 좁은 입구를 가지는 용기의 제작에 사용되는 성형법으로, 플라스틱 구멍에다가 압축공기를 불어 넣어 팽창시켜 패트병 같은 것을 만든다. |
|---|---|
| 압출성형 | 열가소성 합성수지를 성형하는 방법이다. |
| 압축성형 | 대표적으로 열경화성 합성수지를 성형하는 방법이다.<br>→ 열가소성 합성수지를 성형하는 데 사용할 수도 있다. |

| | |
|---|---|
| 사출성형 | 열가소성 플라스틱을 대량생산할 때 가장 적합한 성형 방법으로 사출기 안에 액체 상태의 플라스틱을 넣고 플런저로 금형 속에 가압 및 주입하여 플라스틱을 성형하는 방법이다.<br>→ 모든 사출성형된 플라스틱 제품은 냉각 수축이 발생한다. |

## 04

정답 ②

[CNC 공작프로그램의 코드]

| 코드 | M | G | F | O | T | S | N |
|---|---|---|---|---|---|---|---|
| 기능 | 보조기능 | 준비기능 | 이송기능 | 프로그램 번호 | 공구기능 | 주축기능 | 전개번호 |
| 암기법 | 엠자탈모로 인해 보조 수술이 필요 | 쥐(G)랄하지 말고 준비해라 | 이송 (Feed) | 오프(Off) 프로그램 번호 | 공구 (Tool) | 축 (Shaft) | 엔진 엔진 엔진 전개 |

## 05

정답 ①

| | |
|---|---|
| 공정반응 | 두 가지 성분의 금속이 용융되어 있는 상태에서는 하나의 액체로 존재하나, 응고 시 일정한 온도에서 액체로부터 두 종류의 금속이 일정한 비율로 동시에 정출되어 나오는 반응<br>액체 ⇌ 고체 A + 고체 B |
| 공석반응 | 하나의 고용체로부터 두 종류의 금속이 정출되어 나오는 반응<br>고용체 ⇌ 고체 A + 고체 B |
| 포정반응 | 일정한 온도에서 고상과 액상으로부터 새로운 고상이 정출되는 반응<br>고체 A + 액체 ⇌ 고체 B |
| 편정반응 | 하나의 액체로부터 다른 액체와 하나의 고용체가 생성되는 반응<br>고체 + 액체 A ⇌ 액체 B |

## 06

정답 ②

[베벨기어]

자동차에서 직교하는 사각구조의 차동 기어열(differential gear train)에 사용되는 기어이다.

[기어의 구분(필수 암기!)]

| 두 축이 평행한 것 | 두 축이 교차하는 것 | 두 축이 평행하지도 교차하지도 않는 엇갈린 것 |
|---|---|---|
| 평기어(스퍼기어), 내접기어, 헬리컬기어, 래크와 피니언 등 | 베벨기어, 마이터기어 등 | 스크류기어(나사기어), 하이포이드기어, 웜기어 등 |

## 07

정답 ④

① 나사의 지름($d$)은 수나사에서 소문자로 암나사에서는 대문자로 표기한다.
② 리드는 나사가 1회전할 때 축 방향으로 이동하는 거리이다.
③ 리드($L$)=$n$(줄수)×$p$(피치)이므로 한 줄 나사보다 다중 나사의 리드가 더 크다(줄수가 더 크므로).
④ 나사의 크기를 나타내는 호칭은 수나사의 바깥지름(호칭지름)으로 표기한다.
※ 한 줄 나사는 줄수($n$)가 1개인 것을 말하며 다중 나사는 줄수($n$)가 2개 이상인 것을 말한다.

## 08

정답 ①

**[불변강(고니켈강)]**
온도가 변해도 탄성률, 선팽창계수가 변하지 않는 강

| 인바 | • Fe-Ni 36%로 구성된 불변강으로 선팽창계수가 매우 작다. 즉, 길이의 불변강이다.<br>• 시계의 추, 줄자, 표준자 등에 사용된다. |
|---|---|
| 엘린바 | • Fe-Ni 36%-Cr 12%로 구성된 불변강으로 탄성률(탄성계수)이 불변이다.<br>• 정밀저울 등의 스프링, 고급시계, 기타정밀기기의 재료에 적합하다. |
| 플래티나이트 | • Fe-Ni 44~48%의 합금으로 선팽창계수가 매우 작으며 유리와 백금의 선팽창계수가 거의 비슷하다.<br>• 전기의 도입선에 사용된다. |
| 초인바 | • 기존의 인바보다 선팽창계수가 더 작은 불변강으로 인바의 업그레이드 형태이다. |
| 코엘린바 | • 엘린바에 코발트(Co)를 첨가한 불변강으로 공기나 물에 부식되지 않는다.<br>• 스프링, 태엽 등에 사용된다. |
| 니켈로이 | • Fe-Ni 50%의 합금으로, 자성재료에 사용된다. |
| 퍼멀로이 | • Fe-Ni 78%의 합금으로 투자율이 매우 우수하여 고투자율 합금이다.<br>• 발전기, 자심재료, 전기통신 재료로 사용된다. |

※ 강에 니켈(Ni)이 많이 함유된 합금이면 불변강에 속한다. 즉, 철(Fe)에 니켈(Ni)이 많이 함유된 합금이변 불변강이다.

## 09

정답 ①

**[M-D-100-L-75-B]**
• D는 숫돌 입자를 의미한다.
• 100은 고운 입도를 의미한다.
• L은 중간 것의 결합도를 의미한다.
• 75는 조직을 의미한다.
• B는 레지노이드 결합제를 의미한다.

**[결합제의 기호]**

| 레지노이드 | 셀락 | 비트리파이드 | 고무 | 실리케이트 |
|---|---|---|---|---|
| B | E | V | R | S |

※ 비트리파이드(V)의 주성분은 장석과 점토이다.

# 10

정답 ④

[광탄성 시험]

물체에 외력을 가하면 변형에 저항하려고 물체 내부에 내력이 발생한다. 이때 단면적과 내력의 비를 응력이라고 하는데, 이 응력의 분포 상태를 검사하는 시험이 광탄성 시험법이다. 물체에 외력을 가해 변형을 발생시키므로 비파괴 검사와는 거리가 멀다.

# 11

정답 ④

[프레스 가공의 종류]

| 전단가공 | 블랭킹, 펀칭, 전단, 트리밍, 셰이빙, 노칭, 정밀블랭킹(파인블랭킹), 분단 |
|---|---|
| 굽힘가공 | 형굽힘, 롤굽힘, 폴더굽힘 |
| 성형가공 | 스피닝, 시밍, 컬링, 플랜징, 비딩, 벌징, 마폼법, 하이드로폼법 |
| 압축가공 | 코이닝(압인가공), 스웨이징, 버니싱 |

① 냉간가공은 재결정온도 이하에서 가공한다.
② 가공 경화는 소성가공 중 재료가 단단해지는 현상이다.
③ 압연 시 압하율이 크면 롤 간격에서의 접촉호가 길어지므로 최고 압력이 증가한다.

# 12

정답 ②

변형에너지$(U) = \dfrac{1}{2} P\delta = \dfrac{1}{2} P \dfrac{PL}{EA} = \dfrac{P^2 L}{2EA}$

[단, $P$ : 하중, $L$ : 길이, $E$ : 종탄성계수, $A$ : 단면적, $\delta$ : 변형량(신장량, $\dfrac{PL}{EA}$)]

$\therefore \delta = \dfrac{PL}{EA}$

신장량(변형량, $\delta$)을 2배로 늘린다는 것은 위 식에 따라 하중이 2배$(2P)$로 되었다는 의미이다.

$U' = \dfrac{1}{2} P\delta = \dfrac{1}{2} P \dfrac{PL}{EA} = \dfrac{(2P)^2 L}{2EA} = 4\left( \dfrac{P^2 L}{2EA} \right) = 4U$

즉, 변형에너지 식$(U)$에 $2P$를 대입하면 변형에너지는 4배가 됨을 알 수 있다.

# 13

정답 ④

가스터빈은 **완전 연소**에 의해서 유해성분의 배출이 **적다.**

# 14

정답 ①

인장단면감소율이 50%를 초과하는 순간 $\dfrac{굽힘\ 반지름}{판재\ 두께}$의 비율도 0에 접근하게 되고 재료는 완전 굽힘 상태가 된다.

# 15

② 열영향부(변질부, Heat Affected Zone, HAZ) : 용융점 이하의 온도이지만 금속의 미세조직 변화가 일어나는 부분이다.

① 원질부(unaffected zone) : 융합부로부터 멀어져서 아무런 야금학적 변화가 발생하지 않은 부분

③ 융합부(fusion zone) : 높은 온도로 인하여 경계가 뚜렷하며 화학적 조성이 모재 금속과 다른 조직이 생성된 부분

④ 용착금속부(deposited metal zone) : 용가재 금속과 모재 금속이 액체 상태로 용해되었다가 응고된 부분

# 16

**[주철에 함유되어 있는 인(P)의 영향]**

• 스테다이트를 형성하여 주철의 경도를 높이고 주철의 재질을 메지게(여리게, 깨지기 쉽게, 취성) 만든다.

• 주철의 용점을 낮춰 유동성을 양호하게 한다.

• 주물의 수축율을 낮춘다.

# 17

열응력$(\sigma) = E\alpha \triangle T$

[단, $E$ : 탄성계수, $\alpha$ : 선팽창계수, $\triangle T$ : 온도변화]

$\rightarrow \sigma = E\alpha \triangle T = (200 \times 10^9) \times (12 \times 10^{-6}) \times (10-60) = -120,000,000 Pa = -120 MPa$

# 18

유압 펌프는 기계 에너지를 유압 에너지로 변환시킨다.

# 19

**[테르밋 용접]**

알루미늄 분말(1)과 산화철 분말(3~4)을 1 : 3~4의 비율로 혼합시켜 발생되는 화학반응열(3,000℃)을 이용한 용접 방법이다.

**[테르밋 용접의 특징]**

• 설비가 간단하다.

• 설치비가 적게 들며 용접 변형이 작다.

• 용접시간이 비교적 짧다.

• 용접접합강도가 작다.

# 20

• 최대 주응력설 : **취성 재료**의 분리 파손과 가장 잘 일치하는 이론

• 최대 전단응력설 : 연성 재료

• 전단 변형 에너지설 : 연성 재료

| 01 | ② | 02 | ① | 03 | ① | 04 | ④ | 05 | ④ | 06 | ① | 07 | ④ | 08 | ③ | 09 | ② | 10 | ① |
|----|---|----|---|----|---|----|---|----|---|----|---|----|---|----|---|----|---|----|---|
| 11 | ③ | 12 | ② | 13 | ② | 14 | ④ | 15 | ③ | 16 | ① | 17 | ③ | 18 | ③ | 19 | ① | 20 | ③ |

## 01

정답 ②

key point 단어는 "급랭"이다. 급랭은 냉각속도가 빠른 냉각 방법으로 펄라이트 상태의 강을 오스테나이트 상태까지 가열하여 급랭할 경우 **마르텐자이트 조직**을 얻을 수 있다. 이러한 열처리 방법을 담금질이라고 한다. 담금질은 변태점 이상의 높은 온도로 가열한 후, 급랭하여 마르텐자이트 조직을 얻어 재질을 경화시키는 열처리 방법이다.

**[냉각 방법에 따른 발생 조직]**

| 수랭(물로 냉각) | 유랭(기름으로 냉각) | 노랭(노 안에서 냉각) | 공랭(공기 중에서 냉각) |
|----|----|----|----|
| 마르텐자이트(M) | 트루스타이트(T) | 펄라이트(P) | 소르바이트(S) |

※ 냉각의 빠르기 순서 : 수랭 > 유랭 > 공랭 > 노랭

## 02

정답 ①

**[재결정온도가 낮아지는 조건]**
- 금속의 순도가 높을수록
- 가공도가 클수록
- 가공시간이 길수록
- 가공 전의 결정입자가 미세할수록

## 03

정답 ①

- 서로 맞물려 돌아가는 기어이기 때문에 전달되는 동력인 전달 동력은 동일하다.
- 서로 맞물려 돌아가는 기어이기 때문에 모듈($m$)은 같다.
- 속도비($i$) $= \dfrac{N_2}{N_1} = \dfrac{D_1}{D_2} = \dfrac{Z_1}{Z_2}$의 식을 이용한다.

  → $i = \dfrac{D_1}{D_2} = \dfrac{100}{50} = 2$로 도출되며 $2 = \dfrac{N_2}{N_1}$이므로 $N_2 = 2N_1$의 관계가 성립된다.

  각속도($w$) $= \dfrac{2\pi N}{60}$이므로 B(2)기어의 회전수가 A(1)기어의 회전수보다 2배 크므로 각속도도 B(2) 기어가 2배 크게 된다.

  → $2 = \dfrac{Z_1}{Z_2}$이므로 $Z_1 = 2Z_2$의 관계가 성립된다. 따라서 A(1)기어의 잇수가 B(2)기어의 잇수보다 2배 많다는 것을 알 수 있다.

## 04

정답 ④

**[전위기어의 사용 목적]**
- 두 기어의 중심거리를 자유롭게 변화시키기 위해
- 언더컷을 방지하기 위해
- 물림률을 증가시키기 위해
- 이의 강도를 개선하기 위해
- 최소잇수를 감소시키기 위해

## 05

정답 ④

**[하이드로포밍]**
튜브형상의 소재를 금형에 넣고 **유체 압력**을 이용하여 소재를 변형시켜 가공하는 작업으로 자동차 산업 등에서 많이 활용하는 기술이다.
※ 하이드로(hydro) : 수력이라는 원래의 의미에서 변화하여 현재는 **액체의 압력을 사용한 기기에 사용하는** 접두어로 쓰인다.

## 06

정답 ①

**[가단주철]**
보통 주철의 여리고 약한 성질을 개선하기 위해 백주철을 장시간 풀림 처리하여 인성과 연성을 증가시킨 주철로 피삭성(절삭성)이 좋고 관이음쇠, 자동차 부품 밸브 등에 사용된다. 가단주철은 백주철을 장시간 풀림 처리하므로 시간과 비용이 많이 든다.

## 07

정답 ④

**[침탄법과 질화법 비교]**

|  | 침탄법 | 질화법 |
|---|---|---|
| 경도 | 질화법보다 낮다. | 침탄법보다 높다. |
| 수정여부 | 침탄 후 수정이 가능하다. | 수정이 불가능하다. |
| 처리시간 | 짧다. | 길다. |
| 열처리 | 침탄 후 열처리가 필요하다. | 열처리가 불필요하다. |
| 변형 | 크다. | 작다. |
| 취성 | 질화층보다 여리지 않다. | 질화층부가 여리다. |
| 경화층 | 질화법에 비해 깊다.<br>(2~3mm) | 침탄법에 비해 얕다.<br>(0.3~0.7mm) |
| 가열 온도 | 900~950℃ | 500~550℃ |
| 시간과 비용 | 짧게 걸리고 저렴하다. | 오래 걸리고 비싸다.<br>(침탄법의 약 10배) |

※ 여리다는 말은 '메지다. 깨지기 쉽다. 취성이 있다.'라는 말과 동일하다.

## 08

정답 ③

비틀림각$(\theta) = \dfrac{TL}{GI_P} = \dfrac{32\,TL}{G\pi\,d^4}$

반지름$(r)$이 2배가 되면 지름$(d)$도 2배가 된다. 그리고 문제의 조건에서 길이$(L)$도 2배가 된다고 나와 있으므로 비틀림각은 아래와 같이 변한다.

$\theta' = \dfrac{TL}{GI_P} = \dfrac{32\,T(2L)}{G\pi\,(2d)^4} = \dfrac{32\,TL}{8G\pi\,d^4} = \dfrac{1}{8}\theta$

∴ 비틀림각은 $\dfrac{1}{8}$배가 됨을 알 수 있다.

## 09

정답 ②

• 압축코일스프링의 처짐량$(\delta) = \dfrac{8PD^3n}{Gd^4}$

  [단, $P$ : 스프링에 작용하는 하중, $D$ : 코일의 평균지름(스프링 전체의 평균지름), $n$ : 감김수, $G$ : 전단탄성계수(횡탄성계수, 가로탄성계수), $d$ : 소선의 지름]

  스프링 전체의 평균지름을 반으로 줄이면 $\dfrac{1}{2}D$가 된다.

  $\delta' = \dfrac{8P\left(\dfrac{1}{2}D\right)^3 n}{Gd^4} = \dfrac{1}{8}\left(\dfrac{8PD^3n}{Gd^4}\right) = \dfrac{1}{8}\delta$가 되므로 처짐량은 $\dfrac{1}{8}$배가 된다.

• 압축 코일 스프링에 발생하는 최대전단응력$(\tau_{max}) = \dfrac{8PDK}{\pi\,d^3}$

  스프링 전체의 평균지름을 반으로 줄이면 $\dfrac{1}{2}D$가 된다.

  $\tau_{max}' = \dfrac{8P\left(\dfrac{1}{2}D\right)K}{\pi\,d^3} = \dfrac{1}{2}\left(\dfrac{8PDK}{\pi\,d^3}\right) = \dfrac{1}{2}\tau_{max}$가 되므로 최대전단응력은 $\dfrac{1}{2}$배가 된다.

## 10

정답 ①

**[구성인선(빌트업엣지, built-up edge)]**
절삭 시에 발생하는 칩의 일부가 날 끝에 용착되어 마치 절삭 날의 역할을 하는 현상이다. 구성인선은 발생 → 성장 → 분열 → 탈락(발성분탈)의 주기를 반복한다.

**주의** 숫돌의 자생과정의 순서인 "마멸 → 파괴 → 탈락 → 생성(마파탈생)"과 혼동하면 안 된다.

**[구성인선의 특징]**
• 칩이 날 끝에 점점 붙으면 날 끝이 커지기 때문에 끝단 반경은 점점 커지게 된다[칩이 용착되어 날 끝의 둥근 부분(노즈, Nose)이 커지므로].
• 구성인선이 발생하면 날 끝에 칩이 달라붙어 날 끝이 울퉁불퉁해지므로 표면을 거칠게 하거나 동력손실을 유발할 수 있다.

- 구성인선의 경도값은 공작물이나 정상적인 칩보다 상당히 크다.
- 구성인선은 공구면을 덮어 공구면을 보호하는 역할도 할 수 있다.
- 구성인선이 발생하지 않을 임계속도는 120m/min이다.
- 공작물(일감)의 변형경화지수가 클수록 구성인선의 발생 가능성이 크다.
- 구성인선을 이용한 절삭방법은 SWC이다. 칩은 은백색을 띠며 절삭저항을 줄일 수 있는 방법이다.

**[구성인선의 방지법]**

- 절삭 깊이가 크다면 깎여서 발생하는 칩과 공구의 접촉면적이 넓어지기 때문에 오히려 칩이 날 끝에 용착할 확률이 더 커져 구성인선의 발생 가능성이 높아진다. 따라서 <u>절삭깊이를 작게</u> 하여 공구와 칩의 접촉면적을 줄여 칩이 용착되는 가능성을 줄여 구성인선을 방지할 수 있다.
- <u>공구의 윗면 경사각을 크게</u> 하여 칩을 얇게 절삭해야 용착되는 양이 적어진다. 따라서 구성인선을 방지할 수 있다.
- <u>30° 이상으로 바이트의 전면 경사각을 크게</u> 한다.
- <u>윤활성이 좋은 절삭유제를</u> 사용한다.
- <u>고속으로 절삭</u>한다. 즉, 절삭속도를 빠르게 하여 절삭해야 칩이 날 끝에 용착되기 전에 칩이 떨어져나가기 때문에 구성인선을 방지할 수 있다(120m/min 이상의 절삭속도로 가공한다).
- 절삭공구의 인선을 예리하게 한다.
- 마찰계수가 작은 공구를 사용한다.
- 칩의 두께를 감소시킨다.

# 11

정답 ③

기어모양의 피니언공구를 사용하면 내접기어의 <u>가공이 가능</u>하다.

| 펠로즈 기어 셰이퍼 | 피니언 커터를 이용하여 내접기어를 절삭하는 공작기계 |
| --- | --- |
| 마그식 기어 셰이퍼 | 랙 커터를 이용하여 기어를 절삭하는 공작기계 |

# 12

정답 ②

축압기(어큐뮬레이터, accumulator)는 유압회로에서 사용하는 부속기기이다.

**[축압기의 기능]**

- 유압 에너지 축적
- 충격파의 흡수(충격완화)
- 오일 누설에 의한 압력강하를 보상(압력보상)
- 유압펌프에서 발생하는 맥동을 흡수하여 소음 및 진동 방지
- 2차, 3차 회로의 구동
- 펌프 대용
- 안전장치 역할 수행
- 사이클 시간 단축
- 서지압력 방지
  → 축압기와 유속의 증가와는 관련성이 없다.

# 13

**[다이캐스팅]**

용융금속을 금형(영구주형) 내에 대기압 이상의 높은 압력으로 빠르게 주입하여 용융금속이 응고될 때까지 압력을 가하여 압입하는 주조법으로 다이주조라고도 하며 주물 제작에 이용되는 주조법이다. 필요한 주조 형상과 완전히 일치하도록 정확하게 기계 가공된 강재의 금형에 용융금속을 주입하여 금형과 똑같은 주물을 얻는 방법으로 그 제품을 다이캐스트 주물이라고 한다.

• 사용재료 : 아연(Zn), 알루미늄(Al), 주석(Sn), 구리(Cu), 마그네슘(Mg), 납(Pb) 등의 합금
  → 고온가압실식 : 납(Pb), 주석(Sn), 아연(Zn)
  → 저온가압실식 : 알루미늄(Al), 마그네슘(Mg), 구리(Cu)

**[다이캐스팅의 특징]**

• 정밀도가 높고 주물 표면이 매끈하다.
• 기계적 성질이 우수하며 대량생산이 가능하고 얇고 복잡한 주물의 주조가 가능하다.
• 가압되므로 기공이 적고 결정립이 미세화되어 치밀한 조직을 얻을 수 있다.
• 기계 가공이나 다듬질할 필요가 없으므로 생산비가 저렴하다.
• 다이캐스팅된 주물재료는 얇기 때문에 주물 표면과 중심부 강도는 동일하다.
• 가압 시 공기 유입이 용이하며 열처리하면 부풀어 오르기 쉽다.
• <u>주형재료보다 용융점이 높은 금속재료에는 적합하지 않다.</u>
• 시설비와 금형 제작비가 비싸고 생산량이 많아야 경제성이 있다. 즉, 소량생산에는 비경제적이기 때문에 적합하지 않다.

# 14

제동토크($T$) $= f\dfrac{D}{2} = \mu P\dfrac{D}{2}$

[단, $f$ : 제동력, $D$ : 드럼 지름, $\mu$ : 마찰계수, $P$ : 드럼을 누르는 힘, $f = \mu P$]

$T = f\dfrac{D}{2} = \mu P\dfrac{D}{2} \rightarrow 4{,}500\,\text{N} \cdot \text{cm} = \text{f}\left(\dfrac{60\text{cm}}{2}\right) \rightarrow \therefore f = 150\text{N}$

# 15

TIG 용접법에서 T는 Tungsten(텅스텐)이다. 즉, 텅스텐 전극을 사용하는 용접이며 텅스텐은 가격이 꽤 비싼 편이다. 가격이 꽤 비싼 전극을 소모시키면 비경제적이기 때문에 TIG 용접은 전극을 소모시키지 않고 별도로 용가재(용접봉)을 공급하면서 용접을 진행하게 된다. 따라서 TIG 용접은 비소모성 전극을 사용하는 용접 방법 중 하나이다.

※ 피복 아크 용접법, 서브머지드 아크 용접법, MIIG 용접법 등은 소모성 전극을 사용하는 용접 방법이다.

## 16

① 브로칭 머신은 공작물은 고정, 공구는 직선 왕복 운동을 하는 공작기계이다.
② 밀링머신 : 공작물은 직선 운동, 공구는 회전 운동을 한다.
③ 호닝 머신 : 공작물은 고정, 공구는 회전 운동 + 직선 운동을 한다.
④ 원통 연삭기 : 공작물은 회전 운동 + 직선 운동, 공구는 회전 운동 + 직선운동을 한다.

## 17

**[상향절삭]**
• 커터 날이 움직이는 방향과 공작물의 이송방향이 반대인 절삭방법
• 밀링커터의 날이 공작물을 들어올리는 방향으로 작용하므로 기계에 무리를 주지 않는다.
• 절삭을 시작할 때 날에 가해지는 절삭저항이 점차적으로 증가하므로 날이 부러질 염려가 없다.
• 절삭 날의 절삭방향과 공작물의 이송방향이 서로 반대이므로 백래시가 자연히 제거된다. 따라서 백래시 제거장치가 필요없다.
• 절삭열에 의한 치수정밀도의 변화가 작다.
• 절삭 날이 공작물을 들어올리는 방향으로 작용하므로 공작물의 고정이 불안정하며 떨림이 발생하여 동력 손실이 크다.
• 날의 마멸이 심하며 수명이 짧고 가공면이 거칠다.
• 칩이 잘 빠져나오므로 절삭을 방해하지 않는다.

**[하향절삭]**
• 커터 날이 움직이는 방향과 공작물의 이송방향이 동일한 절삭방법
• 밀링커터의 날이 마찰작용을 하지 않아 날의 마멸이 적고 수명이 길다.
• 동력손실이 적으며 가공면이 깨끗하다.
• 절삭 날이 절삭을 시작할 때 절삭저항이 크므로 날이 부러지기 쉽다.
• 치수정밀도가 불량해질 염려가 있으며 백래시 제거장치가 필요하다.

## 18

• 방전가공 : 경유, 휘발유, 등유 등의 부도체(전기가 통하지 않음)를 사용하는 가공이다.
• 전해가공 : 식염수 등의 양도체(전기가 통함)를 사용하는 가공이다.

## 19

동력($P$)은 힘($F$)과 속도($V$)의 곱으로 구할 수 있다.
즉, 동력($P$) = $FV$이다.

속도  $V = \dfrac{\pi dN}{60,000} = \dfrac{\pi \times 50 \times 2,000}{60,000}$

동력  $P = FV = 60 \times \dfrac{\pi \times 50 \times 2,000}{60,000} = 100\,\pi\,\mathrm{W} = 0.1\,\pi\,\mathrm{kW}$

# 20

**[유압기기에 사용하는 유압 작동유의 구비조건]**

- 동력을 정확하게 전달시키기 위해 **비압축성**이어야 한다.
- 인화점과 발화점이 높아야 한다.
- 온도에 의한 점도 변화가 작아야 한다(점도지수가 커야 한다).
- 화학적으로 안정해야 한다.
- 축적된 열의 방출 능력이 우수해야 한다.
- 유연하게 유동할 수 있는 적절한 점도가 유지되어야 한다.

2013년 8월 24일 시행

# 05 지방직 9급 공개경쟁채용

| 01 | ① | 02 | ① | 03 | ① | 04 | ③ | 05 | ④ | 06 | ② | 07 | ③ | 08 | ② | 09 | ② | 10 | ① |
| 11 | ② | 12 | ③ | 13 | ③ | 14 | ④ | 15 | ① | 16 | ④ | 17 | ① | 18 | ③ | 19 | ② | 20 | ④ |

## 01

정답 ①

절삭유를 많이 사용하는 습식 가공은 환경친화형이 아니다. 절삭유를 많이 사용하다 보면 그에 따른 찌꺼기 등도 발생하기 때문이다.

→ 따라서 절삭유를 사용하지 않는 건식 가공의 도입으로 고쳐야 한다.

## 02

정답 ①

압하율 $= \dfrac{H_0 - H_1}{H_0} \times 100(\%)$

[단, $H_0$ : 변형 전의 두께, $H_1$ : 변형 후의 두께]

→ $\dfrac{20-16}{20} \times 100 = \dfrac{4}{20} \times 100 = 20\%$

## 03

정답 ①

**[금속의 결정격자의 분류]**

| | 체심입방격자(BCC) | 면심입방격자(FCC) | 조밀육방격자(HCP) |
| --- | --- | --- | --- |
| 해당 금속 종류 | Mo, W, Cr, V, Na, Li, Ta, $\alpha$-Fe, $\delta$-Fe | $\beta$-Co, Ca, Pb, Ni, Ag, Cu, Au, Al, $\gamma$-Fe | Zn, Be, $\alpha$-Co, Mg, Ti, Cd, Zr, Ce |
| 특징 | • 강도가 크다.<br>• 전연성이 작다.<br>• 용융점이 높다. | • 강도가 작다.<br>• 전연성이 커서 가공성이 우수하다. | • 전연성이 작고 가공성이 나쁘다.<br>• 취성이 있다. |
| 단위격자당 원자수 | 2 | 4 | 2 |
| 배위수(인접 원자수) | 8 | 12 | 12 |
| 충전율(공간채움률) | 68% | 74% | 74% |

## 04

정답 ③

**[나사의 자립 조건(나사를 죄인 후, 힘을 제거해도 저절로 풀리지 않기 위한 조건)]**

• 마찰각($\rho$)이 나선각(리드각, $\lambda$)보다 크거나 같아야 한다.
• 나사의 효율이 50%보다 작아야 한다.

## 05

정답 ④

① 트루잉 : 나사나 기어를 연삭가공하기 위해 숫돌의 형상을 처음 형상으로 고치는 작업으로 일명 "모양 고치기"라고 한다.
② 글레이징(눈무딤) : 숫돌입자가 탈락하지 않고 마멸에 의해 납작해지는 현상을 말한다.
③ 로딩(눈메움) : 연삭가공으로 발생한 칩이 기공에 끼는 현상을 말한다.
④ 드레싱 : 로딩, 글레이징 등의 현상으로 무뎌진 연삭입자를 재생시키는 방법이다. 즉, 드레서라는 공구로 숫돌표면을 가공하여 자생작용시켜 새로운 연삭입자가 표면으로 나오게 하는 방법이다.

## 06

정답 ②

소성가공에는 냉간가공과 열간가공이 있다.

**필수비교**

• 냉간가공에서는 가공 경화 현상이 발생한다.
• 열간가공에서는 가공 경화 현상이 발생하지 않는다.

## 07

정답 ③

**[양극산화법(anodizing)]**

알루미늄에 많이 적용되며 다양한 색상의 유기 염료를 사용하여 소재 표면에 안정되고 오래가는 착색피막을 형성하는 표면처리 방법으로, 양극산화법의 주된 목적은 내식성 향상, 표면착색, $Al_2O_3$ 피막 형성이다.

## 08

정답 ②

밀링은 소재에 없던 구멍을 가공하는 데 적합한 가공이다.

## 09

정답 ②

**[중공축의 허용굽힘응력($\sigma_a$)]**

※ 중실축의 단면계수$(Z) = \dfrac{\pi d^3}{32}$

※ 중공축의 단면계수$(Z) = \dfrac{\pi(d_2^4 - d_1^4)}{32 d_2} = \dfrac{\pi d_2^3 (1 - x^4)}{32}$  [단, 내외경비 : $x = \dfrac{d_1}{d_2}$]

$$\sigma_a = \frac{M}{Z} = \frac{M}{\dfrac{\pi(d_2^4 - d_1^4)}{32 d_2}} = \frac{M}{\dfrac{\pi d_2^3 (1 - x^4)}{32}} = \frac{32M}{\pi d_2^3 (1 - x^4)}$$

$$\therefore d_2 = \sqrt[3]{\frac{32M}{\pi \sigma_a (1 - x^4)}}$$

## 10
정답 ①

**[구성인선]**

절삭 시에 발생하는 칩의 일부가 날 끝에 용착되어 마치 절삭날의 역할을 하는 현상이다. 구성인선은 발생 → 성장 → 분열 → 탈락의 주기(발성분탈)를 반복한다.

**주의** 자생과정의 순서인 "마멸 → 파괴 → 탈락 → 생성(마파탈생)"과 혼동하면 안 된다.

**[구성인선의 방지법]**

• 30° 이상으로 공구 경사각을 크게 한다.
• 절삭속도를 빠르게 한다.
• 절삭깊이를 작게 한다.
• 윤활성이 좋은 절삭유를 사용한다.
• 공구반경을 작게 한다.
• 칩의 두께를 감소시킨다.

## 11
정답 ②

고무스프링은 다양한 크기 및 모양 제작이 용이하여 용도가 광범위하다.

## 12
정답 ③

취성이 크면(메지다, 여리다, 깨지다) 재료가 잘 깨지기 때문에 소성가공이 어렵다.

| 가소성 | 외력에 의해서 물체에 발생한 변형이 외력이 제거되도 원래 형태로 돌아오지 않는 성질이다. |
| --- | --- |
| 가단성 | 재료를 두드려 변형시킬 수 있는 성질로 전성이라고도 한다. |
| 취성 | 재료가 외력을 받으면 영구 변형을 하지 않고 파괴되거나 또는 극히 일부만 영구 변형을 하고 파괴되는 성질이다(깨지는 성질＝메지다＝여리다). |
| 연성 | 재료에 인장하중을 가했을 때 가늘고 길게 잘 늘어나는 성질이다. |
| 전성 | 재료가 하중을 받으면 얇고 넓게 펴지는 성질이다. |

## 13
정답 ③

용접에 필요한 가스 용기는 밀폐 공간 내부에 배치하면 매우 위험하다. 따라서 <u>외부에 배치</u>해야 한다.

## 14
정답 ④

**[생산관리실]**

생산 능력과 납품 기일 등을 고려하여 제품 제작 순서와 생산 일정을 계획하는 기계 공장 부서

# 15

① 파인 세라믹 : 흙이나 모래 등의 무기질 재료를 높은 온도로 가열하여 만든 것으로, 특수 타일, 인공 뼈, 자동차 엔진 등에 사용하며 고온에도 잘 견디고 내마멸성이 큰 소재이다.
② 형상기억합금 : 고온에서 일정 시간 유지함으로써 원하는 형상을 기억시키면 상온에서 외력에 의해 변형되어도 기억시킨 온도로 가열만 하면 변형 전 현상으로 되돌아오는 합금이다.
③ 두랄루민 : 알루미늄(Al), 구리(Cu), 마그네슘(Mg), 망간(Mn)의 합금으로 자동차, 항공기 재료 등으로 사용되며 시효경화를 일으킨다.
④ 초전도합금 : 초전도 특성을 가진 재료로 다양한 형태로 가공하여 코일 등으로 만들어 사용한다. 어떤 전도물질을 상온에서 점차 냉각하여 절대온도 0K($= -273℃$)에 가까운 극저온이 되면 전기저항이 0이 되어 완전도체가 되는 동시에 그 내부에 흐르고 있던 자속이 외부로 배제되어 자속밀도가 0이 되는 마이스너 효과에 의해 완전한 반자성체가 되는 재료이다.

# 16

용접부에는 열에 의한 잔류응력이 있으므로 <u>결함 검사(비파괴검사)가 곤란</u>하다.

**[용접의 장점]**
• 이음 효율(수밀성, 기밀성)을 100%까지 할 수 있다.
• 공정수를 줄일 수 있다.
• 재료를 절약할 수 있다.
• 경량화할 수 있다.
• 용접하는 재료에 두께 제한이 없다.
• 서로 다른 재질의 두 재료를 접합할 수 있다.

**[용접의 단점]**
• 잔류응력과 응력집중이 발생할 수 있다.
• 모재가 용접 열에 의해 변형될 수 있다.
• 용접부의 비파괴검사가 곤란하다.
• 용접의 숙련도가 요구된다.

# 17

① 백주철 : **회주철을** 급랭시켜 만든 주철로 파단면이 **백색**이다. 또한, **탄소가 시멘타이트(화합탄소,** $Fe_3C$)로 존재하기 때문에 일반 주철보다 단단하지만 취성이 크다.
② 주강 : 용해된 강을 주형에 주입하여 원하는 형상이나 크기로 성형한 것으로 주철에 비해 기계적 성질이 우수하며 대량생산에 적합하다. 하지만, 용용융점이 주철보다 높아 주조하기 어렵다.
③ 가단주철 : 보통 주철의 여리고 약한 인성을 개선시키기 위해 백주철을 장시간 풀림 처리하여 만든 주철이다.
④ 구상흑연주철 : 용융 상태의 주철에 Mg, Ce, Ca 등을 첨가하여 편상으로 존재하는 흑연을 구상화한 것으로 덕타일 주철이라고도 한다.

## 18

정답 ③

- 베어링 평균압력$(p) = \dfrac{P}{A} = \dfrac{P}{dl}$

[단, $P$ : 하중(N), $A$ : 저널(축)의 투영면적$(= dl)$(mm$^2$), $d$ : 저널(축)의 지름(mm), $l$ : 저널(축)의 길이(mm)]

- 베어링 평균압력$(p)$ : 하중$(P)$을 압력이 작용하는 축의 투영면적$(dl)$으로 나눈 것과 같다.

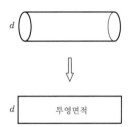

## 19

정답 ②

인벌류트(involute) 치형에서는 기어 한 쌍의 중심거리가 다소 어긋나도 속도비에 큰 영향을 주지 않는다.

| 구분 | 인벌류트 곡선 | 사이클로이드 곡선 |
|---|---|---|
| 특징 | • 동력전달장치에 사용하며 값이 싸고 제작이 쉽다.<br>• 치형의 가공이 용이하고 정밀도와 호환성이 우수하다.<br>• 압력각이 일정하며, 물림에서 축간거리가 다소 변해도 속도비(속비)에 영향이 없다.<br>• 이쁘리 부분이 튼튼하나, 미끄럼이 많아 소음과 마멸이 크다.<br>• 압력각과 모듈이 모두 같아야 호환될 수 있다. | • 언더컷이 발생하지 않으며 중심거리가 정확해야 조립할 수 있다.<br>• 미끄럼이 적어 소음과 마멸이 적고, 잇면의 마멸이 균일하다.<br>• 피치점이 완전히 일치하지 않으면 물림이 불량하다.<br>• 치형을 가공하기 어렵고, 호환성이 적다.<br>• 압력각이 일정하지 않다.<br>• 효율이 우수하다.<br>• 시계에 사용된다. |

## 20

정답 ④

**[무인 반송차(AGV, Automated Guided Vehicle)]**
컴퓨터의 통제로 바닥에 설치된 유도로를 따라 필요한 작업장 위치로 소재를 운반하는 공장 자동화 구성요소

## 06 2014년 6월 21일 시행
# 지방직 9급 공개경쟁채용

| 01 | ① | 02 | ② | 03 | ① | 04 | ④ | 05 | ③ | 06 | ④ | 07 | ① | 08 | ③ | 09 | ② | 10 | ② |
|----|---|----|---|----|---|----|---|----|---|----|---|----|---|----|---|----|---|----|---|
| 11 | ④ | 12 | ② | 13 | ④ | 14 | ③ | 15 | ③ | 16 | ② | 17 | ③ | 18 | ① | 19 | ① | 20 | ② |

## 01
**정답 ①**

- 올덤 커플링(Oldham coupling) : 두 축의 중심이 일치하지 않고 평행할 경우에 사용하는 커플링이며 고속에는 적합하지 않다. 각속도의 변화 없이 동력을 전달하는 커플링이다.
- "올덤 커플링은 동력 변화없이 각속도를 전달하는 커플링이다."라고 틀린 보기로 출제되었으니 참고바란다.
- 두 축의 중심이 일치하지 않는 경우에 사용할 수 있는 커플링의 종류 : 올덤 커플링, 유니버셜 커플링, 플렉시블 커플링

## 02
**정답 ②**

② 폴리싱(polishing) : 알루미나 등의 연마 입자가 부착된 연마 벨트에 의한 가공으로 일반적으로 버핑 전 단계의 가공이다.
① 슈퍼피니싱 : 원통면, 평면 또는 구면에 미세하고 연한 입자로 된 숫돌을 낮은 압력으로 접촉시키면서 진동을 주어 가공하는 것이다.
③ 배럴가공 : 공작물과 숫돌 입자, 콤파운드 등을 회전하는 통 속이나 진동하는 통 속에 넣고 서로 마찰 충돌시켜 표면의 녹, 흠집 등을 제거하는 공정이다.
④ 래핑 : 랩과 공작물을 누르며 상대 운동을 시켜 정밀 가공을 하는 것이다.

## 03
**정답 ①**

**[피복제의 역할]**
- 대기 중의 산소와 질소로부터 모재를 보호하여 산화 및 질화를 방지한다.
- 용착금속의 냉각 및 응고속도를 지연시켜 급랭을 방지한다.
- 용착금속에 합금원소를 첨가하여 기계적 강도를 높인다.
- 전기절연작용, 불순물 제거, 스패터의 양을 적게 하는 역할을 한다.
- 아크의 발생과 유지를 안정되게 한다.

## 04
**정답 ④**

니켈은 상온에서 강자성체이다. 자기변태점(358℃) 온도 이상이 되면 자성을 어느 정도 잃어 강자성체에서 상자체성으로 변하게 된다.
- 강자성체의 종류 : 니켈(Ni), 코발트(Co), 철(Fe), $\alpha-$Fe(페라이트)
- 상자성체의 종류 : 알루미늄(Al), 주석(Sn), 이리듐(Ir), 몰리브덴(Mo), 크롬(Cr), 백금(Pt)
- 반자성체의 종류 : 유리, 비스뮤트(Bi), 안티몬(Sb), 아연(Zn), 금(Au), 은(Ag), 구리(Cu)

## 05

정답 ③

가공 경화된 금속을 가열하면 회복 현상이 나타난 후, 새로운 결정립이 생성(재결정)되고 결정립이 성장(결정립 성장)하게 된다. 즉, 회복 → 재결정 → 결정립의 성장 단계를 거치게 된다.

## 06

정답 ④

**[전기저항 용접법]**

| 겹치기 용접(Lap welding) | 점 용접, 심 용접, 프로젝션 용접(돌기 용접) |
|---|---|
| 맞대기 용접(butt welding) | 플래시 용접, 업셋 용접, 맞대기 심 용접, 퍼커션 용접(일명 충돌용접) |

## 07

정답 ①

**[오스템퍼링]**

항온변태곡선(TTT곡선)의 코(nose)와 $M_s$점 사이의 온도에서 항온변태하고 상온까지 냉각하여 베이나이트(B) 조직을 얻는 항온열처리의 종류이다.

## 08

정답 ③

**[크레이터 마모(crater wear)]**

절삭과정 중에서 절삭 공구에 의해 발생한 칩이 공구의 윗면 경사면과 충돌하여 경사면이 오목하게 파이는 현상이다.

• 크레이터 마모는 유동형 칩에서 가장 뚜렷하게 나타난다.
• 처음에 느린 속도로 성장하다가 어느 정도 크기에 도달하면 빨라진다.
• 크레이터 마모는 경사면 위의 마찰계수를 감소시켜 줄일 수 있다.

**[플랭크 마모(flank wear)]**

절삭면과 평행하게 마모되는 현상이다.

※ 치핑 : 절삭저항에 견디지 못하고 날 끝이 탈락하는 현상이다.

## 09

정답 ②

외팔보형 단판 스프링의 최대 처짐($\delta_{max}$) $= \dfrac{4Pl^3}{bh^3E}$

[단, $P$ : 외팔보 끝단에 작용하는 하중(힘), $l$ : 외팔보의 길이, $b$ : 판의 폭, $h$ : 판의 두께, $E$ : 종탄성계수(세로탄성계수)]

$\delta_{max}' = \dfrac{4PL^3}{b(2h)^3E} = \dfrac{1}{8} \times \dfrac{4PL^3}{bh^3E} = \dfrac{1}{8}\delta_{max}$가 된다. 따라서 스프핑의 두께를 2배로 하면 초기 최대 처짐의 $\dfrac{1}{8}$배가 됨을 알 수 있다.

# 10

**[스퍼기어의 설계]**

지름피치$(p_d) = \dfrac{1}{m}[\text{inch}] = \dfrac{25.4}{m}[\text{mm}]$ [단, $1\text{inch} = 25.4\text{mm}$이며 $m$은 모듈이다]

$4 = \dfrac{1}{m}[\text{inch}] \rightarrow m(\text{모듈}) = \dfrac{1}{4}$

속도비$(i) = \dfrac{N_2}{N_1} = \dfrac{D_1}{D_2} = \dfrac{Z_1}{Z_2} = \dfrac{1}{3}$ 이므로 $Z_2 = 3Z_1$의 관계가 도출된다.

중심거리$(C) = \dfrac{D_1 + D_2}{2} = \dfrac{m(Z_1 + Z_2)}{2} \rightarrow C = \dfrac{m(Z_1 + 3Z_1)}{2} = 2mZ_1$이 된다.

구하고자 하는 것은 구동기어의 잇수$(Z_1) = \dfrac{C}{2m}$이다. 따라서 위에서 구한 $m(\text{모듈}) = \dfrac{1}{4}$과 문제에서 주어진 중심거리 10inch를 대입하면 된다.

$\therefore Z_1 = \dfrac{C}{2m} = \dfrac{10}{2 \times \dfrac{1}{4}} = \dfrac{10}{\dfrac{1}{2}} = 20$개

# 11

**[플라스틱(합성수지)의 성형 방법]**

| | |
|---|---|
| 사출성형 | **열가소성 플라스틱을 대량생산**할 때 가장 적합한 성형 방법으로 사출기 안에 액체 상태의 플라스틱을 넣고 플런저로 금형 속에 가압 및 주입하여 플라스틱을 성형하는 방법이다.<br>※ 모든 사출성형된 플라스틱 제품은 **냉각 수축이 발생**한다. |
| 압출성형 | **열가소성 합성수지를 성형**하는 방법이다. |
| 압축성형 | **일반적으로 열경화성 합성수지를 성형**하는 방법이다.<br>※ 열가소성 합성수지를 성형하는 데 사용할 수도 있다. |

# 12

미끄럼 베어링의 재료로는 오일 흡착력이 높고 축 재료보다 연한 것이 좋다.

# 13

플라스틱 재료는 금속에 비하여 일반적으로 작은 강도와 작은 마찰계수를 갖는다.

## 14

정답 ③

[펄라이트(Pearlite)]

0.77%C의 $\gamma$고용체(오스테나이트, A)가 727℃에서 분열하여 생긴 $\alpha$고용체(페라이트, F)와 시멘타이트rm (Fe₃C)가 층을 이루는 조직($\alpha$고용체와 시멘타이트의 혼합상)으로 $A_1$점, 723℃의 공석반응에서 나타난다. 진주와 같은 광택이 나기 때문에 펄라이트라고 불리며 경도가 작고 자력성이 있다. 오스테나이트(A) 상태의 강을 서서히 냉각했을 때 생기며 철강 조직 중에서 내마모성과 인장강도가 가장 우수하다.

## 15

정답 ③

[상향 절삭]
• 커터 날이 움직이는 방향과 공작물(일감)의 이송 방향이 반대인 절삭방법
• 밀링커터의 날이 공작물을 들어 올리는 방향으로 작용하므로 기계에 무리를 주지 않는다.
• 절삭을 시작할 때 날에 가해지는 절삭저항이 점차적으로 증가하므로 날이 부러질 염려가 없다.
• 절삭 날의 절삭 방향과 공작물의 이송 방향이 서로 반대이므로 백래시가 자연히 제거된다. 따라서 백래시 제거장치가 필요 없다.
• 절삭열에 의한 치수정밀도의 변화가 작다.
• 절삭 날이 공작물을 들어 올리는 방향으로 작용하므로 공작물의 고정이 불안정하며 떨림이 발생하여 동력손실이 크다.
• 날의 마멸이 심하며 수명이 짧고 가공면이 거칠다.
• 칩이 잘 빠져나오므로 절삭을 방해하지 않는다.

[하향 절삭]
• 커터 날이 움직이는 방향과 공작물(일감)의 이송 방향이 같은 절삭방법
• 절삭 날이 절삭을 시작할 때 절삭저항이 크므로 날이 부러지기 쉽다.
• 치수정밀도가 불량해질 염려가 있으며 백래시 제거장치가 필요하다.
• 동력손실이 적으며 가공면이 깨끗하다.
• 날의 마멸이 적고 수명이 길다.

## 16

정답 ②

절삭공구의 여유각을 크게 하면 저항이 커지므로 인선강도가 저하된다.

## 17

정답 ③

[나사의 리드]

리드($L$)란 나사를 1회전시켰을 때 축 방향으로 나아가는 거리이다.
$L$(리드)$= n$(나사의 줄수)$\times p$(나사의 피치)
※ 미터나사(M) M48×5에서 "×" 뒤의 숫자가 피치를 의미한다.

① M48×5 → $L = 1 \times 5 = 5$mm
② 2줄 M30×2 → $L = 2 \times 2 = 4$mm
③ 2줄 M20×3 → $L = 2 \times 3 = 6$mm
④ 3줄 M8×1 → $L = 3 \times 1 = 3$mm

# 18

정답 ①

유체 토크 컨버터는 <u>유체 커플링과 안내깃(stator)으로 구성되어 있는</u> 구조이다.

# 19

정답 ①

**[재열 사이클(reheat cycle)]**

고압 증기터빈에서 저압 증기터빈으로 유입되는 증기의 건도를 높여 상대적으로 높은 보일러 압력을 사용할 수 있게 하고, 터빈 일을 증가시키며, 터빈 출구의 건도를 높이는 사이클이다.

터빈에서 증기가 팽창하면서 일한만큼 터빈 출구로 빠져나가는 증기의 온도는 감소하게 된다. 이때, 온도가 감소하다보면 증기의 건도도 감소할 수 있다. 온도가 감소하다보면 증기에서 물로 상태 변화하여 터빈 출구에서 물방울이 맺힐 수 있기 때문에 건도가 점점 감소된다. 건도가 감소하여 물방울이 맺히면 터빈 날개를 손상시킬 수 있고 이에 따라 효율이 저하될 수 있다. 따라서 터빈 출구에서 빠져나온 증기를 재열기로 다시 통과시켜 증기의 온도를 다시 한 번 높임으로써 <u>터빈 출구의 건도를 높이는 것이</u> 재열 사이클이다.

※ 건도는 습증기의 전체 질량에 대한 증기의 질량이다.

# 20

정답 ②

<u>압하량이 일정할 때, 직경이 작은 작업롤러(roller)를 사용하면 압연하중이 감소한다.</u>

반지름이 큰 롤러일수록 무겁다. 즉, 무게(중량, $mg$)가 크다는 것을 의미한다.

반지름이 큰 롤러일수록 더 큰 무게로 그림의 화살표처럼 아래로 더 큰 힘이 작용하게 된다. 즉, 롤러의 무게가 커지므로 판재에 더 큰 힘이 작용하게 된다. 따라서 압하력 및 압연하중이 증가하게 된다.

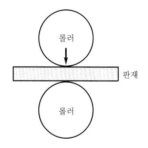

## 07

# 지방직 9급 공개경쟁채용

| 01 | ④ | 02 | ④ | 03 | ③ | 04 | ① | 05 | ③ | 06 | ① | 07 | ① | 08 | ④ | 09 | ③ | 10 | ① |
| 11 | ② | 12 | ③ | 13 | ④ | 14 | ② | 15 | ③ | 16 | ② | 17 | ④ | 18 | ① | 19 | ③ | 20 | ③ |

## 01
정답 ④

④ 알루미늄은 열전도도가 크다.

**[알루미늄(Al)의 특징]**
• 비중이 2.7로 경금속(가벼운 금속)에 속하며 용융점은 660℃이다.
• 열과 전기의 양도체로 열과 전기가 잘 흐른다(열전도도 및 전기전도도가 우수하다).
• 유동성이 적고 수축률이 크므로 순수한 알루미늄은 주조가 곤란하다. 따라서 주조성을 좋게 하기 위해 기타 합금으로 사용한다.
• 순도가 높을수록 연하다.
• 전연성이 좋아 성형성이 우수하다.
• 대기 중에서 내식성이 우수하지만 바닷물에는 부식된다.
• 변태점이 없다.
• 산성, 염기성에 취약하다.

## 02
정답 ④

**[기어의 종류]**

| 두 축이 평행한 것 | 두 축이 교차한 것 | 두 축이 평행하지도 교차하지도 않은 엇갈린 것 |
| --- | --- | --- |
| 스퍼 기어(평기어), 헬리컬 기어, 더블헬리컬 기어(헤링본 기어), 내접 기어, 랙과 피니언 등 | 베벨 기어, 마이터 기어, 크라운 기어, 스파이럴 베벨 기어 등 | 스크류 기어(나사 기어), 하이포이드 기어, 웜 기어 등 |

## 03
정답 ③

**[다이캐스팅]**
용융금속을 금형(영구주형) 내에 대기압 이상의 높은 압력으로 빠르게 주입하여 용융금속이 응고될 때까지 압력을 가하여 압입하는 주조법으로 다이주조라고도 하며 주물 제작에 이용되는 주조법이다. 필요한 주조 형상과 완전히 일치하도록 정확하게 기계 가공된 강재의 금형에 용융금속을 주입하여 금형과 똑같은 주물을 얻는 방법으로 그 제품을 다이캐스트 주물이라고 한다.

- 사용재료 : 아연(Zn), 알루미늄(Al), 주석(Sn), 구리(Cu), 마그네슘(Mg), 납(Pb) 등의 합금
  - → 고온가압실식 : 납(Pb), 주석(Sn), 아연(Zn)
  - → 저온가압실식 : 알루미늄(Al), 마그네슘(Mg), 구리(Cu)

[특징]
- 정밀도가 높고 주물 표면이 매끈하다.
- 기계적 성질이 우수하며 대량생산이 가능하고 얇고 복잡한 주물의 주조가 가능하다.
- 가압되므로 기공이 적고 결정립이 미세화되어 치밀한 조직을 얻을 수 있다.
- 기계 가공이나 다듬질할 필요가 없으므로 생산비가 저렴하다.
- 다이캐스팅된 주물재료는 얇기 때문에 주물 표면과 중심부 강도는 동일하다.
- 가압 시 공기 유입이 용이하며 열처리하면 부풀어 오르기 쉽다.
- 주형재료보다 용융점이 높은 금속재료에는 적합하지 않다.
- 시설비와 금형 제작비가 비싸고 생산량이 많아야 경제성이 있다. 즉, 소량생산에는 비경제적이기 때문에 적합하지 않다.
- 주로 얇고 복잡한 형상의 비철금속 제품 제작에 적합하다.

[필수]
- 영구 주형을 사용하는 주조법 : 다이캐스팅, 가압주조법, 슬러시주조법, 원심주조법, 스퀴즈주조법, 반용융성형법, 진공주조법
- 소모성 주형을 사용하는 주조법 : 인베스트먼트법(로스트왁스법), 셀주조법(크로닝법)
  - → 소모성 주형은 주형에 쇳물을 붓고 응고되어 주물을 꺼낼 때 주형을 파괴한다.

## 04
정답 ①

회전운동이 포함된 가공 및 작업을 할 때 장갑을 착용하면 회전하는 공구에 장갑이 껴서 말려들어가 사고가 날 수 있기 때문에 장갑을 착용하지 않는다.

## 05
정답 ③

① 이론강도가 실제강도보다 일반적으로 높다.
② 기공(void)은 체적결함이다.
④ 격자결함은 항복강도나 파괴강도 등에 영향을 미친다.

[결정격자의 결함]
기하학적 형상에 따라 점결함, 선결함, 면결함, 체적결함 등이 있다.

| 점결함 | 선결함 | 면결함 | 체적결함 |
|---|---|---|---|
| 공공, 불순물, 침입원자, 이온쌍공극, 치환이온 | 전위 | 결정립계, 적층결함, 상경계 | 기공, 개재물, 균열, 다른 상, 수축공 |

## 06

정답 ①

**[신속조형법(쾌속조형법)]**

3차원 형상 모델링으로 그린 제품 설계 데이터를 사용하여 제품 제작 전에 실물 크기 모양의 입체 형상을 신속하고 경제적으로 제작하는 방법을 말한다.

| | |
|---|---|
| 융해용착법<br>(fused deposition molding) | 열가소성인 필라멘트 선으로 된 **열가소성 일감**을 노즐 안에서 가열하여 용해하고 이를 짜내어 조형 면에 쌓아 올려 제품을 만드는 방법이다. |
| 박판적층법<br>(laminated object manufacturing) | 가공하고자 하는 단면에 레이저빔을 부분적으로 쏘아 절단하고 **종이**의 뒷면에 부착된 접착제를 사용하여 아래층과 압착시키고 한 층씩 적층해나가는 방법이다. |
| 선택적 레이저 소결법<br>(selective laser sintering) | **금속 분말가루나 고분자 재료**를 한 층씩 도포한 후 여기에 레이저빔을 쏘아 소결시키고 다시 한 층씩 쌓아 올려 형상을 만드는 방법이다. |
| 광조형법(stereolithography) | 액체 상태의 **광경화성 수지**에 레이저빔을 부분적으로 쏘아 적층해 나가는 방법으로 큰 부품 처리가 가능하다. 또한, 정밀도가 높고 액체 재료이기 때문에 후처리가 필요하다. |
| 3차원 인쇄<br>(three dimentional printing) | 분말 가루와 접착제를 뿌리면서 형상을 만드는 방법으로 **3D 프린터**를 생각하면 된다. |

※ 초기재료가 분말형태인 신속조형방법 : 선택적 레이저 소결법(SLS), 3차원 인쇄(3DP)

## 07

정답 ①

| M 코드<br>(보조기호) | 기능 | M 코드<br>(보조기호) | 기능 |
|---|---|---|---|
| M00 | 프로그램 정지 | M01 | 선택적 프로그램 정지 |
| M02 | 프로그램 종료 | M03 | 주축 정회전(주축이 시계 방향으로 회전) |
| M04 | 주축 역회전<br>(주축이 반시계 방향으로 회전) | M05 | 주축 정지 |
| M06 | 공구 교환 | M08 | 절삭유 ON |
| M09 | 절삭유 OFF | M14 | 심압대 스핀들 전진 |
| M15 | 심압대 스핀들 후진 | M16 | Air blow2 ON, 공구측정 Air |
| M18 | Air blow1,2 OFF | M30 | 프로그램 종료 후 리셋 |
| M98 | 보조 프로그램 호출 | M99 | 보조 프로그램 종료 후 주 프로그램 회기 |

※ **G 코드(준비기능)**

G50 : CNC선반_좌표계 설정　　　　　G92 : 머시닝센터_좌표계 설정
G40, G41, G42 : 공구반경 보정　　　G00 : 위치 보간(급속 이송)
G01 : 직선 보간　　　　　　　　　　　G02 : 원호 보간(시계 방향)
G03 : 원호 보간(반시계 방향)　　　　G04 : 일시정지(휴지 기능)

# 08

정답 ④

[끼워맞춤]

| 최대 틈새 | 구멍의 최대허용치수 − 축의 최소허용치수 | $(10+0.012)-(10+0.005)=0.007$ |
|---|---|---|
| 최소 틈새 | 구멍의 최소허용치수 − 축의 최대허용치수 | $(10-0.012)-(10+0.025)=-0.037$ |
| 최대 죔새 | 축의 최대허용치수 − 구멍의 최소허용치수 | $(10+0.025)-(10-0.012)=0.037$ |
| 최소 죔새 | 축의 최소허용치수 − 구멍의 최대허용치수 | $(10+0.005)-(10+0.012)=-0.007$ |

→ 최대 죔새 : $(10+0.025)-(10-0.012)=0.037$mm $=37\mu$m [단, $\mu=10^{-6}$이다]

※ 틈새와 죔새가 동시에 존재하므로 "중간끼워맞춤"이다.

# 09

정답 ③

D점은 인장강도(극한강도 = 최대공칭응력)이고 공칭응력 − 공칭변형률 선도에서 나타난다.

# 10

정답 ①

가스 용접은 전기가 필요 없으며 다른 용접에 비해 열을 받는 부위가 넓어 용접 후 변형이 크다.

[가스 용접(Gas welding)]
아세틸렌, 수소, 프로판, 메탄가스 등의 가연성 가스와 조연성 가스인 산소를 혼합하여 연소시켜 발생하는 열로 모재를 용융 및 접합시키는 용접법이다.

[가스 용접의 특징]
• 일반적으로 산소-아세틸렌 용접이 많이 사용되며 발생 온도는 약 3,000℃이다.
• 전기가 필요 없고 변형이 크며 열영향부(Heat Affected Zone, HAZ)가 넓다.
• 일반적으로 박판(두께가 3mm 이하의 판)에 적용한다.
• 열의 집중성이 낮아 열효율이 낮으며 용접 온도가 낮고 용접 속도가 느리다.
• 용접 휨은 가스 용접이 전기 용접보다 크다.

※ 가스 용접에서 사용하는 가연성 가스와 조연성 가스
  • 가연성 가스(타는 가스) : 아세틸렌, 수소, 프로판, 메탄가스
  • 조연성 가스(타는 것을 도와주는 가스) : 산소와 공기의 혼합가스

# 11

정답 ②

크리프 : 연성재료가 고온에서 정하중(일정한 하중, 사하중)을 받을 때, 시간의 경과에 따라 변형이 점점 커지는 현상을 말한다.

# 12

정답 ③

[슈퍼피니싱(super finishing)]
원통면, 평면 또는 구면에 미세하고 연한 입자로 된 숫돌을 낮은 압력으로 접촉시키면서 진동을 주어 가공하는 방법이다.

PART II 정답 및 해설

**[전해연삭(electro chemical grinding)]**
전해액을 이용하여 전기화학적 방법으로 공작물을 연삭하는 데 사용되는 방법이다.

# 13

**[구성인선]**
절삭 시에 발생하는 칩의 일부가 날 끝에 용착되어 마치 절삭날의 역할을 하는 현상이다. 구성인선은 발생
→ 성장 → 분열 → 탈락(발성분탈)의 주기를 반복한다.

**주의** 자생과정의 순서인 "마멸 → 파괴 → 탈락 → 생성(마파탈생)"과 혼동하면 안 된다.

**[구성인선의 방지법]**
• 공구 경사각을 30° 이상으로 크게 한다.
• 절삭속도를 빠르게 한다.
• 절삭깊이를 작게 한다.
• 윤활성이 좋은 절삭유를 사용한다.
• 공구반경을 작게 한다.
• 칩의 두께를 감소시킨다.

# 14

**[단열 깊은 홈 볼베어링]**
• 전동체가 접촉하는 면적이 작다.
• 내륜과 외륜을 분리할 수 없다.
• 마찰저항이 적어 고속 회전축에 적합하며 동력손실이 적다.
• 반경 방향과 축 방향의 하중을 지지할 수 있다.
• 구조가 간단하며 정밀도가 우수하다.
• 구름 베어링에서 보편적으로 가장 많이 사용되는 베어링이다.

# 15

| 옥탄가 | 세탄가 |
|---|---|
| • 연료의 내폭성, 연료의 노킹 저항성을 의미한다.<br>• 표준 연료의 옥탄가 $= \dfrac{\text{이소옥탄}}{\text{이소옥탄} + \text{정헵탄}} \times 100$<br>• 옥탄가 90이라는 것은 이소옥탄 90% + 정헵탄 10%, 즉 90은 이소옥탄의 체적을 의미한다. | • 연료의 착화성을 의미한다.<br>• 표준 연료의 세탄가 $= \dfrac{\text{세탄}}{\text{세탄} + \alpha-\text{메틸나프탈렌}} \times 100$<br>• 세탄가의 범위 : 45~70 |

※ 가솔린 기관은 연료의 옥탄가가 높을수록 연료의 노킹 저항성이 좋다는 것을 의미하므로 옥탄가가 높
을수록 좋으며, 디젤 기관은 연료의 세탄가 높을수록 연료의 착화성이 좋다는 것을 의미하므로 세탄
가가 높을수록 좋다.

## 16

절삭시간(가공시간, $T$) = $\dfrac{L}{Ns}$[min]

[단, $L$ : 공작물의 길이(mm), $N$ : 공작물 또는 주축의 회전수(rpm), $s$ : 이송량(mm/rev)]

→ 절삭시간(가공시간, $T$) = $\dfrac{L}{Ns}$[min] = $\dfrac{100}{200 \times 2}$ = $\dfrac{1}{4}$[min] = $\dfrac{15}{60}$[min] = 15(초, s)

※ "절삭시간(가공시간, $T$) = $\dfrac{L}{Ns}$[min]" 공식은 1회 기준 절삭시간(가공시간)이다. 만약, 2회 절삭시간 (가공시간)이 90초라면 1회 기준으로 바꾸어 45초를 대입해야 한다는 것이다.

또한, 중요한 것은 위 공식은 분(min) 단위이다. 따라서 45초(s)는 $\dfrac{45}{60}$[분, min]으로 단위 환산을 하여야 한다.

## 17

① 사이클로이드 치형의 특징
② 인벌류트 치형의 특징
③ 사이클로이드 치형의 특징

| 구분 | 인벌류트 곡선 | 사이클로이드 곡선 |
|---|---|---|
| 특징 | • 동력전달장치에 사용하며 값이 싸고 제작이 쉽다.<br>• 치형의 가공이 용이하고 정밀도와 호환성이 우수하다.<br>• 압력각이 일정하며, 물림에서 축간거리가 다소 변해도 속도비(속비)에 영향이 없다.<br>• 이뿌리 부분이 튼튼하나, 미끄럼이 많아 소음과 마멸이 크다.<br>• 압력각과 모듈이 모두 같아야 호환될 수 있다. | • 언더컷이 발생하지 않으며 중심거리가 정확해야 조립할 수 있다.<br>• 미끄럼이 적어 소음과 마멸이 적고, 잇면의 마멸이 균일하다.<br>• 피치점이 완전히 일치하지 않으면 물림이 불량하다.<br>• 치형을 가공하기 어렵고, 호환성이 적다.<br>• 압력각이 일정하지 않다.<br>• 효율이 우수하다.<br>• 시계에 사용된다. |

## 18

길이가 다르면 곡률이 다른 판자(leaf)를 사용한다.
→ 길이가 다르면 곡률도 달라지므로 곡률이 다른 판자(leaf)를 사용해야 한다.

**[길이가 다르면 곡률이 달라지는 이유]**

| | |
|---|---|
| 길이가 짧은 판 스프링일 때 | 길이가 짧다면 처짐이 덜 발생하게 된다. 이때 굽혀진 부분에 내접원을 그렸을 때 내접원의 반지름이 곡률 반지름이다. 처짐이 덜 발생할수록(거의 평평할수록) 내접원의 크기는 점점 커질 것이고 이에 따라 곡률 반지름도 커지게 된다. 곡률은 곡률 반지름의 역수이다. 따라서 곡률 반지름이 커지니 곡률은 작아지게 된다. |
| 길이가 긴 판 스프링일 때 | 길이가 길다면 처짐이 많이 발생하게 된다. 이때 굽혀진 부분에 내접원을 그렸을 때 내접원의 반지름이 곡률 반지름이다. 처짐이 많이 발생할수록(많이 굽혀질수록) 내접원의 크기는 점점 작아질 것이고 이에 따라 곡률 반지름도 작아지게 된다. 곡률은 곡률 반지름의 역수이다. 따라서 곡률 반지름이 작아지니 곡률은 커지게 된다. |

## 19

전조가공은 매끄러운 표면을 얻을 수 있으며, 재료의 손실이 적다.

**[전조가공]**
다이 사이에 재료를 넣고 직선 또는 회전운동으로 소성변형시켜 원하는 모양을 제작하는 가공법으로 보통 나사 및 기어를 만들 때 사용된다.

## 20

콘덴서의 용량이 적으면 가공 시간은 느리지만, 가공면과 치수정밀도가 좋다.

**[방전가공(EDM, Electric Discharge Machining)]**
절연액 속에서 음극과 양극 사이의 거리를 접근시킬 때 발생하는 스파크 방전을 이용하여 공작물(일감)을 가공하는 방법이다. 공작물(일감)을 가공할 때 전극이 소모된다.

# 08

2015년 10월 17일 시행
## 지방직 9급 고졸경채

| 01 | ② | 02 | ② | 03 | ① | 04 | ④ | 05 | ② | 06 | ④ | 07 | ② | 08 | ④ | 09 | ④ | 10 | ③ |
|----|---|----|---|----|---|----|---|----|---|----|---|----|---|----|---|----|---|----|---|
| 11 | ① | 12 | ② | 13 | ③ | 14 | ③ | 15 | ② | 16 | ① | 17 | ① | 18 | ③ | 19 | ① | 20 | ③ |

## 01

정답 ②

회전운동이 포함된 가공 및 작업을 할 때 장갑을 착용하면 회전하는 공구에 장갑이 껴서 말려들어가 사고가 날 수 있기 때문에 장갑을 착용하지 않는다.

## 02

정답 ②

**[탄소강에 함유된 원소의 영향]**

| 규소(Si) | • 강도, 경도, 탄성한도(탄성한계)를 증가시키며 연신율 및 충격값을 감소시킨다.<br>• 결정입자의 크기를 증가시켜 전연성을 감소시킨다.<br>• 용융금속의 유동성을 좋게 하여 주물을 만드는 데 도움을 준다.<br>• 단접성, 냉간가공성을 해치고 충격강도를 감소시켜 저탄소강의 경우, 규소(Si)의 함유량을 0.2% 이하로 제한한다.<br>※ 규소(Si)는 탄성한도(탄성한계)를 증가시키기 때문에 스프링강에 첨가하는 주요 원소이다. 하지만 규소(Si)를 많이 첨가하면 오히려 탈탄이 발생하기 때문에 스프링강에 반드시 첨가해야 할 원소는 망간(Mn)이다. 망간(Mn)을 넣어 탈탄이 발생하는 것을 방지해야 하기 때문이다. |
|---|---|
| 망간(Mn) | • 주조성을 향상시킨다.<br>• 강에 끈끈한 성질을 주어 높은 온도에서 절삭을 용이하게 한다.<br>• 강도, 경도, 인성을 증가시키며 담금질성 및 내마멸성을 향상시킨다.<br>• 고온가공성을 증가시키며 고온에서 결정이 거칠어지는 것을 방지한다. 즉, 고온에서 결정립의 성장을 억제한다.<br>• 황화망간(MnS)이 적열취성(적열메짐)의 원인인 황화철(FeS)의 생성을 방해하여 적열취성을 방지한다. 또한, 흑연화를 방지한다. |
| 인(P) | • 강도, 경도를 증가시키나 상온취성을 일으킨다.<br>• 제강 시 편석을 일으키며 담금질 균열의 원인이 되며 연성을 감소시킨다.<br>• 결정립을 조대화시킨다.<br>• 주물의 경우에 기포를 줄이는 역할을 한다. |
| 황(S) | • 가장 유해한 원소로 연신율과 충격값을 저하시키며 적열취성을 일으킨다.<br>• 절삭성을 향상시킨다.<br>• 유동성을 저하시키며 용접성을 떨어뜨린다. |

| 탄소(C) | • 탄소의 함유량이 증가하면 강도 및 경도가 증가하지만, 연신율과 전연성이 감소하여 취성이 커지게 된다.<br>• 용접성이 떨어진다. |
|---|---|
| 수소($H_2$) | • 백점이나 헤어크랙의 원인이 된다.<br>※ 백점은 강의 표면에 생긴 미세 균열이며 헤어크랙은 머리카락 모양의 미세 균열이다. |

## 03
정답 ①

① 올덤 커플링 : 두 축이 평행하고 두 축의 거리가 가까운 경우에 사용한다.
② 플랙시블 커플링 : 두 축이 어긋나서 두 축의 중심이 일치하지 않는 경우에 사용한다.
③ 유니버셜 커플링 : 중심선이 30°까지 교차하는 경우에 사용한다.
④ 플랜지 커플링 : 양쪽에 플랜지를 각각 끼워 키로 고정한 후 플랜지를 리머 볼트로 결합하는 커플링으로 두 축간 경사나 편심을 흡수할 수 없으며 큰 축이나 고속 정밀도 회전축에 사용한다.

## 04
정답 ④

**[축압 브레이크]**
유압 피스톤으로 작동되는 마찰패드가 회전축 방향에 힘을 가하여 제동하는 브레이크로 원판 브레이크(디스크 브레이크)와 원추 브레이크(원뿔 브레이크)가 있다.

## 05
정답 ②

**[열처리의 종류]**

| 담금질<br>(Quenching, 소입) | 변태점 이상으로 가열한 후, 물이나 기름 등으로 급랭하여 재질을 경화시키는 것으로 마텐자이트 조직을 얻기 위한 열처리이다. 강도 및 경도를 증가시키기 위한 것으로 조직은 가열 온도에 따라 변화가 크기 때문에 담금질 온도에 주의해야 한다. 그리고 담금질을 하면 재질이 경화(단단)되지만 인성이 저하되어 취성(여리다, 메지다, 깨지다)이 발생하기 때문에 담금질 후에는 반드시 강한 인성(강인성)을 부여하는 인성 처리를 실시해야 한다.<br>→ 담금질액으로 물을 사용할 경우 소금, 소다, 산을 첨가하면 냉각능력이 증가한다. |
|---|---|
| 뜨임<br>(Tempering, 소려) | 담금질한 강은 경도가 크나 취성(여리다, 메지다, 깨지다)을 가지므로 경도가 다소 저하되더라도 인성을 증가시키기 위해 A1변태점 이하에서 재가열하여 서냉(공기 중에서 냉각)시키는 열처리이다. 뜨임의 목적은 담금질한 조직을 안정한 조직으로 변화시키고 잔류응력을 감소시켜 필요한 성질을 얻는 것이다. 가장 중요한 목적은 강한 인성(강인성)을 부여하는 것이다. |
| 풀림<br>(Annealing, 소둔) | A1변태점 또는 A3변태점 이상으로 가열하여 노 안에서 서서히 냉각(노냉)시키는 열처리로 내부응력을 제거하며 재질을 연화시키는 것을 목적으로 한다. |
| 불림<br>(Normalizing, 소준) | A3, Acm점보다 30~50℃ 높게 가열 후, 공기 중에서 냉각(공냉)하여 소르바이트 조직을 얻는 열처리로 결정조직의 표준화와 조직의 미세화 및 냉간가공이나 단조로 인한 내부응력을 제거한다. |

# 06

정답 ④

**[체인 전동장치의 특징]**

- 미끄럼이 없어 정확한 속도비(속비)를 얻을 수 있으며 큰 동력을 전달할 수 있다.
- 효율이 95% 이상이며 접촉각은 90° 이상이다.
- 초기 장력을 줄 필요가 없어 정지 시 장력이 작용하지 않고 베어링에도 하중이 작용하지 않는다.
- 체인의 길이 조정이 가능하며 다축 전동이 용이하다.
- 탄성에 의한 충격을 흡수할 수 있다.
- 유지 및 보수가 용이하지만 소음과 진동이 발생하며 고속 회전에 부적합하다.
- 윤활이 필요하다.

# 07

정답 ②

**[6208 C2 P6]**

- 6 : 단열 깊은 홈 볼 베어링을 의미한다(형식기호).
- 2 : 베어링 하중 번호로 경하중을 의미한다.
- 08 : 안지름 번호이다.
- C2 : 틈새기호이다.
- P6 : 6급, 정밀도 등급이다.

**[베어링 안지름 번호]**

| 베어링 안지름 번호 | 00 | 01 | 02 | 03 |
|---|---|---|---|---|
| 베어링 안지름[mm] | 10 | 12 | 15 | 17 |

6208에서 3, 4번째 번호가 베어링 안지름 번호이다. 즉, "08"이 베어링 안지름 번호이다.
"00~03"까지는 위 표를 참고하여 암기하면 되고, "04"부터는 베어링 안지름 번호에 ×5를 하면 된다.
→ 따라서 6208 베어링의 안지름은 08×5=40mm가 된다.

**[베어링 관련 기호]**

| 베어링 기호 | C | DB | C2 | Z | V |
|---|---|---|---|---|---|
| 의미 | 접촉각 기호 | 조합기호 | 틈새기호 | 실드기호 | 리테이너 기호 |

※ Z면 한쪽 실드, ZZ면 양쪽 실드이다.

**[베어링 하중 번호]**

| 하중 번호 | 0, 1 | 2 | 3 | 4 |
|---|---|---|---|---|
| 하중의 종류 | 특별 경하중 | 경하중 | 중간하중 | 고하중 |

※ 6208에서 2번째 숫자가 하중 번호이다. 즉, "2"가 하중 번호이다.

# 08

[상향절삭]
- 커터 날이 움직이는 방향과 공작물(일감)의 이송 방향이 반대인 절삭방법
- 밀링커터의 날이 공작물을 들어 올리는 방향으로 작용하므로 기계에 무리를 주지 않는다.
- 절삭을 시작할 때 날에 가해지는 절삭저항이 점차적으로 증가하므로 날이 부러질 염려가 없다.
- 절삭 날의 절삭 방향과 공작물의 이송 방향이 서로 반대이므로 백래시가 자연히 제거된다. 따라서 백래시 제거 장치가 필요 없다.
- 절삭열에 의한 치수정밀도의 변화가 작다.
- 절삭 날이 공작물을 들어 올리는 방향으로 작용하므로 공작물의 고정이 불안정하며 떨림이 발생하여 동력손실이 크다.
- 날의 마멸이 심하며 수명이 짧고 가공면이 거칠다.
- 칩이 잘 빠져나오므로 절삭을 방해하지 않는다.

[하향절삭]
- 커터 날이 움직이는 방향과 공작물(일감)의 이송 방향이 같은 절삭방법
- 절삭 날이 절삭을 시작할 때 절삭저항이 크므로 날이 부러지기 쉽다.
- 치수정밀도가 불량해질 염려가 있으며 백래시 제거장치가 필요하다.
- 동력손실이 적으며 가공면이 깨끗하다.
- 날의 마멸이 적고 수명이 길다.

# 09

[금속의 결정구조]

| | 체심입방격자(BCC) | 면심입방격자(FCC) | 조밀육방격자(HCP) |
|---|---|---|---|
| 해당 금속 종류 | Mo, W, Cr, V, Na, Li, Ta, $\alpha$-Fe, $\delta$-Fe | $\beta$-Co, Ca, Pb, Ni, Ag, Cu, Au, Al, $\gamma$-Fe | Zn, Be, $\alpha$-Co, Mg, Ti, Cd, Zr, Ce |
| 특징 | • 강도가 크다.<br>• 전연성이 작다.<br>• 용융점이 높다. | • 강도가 작다.<br>• 전연성이 커서 가공성이 우수하다. | • 전연성이 작고 가공성이 나쁘다.<br>• 취성이 있다. |
| 단위 격자당 원자수 | 2 | 4 | 2 |
| 배위수(인접 원자수) | 8 | 12 | 12 |
| 충전율(공간채움률) | 68% | 74% | 74% |

# 10

ㄱ. 축과 보스에 키 홈을 만들어 고정하는 것으로 가장 많이 사용되는 것은 묻힘키(성크키, Sunk key)이다.

ㄴ. 나사의 홈에 강구를 넣어 마찰을 줄인 나사로 정밀 공작기계의 이송나사로 사용하는 것은 볼나사이다.

## 11

정답 ①

- 블록(Block) : 프로그램을 구성하는 지령단위이다.
- 워드(Word) : 블록(Block)을 구성하는 단위이다.

**[ M 코드]**

| M 코드<br>(보조기호) | 기능 | M 코드<br>(보조기호) | 기능 |
|---|---|---|---|
| M00 | 프로그램 정지 | M01 | 선택적 프로그램 정지 |
| M02 | 프로그램 종료 | M03 | 주축 정회전<br>(주축이 시계 방향으로 회전) |
| M04 | 주축 역회전<br>(주축이 반시계 방향으로 회전) | M05 | 주축 정지 |
| M06 | 공구 교환 | M08 | 절삭유 ON |
| M09 | 절삭유 OFF | M14 | 심압대 스핀들 전진 |
| M15 | 심압대 스핀들 후진 | M16 | Air blow2 ON, 공구측정 Air |
| M18 | Air blow1,2 OFF | M30 | 프로그램 종료 후 리셋 |
| M98 | 보조 프로그램 호출 | M99 | 보조 프로그램 종료 후 주프로그램 회기 |

**[ G 코드(준비기능)]**

G50 : CNC선반_좌표계 설정  
G40, G41, G42 : 공구반경보정  
G01 : 직선보간  
G03 : 원호보간(반시계방향)  
G96 : 원주 속도 일정제어  

G92 : 머시닝센터_좌표계 설정  
G00 : 위치보간(급속이송)  
G02 : 원호보간(시계방향)  
G04 : 일시정지(휴지기능)  

## 12

정답 ②

| 직접 측정<br>(절대 측정) | • 일정한 길이나 각도가 표시되어 있는 측정기구를 사용하여 직접 눈금을 읽는 측정이다. 보통 소량이며 종류가 많은 품목에 적합한 측정이다. 다품종 소량 측정에 유리하다.<br>• 버니어캘리퍼스(노기스), 하이트 게이지(높이 게이지), 마이크로미터 | | |
|---|---|---|---|
| | 장점 | • 측정범위가 넓고 측정치를 직접 읽을 수 있다.<br>• 다품종 소량 측정에 유리하다. | |
| | 단점 | • 판독자에 따라 치수가 다를 수 있다(측정오차).<br>• 측정시간이 길며 측정기가 정밀할 때는 숙련과 경험을 요한다. | |

| | | |
|---|---|---|
| 비교 측정 | | • 기준이 되는 일정한 치수와 측정물의 치수를 비교하여 그 측정치의 차이를 읽는 방법이다.<br>• 다이얼 게이지, 미니미터, 옵티미터, 전기마이크로미터, 공기마이크로미터 등 |
| | 장점 | • 비교적 정밀 측정이 가능하다.<br>• 특별한 계산 없이 측정치를 읽을 수 있다.<br>• 길이, 각종 모양의 공작기계의 정밀도 검사 등 사용 범위가 넓다.<br>• 먼 곳에서 측정이 가능하며 자동화에 도움을 줄 수 있다.<br>• 범위를 전기량으로 바꾸어 측정이 가능하다. |
| | 단점 | • 측정범위가 좁다.<br>• 피측정물의 치수를 직접 읽을 수 없다.<br>• 기준이 되는 표준게이지(게이지블록)가 필요하다. |
| 간접 측정 | | • 측정물의 측정치를 직접 읽을 수 없는 경우에 측정량과 일정한 관계에 있는 개개의 양을 측정하여 그 측정값으로부터 계산에 의하여 측정하는 방법이다. 즉, 측정물의 형태나 모양이 나사나 기어 등과 같이 기하학적으로 간단하지 않을 경우에 측정부의 치수를 수학적이나 기하학적인 관계에 의해 얻는 방법이다.<br>• 사인바를 이용한 부품의 각도 측정, 삼침법을 이용하여 나사의 유효지름 측정, 지름을 측정하여 원주길이를 환산하는 것 등 |

# 13

정답 ③

• 표면 정밀도가 우수한 순서 : 래핑 > 슈퍼피니싱 > 호닝 > 연삭
• 구멍의 내면 정밀도가 우수한 순서 : 호닝 > 리밍 > 보링 > 드릴링
※ 정밀입자가공 : 호닝, 래핑

# 14

정답 ③

절삭속도($V$) $= \dfrac{\pi d N}{1,000}$[m/min]

[단, $d$ : 공작물의 지름(mm), $N$ : 회전수(rpm)]
① 절삭속도는 공작물의 지름($d$)와 주축 회전수($N$)에 따라 결정된다.
② 이송은 공작물이 1회전할 때 공구가 이동한 거리이다.
③ 절삭 저항의 크기는 주분력 > 배분력 > 이송 분력(횡분력) 순이다.
  ※ 절삭 저항 3분력의 크기 비율 : 주분력(10) > 배분력(2~4) > 이송분력(횡분력, 1~2)
④ 선반에서 환봉(원형 일감)을 절삭하는 깊이 $t$로 절삭하면 환봉의 원주가 모두 $t$로 깎이기 때문에 바깥지름은 깊이의 2배로 작아진다.

## 15

[4행정 사이클 기관]

| 4행정 사이클 | 흡기 밸브 | 배기 밸브 |
|---|---|---|
| 흡입 행정 | 열림 | 닫힘 |
| 압축 행정 | 닫힘 | 닫힘 |
| 폭발 행정 | 닫힘 | 닫힘 |
| 배기 행정 | 닫힘 | 열림 |

## 16

정답 ①

[압축식 냉동기 구성요소]

| | |
|---|---|
| 압축기 | 증발기에서 흡수된 저온·저압의 냉매가스를 압축하여 압력을 상승시켜 분자 간 거리를 가깝게 함으로써 온도를 상승시킨다. 따라서 상온에서도 응축액화가 가능해진다. 압축기 출구를 빠져나온 냉매의 상태는 "고온·고압의 냉매가스"이다. |
| 응축기 | 압축기에서 토출된 냉매가스를 상온에서 물이나 공기를 사용하여 열을 방출함으로써 응축 시킨다. 응축기 출구를 빠져나온 냉매의 상태는 "고온·고압의 냉매액"이다. |
| 팽창 밸브 | 고온·고압의 냉매액을 교축시켜 저온·저압의 상태로 만들어 증발하기 용이한 상태로 만든다. 또한, 증발기의 부하에 따라 냉매공급량을 적절하게 유지해준다. 팽창밸브 출구를 빠져나온 냉매의 상태는 "저온·저압의 냉매액"이다. |
| 증발기 | 저온·저압의 냉매액이 피냉각물체로부터 열을 빼앗아 저온·저압의 냉매가스로 증발된다. 즉, 냉매는 열교환을 통해 열을 흡수하여 자신은 증발하고, 피냉각물체는 열을 잃어 냉각이 되게 된다. 즉, 실질적으로 냉동의 목적이 달성되는 곳은 증발기이다. 증발기 출구를 빠져나온 냉매의 상태는 "저온·저압의 냉매가스"이다. |

※ 흡수기, 재생기(발생기) : 흡수식 냉동기에 있는 구성 장치이다.

## 17

정답 ①

① C5 : 45°의 모따기 5mm
② t10 : 두께 10mm
③ S∅8 : 구의 지름 8mm (SR8 : 구의 반지름 8mm)
④ $\stackrel{\frown}{20}$ : 호의 길이 20mm

## 18

정답 ③

[드릴잉 머신의 가공]

| 드릴링 | 드릴을 사용하여 구멍을 뚫는 작업이다. |
|---|---|
| 리밍 | 드릴로 뚫은 구멍을 더욱 정밀하게 다듬는 가공이다. |
| 보링 | 이미 뚫은 구멍을 넓히는 가공으로 편심교정이 목적이다. |
| 태핑 | 탭을 이용하여 구멍에 암나사를 내는 가공이다. |

| 카운터 싱킹 | 접시머리나사의 머리부를 묻히게 하기 위해서 원뿔자리를 만드는 작업이다. |
|---|---|
| 카운터보링 | 작은 나사, 둥근 머리 볼트의 머리 부분이 공작물에 묻힐 수 있도록 단이 있는 구멍을 뚫는 작업이다. |
| 스폿페이싱 | 볼트나 너트 등을 고정할 때 접촉부가 안정되게 하기 위해 자리를 만드는 작업이다. |

# 19
정답 ①

① 가단 주철 : 보통 주철의 여리고 약한 인성을 개선시키기 위해 백주철을 장시간 풀림처리하여 만든 주철이다.
② 칠드 주철 : 금형에 접촉한 부분만 급랭에 의해 경화된 주철로 냉경주철이라고도 불린다.
③ 구상 흑연 주철 : 용융 상태의 주철에 Mg, Ce, Ca 등을 첨가하여 편상으로 존재하는 흑연을 구상화한 것으로 덕타일 주철이라고도 한다.
④ 미하나이트 주철 : 저탄소, 저규소의 보통 주철에 칼슘실리케이트(Ca-Si), 규소철(Fe-Si)을 첨가하여 흑연핵의 생성을 촉진(접종)시키고 흑연을 미세화함으로써 기계적 강도를 높인 주철이다. 조직은 펄라이트 바탕에 흑연편이 일정하게 분포되어 우수한 성질을 지니며 용도로는 피스톤링, 내연기관의 실린더, 공작기계의 안내면 등에 사용된다.

# 20
정답 ③

① 압출 : 상온 또는 가열된 금속을 용기 내의 다이를 통해 밀어내어 봉이나 관 등을 만드는 가공이다.
② 압연 : 열간, 냉간에서 재료를 회전하는 두 개의 롤러 사이에 통과시켜 두께를 줄이는 가공이다.
③ 인발 : 금속 봉이나 관 등을 다이에 넣고 축 방향으로 잡아당겨 지름을 줄임으로써 가늘고 긴 선이나 봉재 등을 만드는 가공이다.
④ 단조 : 금속재료를 해머 등으로 두들기거나 가압하는 기계적 방법으로 일정한 모양을 만드는 작업이다.

| 01 | ④ | 02 | ② | 03 | ③ | 04 | ② | 05 | ④ | 06 | ② | 07 | ④ | 08 | ④ | 09 | ② | 10 | ③ |
|----|---|----|---|----|---|----|---|----|---|----|---|----|---|----|---|----|---|----|---|
| 11 | ④ | 12 | ③ | 13 | ① | 14 | ① | 15 | ③ | 16 | ① | 17 | ③ | 18 | ④ | 19 | ① | 20 | ④ |

## 01

정답 ④

**[고주파 경화법(induction hardening)]**

고주파 유도 전류로 강의 표면층을 급속 가열한 후, 급랭시키는 방법으로, 가열시간이 짧고 피가열물에 대한 영향을 최소로 억제하며(재료의 원래 성질을 유지하면서 내마멸성을 강화) 표면을 경화시키는 가장 편리한 방법 중 하나이다.

**[특징]**

• 직접 가열하기 때문에 열효율이 높다.
• 작업비가 저렴하다.
• 조작이 간단하여 열처리 시간이 단축된다.
• 불량이 적어 변형을 수정할 필요가 없다.
• 급열이나 급랭으로 인해 재료가 변형될 수 있다.
• 가열시간이 짧아 산화나 탈탄이 적다.
• 마텐자이트 생성으로 체적이 변하여 내부응력이 발생한다.
• 부분 담금질이 가능하므로 필요한 깊이만큼 균일하게 경화시킬 수 있다.
• 경화층이 이탈되거나 담금질 균열이 생기기 쉽다.
• 열처리 후 연삭과정을 생략할 수 있다.

## 02

정답 ②

**[압탕구(Feeder)]**

응고 수축에 의해 용탕(쇳물)이 부족할 때, <u>용탕을 보충</u>하고 압력을 가해서 주물제품을 치밀하게 하기 위해 설치하는 탕구계 요소 중 하나이다.

대부분의 금속을 용융시킨 후, 주형에 붓고 응고시키면 수축된다. 예를 들어, 초기에 용융시켜 주형에 공급한 금속의 양이 100이라고 가정했을 때, 응고시키면 수축되어 금속(쇳물)의 양이 80이 될 것이다. 즉, 20만큼 부족해진다. 이 상태로 아무 조치도 취하지 않고 주물 제품을 만들면 원하는 형상을 얻지 못할 뿐만 아니라, 치수 불량 등 여러 가지 결함이 발생한다. 이를 방지하기 위해 피더(Feeder, 압탕구)를 설치하는 것이다.

## 03

정답 ③

**[파인블랭킹(fine blanking, 정밀 블랭킹)]**
한 번의 블랭킹 공정에서 제품 전체 두께에 걸쳐 필요로 하는 가장 매끈하고 정확한 전단면을 얻을 수 있는 공정이다.

## 04

정답 ②

<u>호닝</u>은 숫돌이 설치된 막대를 중공(가운데 구멍이 뚫린) 제품의 구멍에 넣어 직선운동과 회전운동을 하면서 구멍의 내면을 다듬질 가공하는 공정으로 정밀입자가공에 속한다.

**[소성가공]**
영구변형을 일으키는 가공을 말한다.

**[소성가공의 종류]**
• 단조 : 금속재료를 해머 등으로 두들기거나 가압하는 기계적 방법으로 일정한 모양을 만드는 작업이다.
• 인발 : 금속 봉이나 관 등을 다이에 넣고 축 방향으로 잡아당겨 지름을 줄임으로써 가늘고 긴 선이나 봉재 등을 만드는 가공이다.
• 압연 : 열간, 냉간에서 재료를 회전하는 두 개의 롤러 사이에 통과시켜 두께를 줄이는 가공이다.
• 압출 : 상온 또는 가열된 금속을 용기 내의 다이를 통해 밀어내어 봉이나 관 등을 만드는 가공이다.
• 전조 : 2개의 다이 사이에 재료를 넣고 나사 및 기어 등을 제작할 때 사용하는 가공이다.
• 프레스 : 금형(상형)과 금형(하형) 사이에 재료를 넣고 찍어서 특정 형상의 제품을 만드는 가공이다.

## 05

정답 ④

• MIG용접 : 불활성가스아크용접 중 하나로 소모성 금속 전극을 사용하는 용접이다. 전극을 소모시킴으로써 녹은 전극이 용접봉(용가재)의 역할을 하여 모재를 접합시킨다. 전극을 소모시키기 때문에 연속적으로 와이어 전극을 공급해야 한다.
• TIG용접 : 불활성가스아크용접 중 하나로 비소모성 텅스텐 전극을 사용하는 용접이다. MIG용접에서의 금속 전극처럼 용접봉의 역할을 할 수 없으므로 별도로 용가재를 공급하면서 용접을 진행하게 된다.
• 테르밋용접 : 알루미늄 분말과 산화철 분말을 1 : 3~4 비율로 혼합시켜 발생되는 화학반응열을 이용한 용접 방법이다.
• 서브머지드 아크 용접(잠호용접, 불가시용접, 링컨용접, 유니언멜트, 자동금속아크용접, 케네디용접법) : 노즐을 통해 용접부에 미리 도포된 용제(flux) 속에서 용접봉과 모재 사이에 아크를 발생시키는 용접법이다.

## 06

정답 ②

### [금속의 결정구조]

| | 체심입방격자(BCC) | 면심입방격자(FCC) | 조밀육방격자(HCP) |
|---|---|---|---|
| 해당 금속 종류 | Mo, W, Cr, V, Na, Li, Ta, $\alpha$−Fe, $\delta$−Fe | $\beta$−Co, Ca, Pb, Ni, Ag, Cu, Au, Al, $\gamma$−Fe | Zn, Be, $\alpha$−Co, Mg, Ti, Cd, Zr, Ce |
| 특징 | • 강도가 크다.<br>• 전연성이 작다.<br>• 용융점이 높다. | • 강도가 작다.<br>• 전연성이 커서 가공성이 우수하다. | • 전연성이 작고 가공성이 나쁘다.<br>• 취성이 있다. |
| 단위 격자당 원자수 | 2 | 4 | 2 |
| 배위수(인접 원자수) | 8 | 12 | 12 |
| 충전율(공간채움률) | 68% | 74% | 74% |

## 07

정답 ④

### [다이캐스팅]

용융금속을 금형(영구주형) 내에 대기압 이상의 높은 압력으로 빠르게 주입하여 용융금속이 응고될 때까지 압력을 가하여 압입하는 주조법으로 다이주조라고도 하며 주물 제작에 이용되는 주조법이다. 필요한 주조 형상과 완전히 일치하도록 정확하게 기계 가공된 강재의 금형에 용융금속을 주입하여 금형과 똑같은 주물을 얻는 방법으로 그 제품을 다이캐스트 주물이라고 한다.

• 사용재료 : 아연(Zn), 알루미늄(Al), 주석(Sn), 구리(Cu), 마그네슘(Mg), 납(Pb) 등의 합금
  → 고온가압실식 : 납(Pb), 주석(Sn), 아연(Zn)
  → 저온가압실식 : 알루미늄(Al), 마그네슘(Mg), 구리(Cu)

### [특징]

• 정밀도가 높고 주물 표면이 매끈하다.
• 기계적 성질이 우수하며 대량생산이 가능하고 얇고 복잡한 주물의 주조가 가능하다.
• 가압되므로 기공이 적고 결정립이 미세화되어 치밀한 조직을 얻을 수 있다.
• 기계 가공이나 다듬질할 필요가 없으므로 생산비가 저렴하다.
• 다이캐스팅된 주물재료는 얇기 때문에 주물 표면과 중심부 강도는 동일하다.
• 가압 시 공기 유입이 용이하며 열처리하면 부풀어 오르기 쉽다.
• 주형재료보다 용융점이 높은 금속재료에는 적합하지 않다.
• 시설비와 금형 제작비가 비싸고 생산량이 많아야 경제성이 있다. 즉, 소량생산에는 비경제적이기 때문에 적합하지 않다.
• 주로 얇고 복잡한 형상의 비철금속 제품 제작에 적합하다.

### 필수개념

• 영구 주형을 사용하는 주조법 : 다이캐스팅, 가압주조법, 슬러시주조법, 원심주조법, 스퀴즈주조법, 반용융 성형법, 진공주조법
• 소모성 주형을 사용하는 주조법 : 인베스트먼트법(로스트왁스법), 셸주조법(크로닝법)
  → 소모성 주형은 주형에 쇳물을 붓고 응고되어 주물을 꺼낼 때 주형을 파괴한다.
• 딥드로잉 : 금속판재에서 원통 및 각통 등과 같이 이음매 없이 바닥이 있는 용기를 만드는 프레스 가공법이다.

## 08

정답 ④

**[레이저 용접]**

레이저 빔을 용접 열원으로 사용하여 모재를 접합시키는 방법이다. 진공도가 높을수록 깊은 용입이 가능하며 진공 상태는 반드시 필요하지 않다.

레이저 용접은 비열, 반사도, 열전도도가 작을수록 효율이 좋다.

- 비열이란 어떤 물질 1kg을 1℃ 올리는 데 필요한 열량이다. 비열이 작을수록 1℃ 올리는 데 필요한 열량이 적게 든다. 즉, 비열이 작아야 레이저 빔 용접을 위한 온도까지 올리는 데 열량이 적게 들고 쉽게 온도를 높일 수 있기 때문에 효율이 좋아진다.
- 반사도가 작을수록 열의 집중이 좋아지므로 재료 표면을 집중가열하여 효율이 좋아진다.
- 열전도도가 작을수록 열이 분산되지 않고 집중되어 빠르게 재료의 온도를 높일 수 있으므로 효율이 좋아진다.

## 09

정답 ②

- **판 스프링(leaf spring)** : 두께가 길이에 비해 작은 직사각형 단면의 스프링 강판을 여러 개 겹쳐 고정하여 만든 스프링이며, 완충 장치의 역할로 자동차의 현가장치에 사용된다.
- **쇼크 업소버(shock absorber)** : 오일의 점성을 이용하여 기계적인 충격을 완화하고 운동에너지를 흡수하여 열에너지로 변환시켜 완충 장치의 역할을 한다.

## 10

정답 ③

**[윤곽투영기]**

피측정물의 실제 모양을 스크린에 확대 투영하여 길이나 윤곽 등을 검사하거나 측정한다.
① 광선정반에 대한 설명이다.
② 3차원 측정기에 대한 설명이다.
④ 다이얼 게이지에 대한 설명이다.

## 11

정답 ④

숏피닝은 재료 표면에 압축잔류응력을 발생시켜 피로한도와 피로수명을 향상시킨다.
숏피닝은 "반복하중이 작용하는 기계 부품(스프링 등)의 수명을 향상시키기 위해 적용하는 가장 보편적인 방법"이다.
→ 피로 : 반복하중이 장시간 작용하면 재료는 파괴될 수 있다. 즉, 반복하중이 작용하는 기계 부품(스프링 등)의 피로한도를 향상시켜 반복하중에 대한 영향을 억제해야 한다. 이를 위해 적용하는 가장 보편적인 방법은 "숏피닝"이다.

## 12

정답 ③

**[플렉시블 커플링(flexible coupling)]**

두 축의 중심선을 일치시키기 어려운 경우, 두 축의 연결 부위에 고무, 가죽 등의 탄성체를 넣어 축의 중심선 불일치를 완화하는 커플링이다.

| | |
|---|---|
| 유체 커플링 | 유체를 매개체로 하여 동력을 전달하는 커플링으로 구동축에 직결해서 돌리는 날개차 (터빈 베인)와 회전되는 날개차(터빈 베인)가 유체 속에서 서로 마주 보고 있는 구조를 가지고 있다. |
| 플랙시블 커플링 | 두 축이 어긋나서 두 축의 중심이 일치하지 않는 경우에 사용한다. |
| 유니버셜 커플링 | 중심선이 30°까지 교차하는 경우에 사용한다. |
| 플랜지 커플링 | 양쪽에 플랜지를 각각 끼워 키로 고정한 후 플랜지를 리머 볼트로 결합하는 커플링으로 두 축간 경사나 편심을 흡수할 수 없으며 큰 축이나 고속 정밀도 회전축에 사용한다. |

※ 두 축의 중심이 일치하지 않는 경우에 사용할 수 있는 커플링의 종류
올덤 커플링, 유니버셜 커플링, 플렉시블 커플링

# 13
정답 ①

| 구분 | 2행정 기관 | 4행정 기관 |
|---|---|---|
| 출력 | 크다. | 작다. |
| 연료소비율 | 크다. | 작다. |
| 폭발 | 크랭크 축 1회전 시 1회 폭발 | 크랭크축 2회전 시 1회 폭발 |
| 밸브기구 | 밸브 기구가 필요 없고 배기구만 있으면 됨 | 밸브 기구가 복잡하다. |

# 14
정답 ①

[이의 간섭]
기어 전동에서 큰 기어의 이 끝이 피니언의 이뿌리에 닿아 이뿌리를 파내어 기어의 회전이 되지 않는 현상이다.

[이의 간섭을 방지하는 방법]
• 압력각을 20° 이상으로 크게 한다.
• 기어의 이 높이를 줄인다.
• 기어의 잇수를 한계 잇수 이하로 감소시킨다.
• 피니언의 잇수를 최소 잇수 이상으로 증가시킨다.

# 15
정답 ③

[체인 전동장치의 특징]
• 미끄럼이 없어 정확한 속도비(속비)를 얻을 수 있으며 큰 동력을 전달할 수 있다.
• 효율이 95% 이상이며 접촉각은 90° 이상이다.
• 초기 장력을 줄 필요가 없어 정지 시 장력이 작용하지 않고 베어링에도 하중이 작용하지 않는다.
• 체인의 길이 조정이 가능하며 다축 전동이 용이하다.
• 탄성에 의한 충격을 흡수할 수 있다.

- 유지 및 보수가 용이하지만 소음과 진동이 발생하며 <u>고속 회전에 부적합하다.</u>
  - → <u>고속 회전하면 맞물려 있던 이와 링크가 빠질 수 있고 소음과 진동도 크게 발생될 수 있다(자전거</u>
    <u>탈 때 자전거 체인을 생각하면 쉽다).</u>
- 윤활이 필요하다.

## 16    정답 ①

**[냉매의 구비 조건]**
- 응축 압력과 응고 온도가 낮아야 한다.
- 임계 온도가 높고, 상온에서 액화가 가능해야 한다.
- 증기의 비체적이 작아야 한다.
- 부식성이 없어야 한다.
- 증발잠열이 크고, 저온에서도 증발압력이 대기압 이상이어야 한다.
- 점도와 표면장력이 작아야 한다.
- 비열비(열용량비)가 크면 압축기의 토출가스 온도가 상승하므로 비열비(열용량비)는 작아야 한다.

## 17    정답 ③

압축코일스프링의 **최대전단응력**$(\tau_{\max}) = \dfrac{8PDK}{\pi d^3}$

[단, $P$ : 하중, $D$ : 코일의 평균지름, $K$ : 왈의 응력수정계수, $d$ : 소선(코일 소재)의 지름]

㉠ $\tau_1 = \dfrac{8PDK}{\pi d^3}$

㉡ $\tau_2 = \dfrac{8PDK}{\pi \left(\dfrac{d}{2}\right)^3} = \dfrac{8PDK}{\dfrac{1}{8}\pi d^3} = 8 \times \dfrac{8PDK}{\pi d^3} = 8\tau_1$

∴ $\dfrac{\tau_2}{\tau_1} = \dfrac{8\tau_1}{\tau_1} = 8$

## 18    정답 ④

점도가 높을수록 **마찰 때문에** 밸브나 액추에이터의 응답성이 나빠진다.

## 19    정답 ①

**[굽힘응력(휨응력)]**

㉠ $\sigma_1 = \dfrac{M}{Z_1} = \dfrac{6M}{bh^2}$

㉡ $\sigma_2 = \dfrac{M}{Z_2} = \dfrac{6M}{hb^2}$

∴ $\dfrac{\sigma_2}{\sigma_1} = \dfrac{\dfrac{6M}{hb^2}}{\dfrac{6M}{bh^2}} = \dfrac{h}{b}$

# 20

① 크리프 현상은 결정립계에서의 미끄러짐과 관계가 있다.

② 일반적으로 결정립의 크기는 용융금속이 급속히 응고되면 작아지고(미세화), 천천히 응고되면 커진다(조대화).

③ 결정립 자체는 이방성이지만, 다결정체로 된 금속편은 평균적으로 등방성이 된다.

　→ 이방성 : 방향에 따라 물리적 성질이 다르다.

　→ 등방성 : 방향에 관계없이 물리적 성질이 모두 동일하다.

④ 결정립이 작을수록 단위체적당 결정립계의 면적이 넓기 때문에 금속의 강도가 커진다.

| 01 | ② | 02 | ③ | 03 | ② | 04 | ② | 05 | ① | 06 | ① | 07 | ③ | 08 | ④ | 09 | ① | 10 | ① |
|----|---|----|---|----|---|----|---|----|---|----|---|----|---|----|---|----|---|----|---|
| 11 | ③ | 12 | ② | 13 | ① | 14 | ④ | 15 | ③ | 16 | ④ | 17 | ④ | 18 | ④ | 19 | ③ | 20 | ② |

## 01

정답 ②

**[소성가공]**
금속의 소성변형을 이용하는 가공법으로 영구변형을 일으킨다.

**[소성가공의 종류]**

| 단조 | 인발 | 압연 | 압출 | 전조 | 프레스 |
|------|------|------|------|------|--------|
| 금속재료를 해머 등으로 두들기거나 가압하는 기계적 방법으로 일정한 모양을 만드는 작업이다. | 금속 봉이나 관 등을 다이에 넣고 축 방향으로 잡아당겨 지름을 줄임으로써 가늘고 긴 선이나 봉재 등을 만드는 가공이다. | 열간, 냉간에서 재료를 회전하는 두 개의 롤러 사이에 통과시켜 두께를 줄이는 가공이다. | 상온 또는 가열된 금속을 용기 내의 다이를 통해 밀어내어 봉이나 관 등을 만드는 가공이다. | 2개의 다이 사이에 재료를 넣고 나사 및 기어 등을 제작할 때 사용하는 가공이다. | 금형(상형), 금형(하형) 사이에 재료를 넣고 찍어서 특정 형상의 제품을 만드는 가공이다. |

## 02

정답 ③

**[가스 용접(gas welding)]**
아세틸렌, 수소, 프로판, 메탄가스 등의 가연성 가스와 조연성 가스인 산소를 혼합하여 연소시켜 발생하는 열로 모재를 용융 및 접합시키는 용접법이다.

**[가스 용접의 특징]**
• 일반적으로 산소 – 아세틸렌 용접이 많이 사용되며 발생 온도는 약 3,000℃이다.
• 전기가 필요 없고 다른 용접에 비해 열을 받는 부위가 넓어 용접 후 변형이 크며 열영향부(Heat Affected Zone, HAZ)가 넓다.
• 일반적으로 박판(두께가 3mm 이하의 판)에 적용한다.
• 열의 집중성이 낮아 열효율이 낮으며 용접 온도가 낮고 용접 속도가 느리다.
• 용접 휨은 가스 용접이 전기 용접보다 크다.

※ 가스 용접에서 사용하는 가연성 가스와 조연성 가스
    • 가연성 가스(타는 가스) : 아세틸렌, 수소, 프로판, 메탄가스
    • 조연성 가스(타는 것을 도와주는 가스) : 산소와 공기의 혼합가스
※ 불연성가스 : 스스로 연소하지 못하며 다른 물질을 연소시키는 성질도 갖지 않는 가스로 연소와 무관한 가스를 말한다(수증기, 질소, 아르곤, 이산화탄소, 프레온 등).

## 03

정답 ②

**[기어의 설계]**

$D = mZ$ [단, $D$ : 피치원 지름(mm), $m$ : 모듈, $Z$ : 기어의 잇수]

$$\therefore \ m = \frac{D}{Z} = \frac{48}{24} = 2$$

## 04

정답 ②

**[베인펌프]**

원통형 케이싱 안에 편심회전자가 있고 그 홈 속에 판상의 깃이 들어 있으며 베인이 캠링에 내접하여 회전함에 따라 기름의 흡입 쪽에서 송출구 쪽으로 이동된다.

• 베인펌프 구성 : 입·출구 포트, 캠링, 베인, 로터
• 베인펌프에 사용되는 유압유의 적정점도 : 35centistokes(ct)

**[베인펌프의 특징]**

• 토출압력의 맥동이 적어 소음도 작다.
• 단위무게당 용량이 커서 형상치수가 작다.
• 베인의 마모로 인한 압력저하가 적어 수명이 길다.
• 작동유 점도에 제한이 있다.
• 호환성이 좋고 보수가 용이하다.
• 급속 시동이 가능하다.

## 05

정답 ①

01번 해설 참조

## 06

정답 ①

① 인장시험을 통해 인장강도(극한강도), 항복점, 연신율, 단면수축율, 푸아송비, 탄성계수 등을 측정할 수 있다.
② 인장시험에서 최대하중을 시편의 처음 단면적으로 나눈 값을 인장강도(극한강도)라 한다.
③ 브리넬 경도는 $H_B$로 표시한다($H_V$는 비커즈 경도이다).
④ 추를 낙하하여 반발 높이에 따라 경도를 측정하는 것은 쇼어 경도시험법이다.

## 07

정답 ③

**[기계요소 종류]**

• 결합용 기계요소 : 나사, 볼트, 너트, 키, 핀, 리벳, 코터
• 축용 기계요소 : 축, 축이음, 베어링
• 직접 전동(동력 전달)용 기계요소 : 마찰차, 기어, 캠
• 간접 전동(동력 전달)용 기계요소 : 벨트, 체인, 로프
• 제동 및 완충용 기계요소 : 브레이크, 스프링, 관성차(플라이휠)
• 관용 기계요소 : 관, 밸브, 관이음쇠

## 08

정답 ④

**[센터리스 연삭(무심 연삭)]**

일감(공작물)을 양 센터 또는 척으로 고정하지 않고, 조정숫돌과 연삭숫돌 사이에 일감(공작물)을 삽입하고 지지판으로 지지하면서 연삭한다.

| 전후 이송법 | 연삭 숫돌바퀴와 조정 숫돌바퀴 사이에 송입하여 플런지컷 연삭과 같은 방법으로 연삭하는 센터리스 연삭 방법 중 하나이다. |
|---|---|
| 통과 이송법 | 일감(공작물)을 숫돌차의 축 방향으로 송입하여 양 숫돌차 사이를 통과하는 동안에 연삭한다. 조정숫돌은 연삭숫돌축에 대하여 일반적으로 2 ～ 8°로 경사시킨다. |

**[센터리스 연삭기의 특징]**

| 장점 | • 연삭여유가 작아도 되며 작업이 자동적으로 이루어지기 때문에 숙련이 불필요하다.<br>• 센터나 척으로 장착하기 곤란한 중공의 일감을 연삭하는 데 편리한 연삭법이다.<br>• 일감(공작물)을 연속적으로 송입하여 연속작업을 할 수 있어 대량생산에 적합하다.<br>• 센터를 낼 수 없는 작은 지름의 일감연삭에 적합하다.<br>• 척에 고정하기 어려운 가늘고 긴 일감(공작물)을 연삭하기에 적합하다.<br>• 내경뿐만 아니라 외경도 연삭이 가능하다.<br>• 센터 구멍을 뚫을 필요가 없다. |
|---|---|
| 단점 | • 축 방향에 키홈, 기름홈 등이 있는 일감(공작물)은 연삭하기 어렵다[긴 홈이 있는 일감(공작물)은 연삭하기 어렵다].<br>• **지름이 크고 길이가 긴 대형 일감은 연삭하기 어렵다.**<br>• 연삭숫돌바퀴의 나비보다 긴 일감(공작물)은 전후이송법으로 연삭할 수 없다. |

## 09

정답 ①

**[리벳의 전단응력]**

$$\tau = \frac{P}{nA} = \frac{P}{n\left(\frac{1}{4}\pi d^2\right)} = \frac{4P}{n\pi d^2}$$

[단, $P$ : 하중, $n$ : 전단면의 수, $d$ : 리벳의 지름, $A$ : 전단면의 단면적]

$$\therefore \tau = \frac{4P}{n\pi d^2} = \frac{4 \times 1,500}{2 \times 3 \times 5^2} = 40\text{N/mm}^2 = 40\text{MPa}$$

※ 아래 그림처럼 하중이 작용하면 리벳이 전단되므로 "전단응력"이 발생한다.

※ 전단되는 면은 리벳이 총 2개이므로 전단면이 2개이다. 따라서 $n = 2$이다.

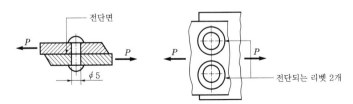

## 10

**[가압수형 경수로(PWR, Pressurized Water Reactor)]**

구조가 복잡하나 방사선의 관리상 유리하기 때문에 최근에 대부분 이 방식을 채택하여 사용한다. 압력용기 내부에서 가열되는 물과 터빈으로 보내는 물을 분리한 뒤 압력용기 내부의 물을 100기압 이상으로 가압함으로써 물을 끓이지 않고 300℃ 이상으로 가열한다. 가열된 열로 다른 배관을 지나는 물을 끓여 증기를 만들고 이 증기가 터빈을 돌리면서 전기를 생산한다.

• 원자로 내의 고온 고압의 물을 순환시켜 그 열을 이용하여 증기 발생기에서 증기를 발생시킨다.
• 원자로를 압력용기 내에서 고압을 주어, 물의 포화온도를 높여 직접 끓이지 않고 고온으로 가열한 후, 그 열을 이용하여 증기 발생기에서 증기를 발생시킨다.
• 저농축 우라늄을 사용하여 감속재와 냉각재로는 경수를 사용한다.
• 사고발생 시 비등수형 경수로에 비하여 방사능 오염이 덜하다.

**[비등수형 경수로(BWR, Boiling Water Reactor)]**

압력용기 내부에서 물을 끓이고 이때 발생한 수증기를 터빈으로 보내 터빈을 움직여 전기를 생산한다. 방사능을 가진 수증기가 터빈으로 향하기 때문에 터빈이 설치된 건물에 방사능 관리를 해야 하는 단점이 발생하며 이러한 이유로 경수로형에 비하여 구조가 단순하고 비용은 절감되나 위험성이 크다.

## 11

**[파스칼의 원리]**

밀폐된 그릇에 들어 있는 유체에 압력을 가하면 유체의 모든 부분과 유체를 담고 있는 그릇의 모든 부분에 똑같은 크기의 압력이 전달되는 현상으로 주로 유압장치에 응용되는 물리 법칙이다.

※ **부력** : "아르키메데스의 원리"이다.

## 12

**[캠(Cam)]**

• 원동절의 회전운동이나 직선운동을 종동절의 왕복 직선운동이나 왕복 각운동으로 변환하는 기계요소이다.
• 내연기관의 밸브개폐 기구에 이용된다.

## 13

**[열처리의 종류]**

| | |
|---|---|
| 담금질<br>(Quenching, 소입) | 변태점 이상으로 가열한 후, 물이나 기름 등으로 급랭하여 재질을 경화시키는 것으로 마텐자이트 조직을 얻기 위한 열처리이다. 강도 및 경도를 증가시키기 위한 것으로 조직은 가열 온도에 따라 변화가 크기 때문에 담금질 온도에 주의해야 한다. 그리고 담금질을 하면 재질이 경화(단단)되지만 인성이 저하되어 취성(여리다, 메지다, 깨지다)이 발생하기 때문에 담금질 후에는 반드시 강한 인성(강인성)을 부여하는 인성 처리를 실시해야 한다.<br>→ 담금질액으로 물을 사용할 경우 소금, 소다, 산을 첨가하면 냉각능력이 증가한다. |

| 뜨임<br>(Tempering, 소려) | 담금질한 강은 경도가 크나 취성(여리다, 메지다, 깨지다)을 가지므로 경도가 다소 저하되더라도 인성을 증가시키기 위해 A1변태점 이하에서 재가열하여 서냉(공기 중에서 냉각)시키는 열처리이다. 뜨임의 목적은 담금질한 조직을 안정한 조직으로 변화시키고 잔류응력을 감소시켜 필요한 성질을 얻는 것이다. 가장 중요한 목적은 강한 인성(강인성)을 부여하는 것이다. |
|---|---|
| 풀림<br>(Annealing, 소둔) | A1변태점 또는 A3변태점 이상으로 가열하여 노 안에서 서서히 냉각(노냉)시키는 열처리로 내부응력을 제거하며 재질을 연화시키는 것을 목적으로 한다. |
| 불림<br>(Normalizing, 소준) | A3, Acm점보다 30~50℃ 높게 가열 후, 공기 중에서 냉각(공냉)하여 소르바이트 조직을 얻는 열처리로 결정조직의 표준화와 조직의 미세화 및 냉간가공이나 단조로 인한 내부응력을 제거한다. |

## 14

정답 ④

① 드릴링 머신 : 공구는 회전 및 직선운동을 하고, 공작물은 고정된다.
② 플레이너 : 공구는 직선 운동을 하고, 공작물은 직선 운동을 한다.
③ 프레스 : 금형(상형), 금형(하형) 사이에 재료를 넣고 찍어서 특정 형상의 제품을 만드는 가공이다.
④ 선반 : 공구는 직선 운동을 하고, 공작물은 회전 운동을 한다.

## 15

정답 ③

① 초음파 탐상시험(UT)은 재료의 내부결함을 검출한다.
② 자분(자기, MT) 탐상시험은 자성체 재료의 표면 및 표면으로부터 1~2mm 깊이에 있는 결함을 검출한다.
③ 침투 탐상시험(PT)은 재료의 표면결함부에 침투액을 스며들게 한 다음, 현상액으로 표면결함을 검출한다.
④ 방사선 투과시험(RT)은 $X$선 및 $\gamma$선을 재료에 투과시켜 재료의 내부결함을 검출한다.

## 16

정답 ④

[측정]

| 직접 측정<br>(절대 측정) | • 일정한 길이나 각도가 표시되어 있는 측정기구를 사용하여 직접 눈금을 읽는 측정이다. 보통 소량이며 종류가 많은 품목에 적합한 측정이다(다품종 소량 측정에 유리하다).<br>• 버니어캘리퍼스(노기스), 하이트게이지(높이게이지), 마이크로미터 | |
|---|---|---|
| | 장점 | • 측정범위가 넓고 측정치를 직접 읽을 수 있다.<br>• 다품종 소량 측정에 유리하다. |
| | 단점 | • 판독자에 따라 치수가 다를 수 있다(측정오차).<br>• 측정시간이 길며 측정기가 정밀할 때는 숙련과 경험을 요한다. |

| 비교 측정 | | • 기준이 되는 일정한 치수와 측정물의 치수를 비교하여 그 측정치의 차이를 읽는 방법이다.<br>• 다이얼 게이지, 미니미터, 옵티미터, 전기마이크로미터, 공기마이크로미터 등 |
|---|---|---|
| | 장점 | • 비교적 정밀 측정이 가능하다.<br>• 특별한 계산 없이 측정치를 읽을 수 있다.<br>• 길이, 각종 모양의 공작기계의 정밀도 검사 등 사용 범위가 넓다.<br>• 먼 곳에서 측정이 가능하며 자동화에 도움을 줄 수 있다.<br>• 범위를 전기량으로 바꾸어 측정이 가능하다. |
| | 단점 | • 측정범위가 좁다.<br>• 피측정물의 치수를 직접 읽을 수 없다.<br>• 기준이 되는 표준게이지(게이지블록)가 필요하다. |
| 간접 측정 | | • 측정물의 측정치를 직접 읽을 수 없는 경우에 측정량과 일정한 관계에 있는 개개의 양을 측정하여 그 측정값으로부터 계산에 의하여 측정하는 방법이다. 즉, 측정물의 형태나 모양이 나사나 기어 등과 같이 기하학적으로 간단하지 않을 경우에 측정부의 치수를 수학적이나 기하학적인 관계에 의해 얻는 방법이다.<br>• 사인바를 이용한 부품의 각도 측정, 삼침법을 이용하여 나사의 유효지름 측정, 지름을 측정하여 원주길이를 환산하는 것 등 |

**[공차의 종류]**

| 모양공차<br>(형상공차) | 진직도, 평면도, 진원도, 원통도, 선의 윤곽도, 면의 윤곽도 |
|---|---|
| 자세공차 | 직각도, 경사도, 평행도 |
| 위치공차 | 위치도, 동심도(동축도), 대칭도 |
| 흔들림 공차 | 원주 흔들림, 온 흔들림 |

※ 모양공차(형상공차)는 데이텀 표시가 필요 없으며 자세공차, 위치공차, 흔들림 공차는 데이텀 표시가 필요하다.

※ 3차원 측정기는 측정점의 좌표를 검출하여 3차원적인 크기나 위치, 방향 등을 알 수 있다.

# 17
정답 ④

• 트루잉 : 나사나 기어를 연삭가공하기 위해 숫돌의 형상을 처음 형상으로 고치는 작업으로 일명 "모양 고치기"라고 한다.
• 글레이징(눈무딤) : 숫돌입자가 탈락하지 않고 마멸에 의해 납작해지는 현상을 말한다.
• 로딩(눈메움) : 연삭가공으로 발생한 칩이 기공에 끼는 현상을 말한다.
• 드레싱 : 로딩, 글레이징 등의 현상으로 무디어진 연삭입자를 재생시키는 방법이다. 즉, 드레서라는 공구로 숫돌표면을 가공하여 자생작용시켜 새로운 연삭입자가 표면으로 나오게 하는 방법이다.

**[로딩(눈메움)의 원인]**
• 숫돌의 조직이 치밀하여 숫돌의 경도가 공작물의 경도보다 높을 때
• 숫돌의 회전속도가 느릴 때
• 연삭깊이가 깊을 때

**[글레이징(눈무딤)의 원인]**
- 숫돌의 결합도가 클 때(결합도가 크면 숫돌이 단단하여 숫돌의 자생과정이 잘 발생하지 않아 숫돌입자가 탈락하지 않고 마멸에 의해 납작해진다)
- 숫돌의 원주속도가 빠를 때(원주속도가 빠르면 숫돌을 구성하는 입자들이 원심력에 의해 조밀조밀하게 모여 결합도가 증가하기 때문이다)
- 숫돌의 재질과 일감의 재질이 다를 때

# 18
정답 ④

- **스테이볼트** : 두 물체 사이의 간격을 일정하게 유지하면서 체결하는 볼트이다.
- **나비볼트** : 볼트의 머리부를 나비 모양으로 만들어서 손으로 쉽게 돌릴 수 있도록 만든 볼트이다.

# 19
정답 ③

**[안전율($S$)]**
- 안전율은 일반적으로 플러스(+) 값을 취한다.
- 기준강도가 100Mpa이고, 허용응력이 1,000Mpa이면 안전율($S$) = $\dfrac{기준강도}{허용응력}$ = $\dfrac{100}{1,000}$ = 0.1
- 안전율이 너무 크면 안전성은 좋지만 경제성이 떨어진다.
- 안전율이 1보다 커질 때 안전성이 좋아진다.

# 20
정답 ②

주철은 탄소함유량이 2.11~6.68%C로 탄소가 많이 함유되어 용융점이 낮다. 따라서 열을 가해 녹이기 쉽기 때문에 액체 상태(액상)로 만들기 용이하다. 액체 상태가 쉽게 되므로 유동성이 좋아 주형 틀에 흘려 보내기 쉽고 이에 따라 복잡한 형상의 부품을 제작하기 쉽다.
또한, 주철은 탄소가 많이 함유되어 취성(깨지는 성질, 메지다, 여리다)이 크기 때문에 깨지기 쉬워 탄소강에 비하여 충격에 약하고 고온에서도 소성가공이 되지 않는다.

| | |
|---|---|
| 회주철 | 보통주철로 탄소가 흑연 박편의 형태로 석출되며 내마모성이 우수하고 압축강도가 좋아 엔진 블록, 브레이크 드럼, 공작기계 배드면, 진동을 잘 흡수하므로 진동을 많이 받는 기계 몸체 등의 재료로 많이 사용된다. |
| 가단주철 | 보통 주철의 여리고 약한 인성을 개선시키기 위해 백주철을 장시간 풀림처리하여 만든 주철이다. |
| 칠드주철 | 금형에 접촉한 부분만 급랭에 의해 경화된 주철로 냉경주철이라고도 불린다. |

| 01 | ④ | 02 | ③ | 03 | ③ | 04 | ① | 05 | ② | 06 | ④ | 07 | ② | 08 | ② | 09 | ④ | 10 | ④ |
| 11 | ② | 12 | ① | 13 | ③ | 14 | ① | 15 | ① | 16 | ① | 17 | ② | 18 | ④ | 19 | ③ | 20 | ① |

## 01
정답 ④

**[클러치(clutch)와 커플링(coupling)]**

축과 축을 연결하여 하나의 축으로부터 다른 축으로 동력을 전달할 때 사용하는 축이음의 종류는 클러치(Clutch)와 커플링(Coupling)이 있다.

• **클러치(Clutch)** : 운전 중에 동력을 끊을 수 있는 탈착 축이음이다. 운전 중에 접촉하였다가 접촉을 때 었다가 하면서 동력을 전달·차단할 수 있기 때문에 동력을 수시로 단속할 수 있다.

• **커플링(Coupling)** : 운전 중에 동력을 끊을 수 없는 영구 축이음이다.

**참고**

마찰차는 직접 접촉에 의해 동력을 전달하는 직접전동장치로 2개의 마찰차의 접촉 마찰력으로 동력을 전달한다. 따라서 마찰차도 접촉하였다가 접촉을 때었다가 하면서 동력을 수시로 단속할 수 있다.

## 02
정답 ③

**[무단 변속마찰차의 종류]**

에반스 마찰차, 구면 마찰차, 원판 마찰차(크라운 마찰차), 원추 마찰차(원뿔 마찰차)

→ 암기법 : 에구빤쭈(에구~ 빤쭈 보일라~)

※ 마찰차 종류 중에서 효율이 가장 낮은 마찰차는 변속마찰차이다.

→ 암기법 : 변속의 자음은 ㅂ ㅅ이다. 따라서 변속마찰차는 효율이 ㅂ ㅅ이다.

## 03
정답 ③

**[주물사의 구비조건]**

• 신축성이 좋아야 한다.

• 성형성이 좋아야 한다.

• 내화성, 내열성, 통기성 등이 좋아야 한다.

• 열전도도가 불량해야 한다(보온성이 있어야 한다).

• 반복적으로 재사용이 가능해야 한다.

• 용해성이 좋지 않아야 한다.

# 04

**[수격현상(Water hammering)]**

배관 속의 유체 흐름을 급히 차단시켰을 때 유체의 운동에너지가 압력에너지로 전환되면서 배관 내에 탄성파가 왕복하게 된다. 이로 인해 배관이 파손될 수 있다.

**[수격현상의 원인]**
- 펌프가 갑자기 정지하였을 때
- 급히 밸브를 개폐할 때
- 정상 운전 시 유체의 압력에 변동이 생길 때

**[수격현상의 방지법]**
- 배관·관로의 직경을 크게 하여 관로 내의 유속을 낮게 한다.
- 배관·관로 내의 유속을 1.5~2.0m/s 범위로 낮게 유지한다.
- 조압수조를 관선에 설치하여 적정 압력을 유지한다.
  - → 부압 발생 장소에 공기를 자동적으로 흡입시켜 이상 부압을 경감시킨다.
- 펌프에 플라이휠(관성차)을 설치하여 펌프의 속도가 급격하게 변화하는 것을 막는다.
  - → 관성을 증가시켜 회전수와 관 내 유속의 변화를 느리게 한다.
- 펌프 송출구 가까이에 밸브를 설치한다.
  - → 펌프 송출구에 수격을 방지하는 체크밸브를 달아 역류를 막는다.
- 에어챔버(공기실)를 설치하여 축적하고 있는 압력에너지를 방출한다.
- 펌프의 속도가 급격하게 변하는 것을 방지한다.
  - → 회전체의 관성모멘트를 크게 한다.
- 배관·관로에서 일부 고압수를 방출한다.

# 05

**[금속재료의 상태]**

금속재료의 온도를 증가시킴 → 금속재료를 가열함 → 금속재료의 용융점에 가까워지므로 액체 상태로 되기 직전 → "말랑말랑"하게 금속재료가 연해짐

**해석**

"말랑말랑"하게 금속재료가 연해지면,
- 연성(금속재료가 인장하중을 받았을 때 가늘고 길게 늘어나는 성질)이 증가한다.
- 인성(질긴 성질, 취성의 반대 의미)이 증가하게 된다. 금속재료가 연해져서 엿가락처럼 잘 늘어나는 상태가 되므로 외력에 의해 깨지지 않는 질긴 성질이 증가하게 된다.
- 엿가락처럼 잘 늘어나는 상태가 되므로 길게 잘 늘어나기 때문에 외력에 의한 변형이 증가하게 되며 이에 따라 응력을 변형률로 나눈 값인 탄성계수가 감소하게 되고 상대적으로 항복응력도 감소하게 된다.
  - → 엿가락처럼 잘 늘어나는 상태가 되므로 변형률 속도의 영향이 증가하게 된다. 즉, 변형이 잘 일어나는 상태가 되므로 변형되는 속도의 영향을 금속이 더 잘 받게 된다.

## 06

정답 ④

- 숏피닝(shot peening) 처리를 하면 재료의 표면에 **압축잔류응력**이 발생하여 재료의 피로한도가 증가함으로써 피로수명이 향상된다.
- 노치(용접부나 구멍 등)을 제거하면 응력집중을 줄일 수 있기 때문에 피로한도의 저하를 방지할 수 있어 재료의 피로수명이 증가하게 된다.

**[피로한도를 저하시키는 요인]**

| 노치효과 | 단면치수나 형상이 갑자기 변하는 곳에 응력이 집중되어 피로한도가 급격하게 낮아진다. |
|---|---|
| 치수효과 | 부재의 치수가 커지면 피로한도가 낮아진다. |
| 표면효과 | 부재의 표면 다듬질이 거칠면 피로한도가 낮아진다. |
| 압입효과 | 강압 끼워맞춤 등에 의해 피로한도가 낮아진다. |
| 부식효과 | 부재의 부식에 의해로 피로한도가 낮아진다. 예를 들어 산, 알칼리, 소금물에서 이 효과는 점점 증대된다. |

## 07

정답 ②

디젤기관의 디젤노크를 저감시키기 위해서는 연소실 벽의 온도를 높인다.

**[노크 방지법]**

| | 연료 착화점 | 착화 지연 | 압축비 | 흡기 온도 | 실린더 벽온도 | 흡기 압력 | 실린더 체적 | 회전수 |
|---|---|---|---|---|---|---|---|---|
| 가솔린 | 높다 | 길다 | 낮다 | 낮다 | 낮다 | 낮다 | 작다 | 높다 |
| 디젤 | 낮다 | 짧다 | 높다 | 높다 | 높다 | 높다 | 크다 | 낮다 |

## 08

정답 ②

**[플라스틱(합성수지)의 성형 방법]**

| 사출성형 | 열가소성 플라스틱을 대량생산할 때 가장 적합한 성형 방법으로 사출기 안에 액체 상태의 플라스틱을 넣고 플런저로 금형 속에 가압 및 주입하여 플라스틱을 성형하는 방법이다. ※ 모든 사출성형된 플라스틱 제품은 냉각 수축이 발생한다. |
|---|---|
| 압출성형 | 열가소성 합성수지를 성형하는 방법이다. |
| 압축성형 | 일반적으로 열경화성 합성수지를 성형하는 방법이다. ※ 열가소성 합성수지를 성형하는 데 사용할 수도 있다. |

## 09

정답 ④

피치($p$)가 작아야 리벳 구멍 사이의 거리가 짧다.

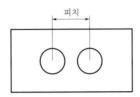

→ 위 그림처럼 피치($p$)가 작으면 리벳 구멍 사이의 거리가 짧아진다. 따라서 리벳 구멍 사이의 판의 면적이 작아지게 되고 이에 따라 하중에 의해 견딜 수 있는 리벳 구멍 사이의 저항 자체가 작아지므로 판이 절단될 수 있다.

## 10

정답 ④

| 압전재료 | 기계적 에너지를 전기적 에너지로 변환시키는 현상인 압전 효과를 일으키는 재료이다. 압전 재료에 진동 및 외부에서 하중을 가하면 결정의 겉면에 전기적 분극이 발생하게 된다. 압전 스피커, 점화기용 전원, 마이크로폰 등에 사용된다. |
| --- | --- |
| 수소저장합금 | 금속과 수소가 반응하여 생성된 금속수소화물로 수소를 흡입하여 저장하는 성질을 가진 합금 신소재이다. 특징으로는 폭발할 염려 없이 수소를 저장할 수 있고, 종류로는 란타넘-니켈 합금, 타이타늄-철합금, 마그네슘-니켈합금 등이 있다. |
| 파인세라믹 | 흙이나 모래 등의 무기질 재료를 높은 온도로 가열하여 만든 것으로, 특수 타일, 인공 뼈, 자동차 엔진 등에 사용하며 고온에도 잘 견디고 내마멸성이 큰 소재이다. |
| 형상기억합금 | 고온에서 일정 시간 유지함으로써 원하는 형상을 기억시키면 상온에서 외력에 의해 변형되어도 기억시킨 온도로 가열만 하면 변형 전 현상으로 되돌아오는 합금이다.<br>• 온도, 응력에 의존되어 생성되는 마텐자이트 변태를 일으킨다.<br>• 우주선의 안테나, 치열 교정기, 안경 프레임, 급유관의 이음쇠 등에 사용한다.<br>• 소재의 회복력을 이용하여 용접 또는 납땜이 불가능한 것을 연결하는 이음쇠로도 사용이 가능하다. |

## 11

정답 ②

㉠ $\sum M_O = I_O\,\alpha = (I + mr^2)\alpha$

[단, $I_O$, $I$, $\alpha$,]

㉡ $\sum M_O = mgr$

㉢ $(I + mr^2)\alpha = mgr \rightarrow \therefore \alpha = \dfrac{mgr}{I + mr^2}$

※ $O$점에서의 모멘트($M_O$) 값은 블록의 무게($mg$)에 $O$점에서 블록까지의 거리($r$)를 곱한 값이다(모멘트의 크기는 힘과 거리의 곱이기 때문).

## 12

**[냉각식(냉동식) 건조]**

공압 발생 장치에서 공기의 온도를 이슬점 이하로 낮추어 압축 공기에 포함된 수분을 제거하는 공기 건조 방식이다.

## 13

**[나사의 종류]**

| 체결용(결합용) 나사<br>[체결할 때 사용하는 나사로<br>효율이 낮다] | 삼각나사 | 가스 파이프를 연결하는 데 사용한다. |
| --- | --- | --- |
| | 미터나사 | 나사산의 각도가 60°인 삼각나사의 일종이다. |
| | 유니파이나사<br>(ABC나사) | 세계적인 표준나사로 미국, 영국, 캐나다가 협정하여 만든 나사이다. 죔용 등에 사용된다. |
| | 관용나사 | 파이프에 가공한 나사로 누설 및 기밀 유지에 사용한다. |
| 운동용 나사<br>[동력을 전달하는 나사로<br>체결용 나사보다 효율이<br>좋다] | 사다리꼴나사<br>(애크미나사,<br>재형나사) | 양방향으로 추력을 받는 나사로 공작기계 이송나사, 밸브 개폐용, 프레스, 잭 등에 사용된다. 효율 측면에서는 사각나사가 더욱 유리하나 가공하기 어렵기 때문에 대신 사다리꼴나사를 많이 사용한다. 사각나사보다 강도 및 저항력이 크다. |
| | 사각나사 | 축 방향의 하중(추력)을 받는 운동용 나사로 추력의 전달이 가능하다. |
| | 톱니나사 | 힘을 한 방향으로만 받는 부품에 사용되는 나사로 압착기, 바이스 등의 이송나사에 사용된다. |
| | 둥근나사<br>(너클나사) | 전구와 같이 먼지나 이물질이 들어가기 쉬운 곳에 사용되는 나사이다. |
| | 볼나사 | 공작기계의 이송나사, NC기계의 수치제어장치에 사용되는 나사로 효율이 좋고 먼지에 의한 마모가 적으며 토크의 변동이 적다. 또한, 정밀도가 높고 윤활은 소량으로도 충분하며 축 방향의 백래시(backlash)를 작게 할 수 있다. 그리고 마찰이 작아 정확하고 미세한 이송이 가능한 장점을 가지고 있다. 하지만 너트의 크기가 커지고 피치를 작게 하는 데 한계가 있으며 고속에서는 소음이 발생한다. |

## 14

**[신속조형법(쾌속조형법, rapid prototyping)]**

3차원 형상 모델링으로 그린 제품 설계 데이터를 사용하여 제품 제작 전에 실물 크기 모양의 입체 형상을 신속하고 경제적으로 제작하는 방법을 말한다.

| 융해용착법<br>(Fused deposition molding) | 열가소성인 필라멘트 선으로 된 **열가소성 일감**을 노즐 안에서 가열하여 용해하고 이를 짜내어 조형 면에 쌓아 올려 제품을 만드는 방법이다. |
| --- | --- |
| 박판적층법<br>(Laminated object<br>manufacturing) | 가공하고자 하는 단면에 레이저빔을 부분적으로 쏘아 절단하고 **종이**의 뒷면에 부착된 접착제를 사용하여 아래층과 압착시키고 한 층씩 적층해나가는 방법이다. |
| 선택적 레이저 소결법<br>(Selective laser sintering) | **금속 분말가루나 고분자 재료**를 한 층씩 도포한 후 여기에 레이저빔을 쏘아 소결시키고 다시 한 층씩 쌓아 올려 형상을 만드는 방법이다. |
| 광조형법(Stereolithography) | 액체 상태의 **광경화성 수지**에 레이저빔을 부분적으로 쏘아 적층해나가는 방법으로 큰 부품 처리가 가능하다. 또한, 정밀도가 높고 액체 재료이기 때문에 후처리가 필요하다. |
| 3차원 인쇄<br>(Three dimentional printing) | 분말 가루와 접착제를 뿌리면서 형상을 만드는 방법으로 3D **프린터**를 생각하면 된다. |

# 15

정답 ①

**[절삭가공의 장점 및 단점]**

| 장점 | • 치수 정확도가 우수하다.<br>• 주조 및 소성가공으로 불가능한 외형 또는 내면을 정확하게 가공이 가능하다.<br>• 초정밀도를 갖는 곡면 가공이 가능하다.<br>• 생산 개수가 적은 경우 가장 경제적인 방법이다. |
| --- | --- |
| 단점 | • 소재의 낭비가 많이 발생하므로 비경제적이다.<br>• 주조나 소성가공에 비해 더 많은 에너지와 많은 가공시간이 소요된다.<br>• 대량생산할 경우 개당 소요되는 자본, 노동력, 가공비 등이 매우 높기 때문에 대량생산에는 비경제적이다(커터칼을 이용하여 연필 깎는 것을 생각해보면 된다). |

**[소성가공]**

영구변형을 일으키는 가공을 말한다.

| 단조 | 인발 | 압연 | 압출 | 전조 | 프레스 |
| --- | --- | --- | --- | --- | --- |
| 금속재료를 해머 등으로 두들기거나 가압하는 기계적 방법으로 일정한 모양을 만드는 작업이다. | 금속 봉이나 관 등을 다이에 넣고 축 방향으로 잡아당겨 지름을 줄임으로써 가늘고 긴 선이나 봉재 등을 만드는 가공이다. | 열간, 냉간에서 재료를 회전하는 두 개의 롤러 사이에 통과시켜 두께를 줄이는 가공이다. | 상온 또는 가열된 금속을 용기 내의 다이를 통해 밀어내어 봉이나 관 등을 만드는 가공이다. | 2개의 다이 사이에 재료를 넣고 나사 및 기어 등을 제작할 때 사용하는 가공이다. | 금형(상형), 금형(하형) 사이에 재료를 넣고 찍어서 특정 형상의 제품을 만드는 가공이다. |

→ 소성가공에서 "압연"만 생각해봐도 충분히 답을 도출할 수 있는 문제이다. 압연가공은 회전하는 롤러 사이에 판재를 넣어 원하는 두께의 판재를 대량으로 생산해낸다. 즉, 압연가공이 포함된 소성가공은 제품을 대량 생산할 수 있는 장점을 지니고 있다.

PART II 정답 및 해설

**필수개념**
- 소성가공에는 냉간가공과 열간가공이 있다.
- 냉간가공에서는 가공 경화 현상이 발생한다.
- 열간가공에서는 가공 경화 현상이 발생하지 않는다.

# 16 　　　　　　　　　　　　　　　　　정답 ①

- **이어링(earing)** : 판재의 평면 이방성으로 인해서 드로잉된 컵의 벽면 끝에 파도 모양이 생기는 현상이다.
- **아이어닝(ironing)** : 딥드로잉된 컵의 두께를 더욱 균일하게 만들기 위한 후속공정으로 이어링(earing) 현상을 방지한다.

# 17 　　　　　　　　　　　　　　　　　정답 ②

② 리밍에 대한 설명이다.

| 드릴링 | 드릴을 사용하여 구멍을 뚫는 작업이다. |
| --- | --- |
| 리밍 | 드릴로 뚫은 구멍을 더욱 정밀하게 다듬는 가공이다. |
| 보링 | 이미 뚫은 구멍을 넓히는 가공으로 편심교정이 목적이다. |
| 태핑 | 탭을 이용하여 구멍에 암나사를 내는 가공이다. |
| 카운터 싱킹 | 접시머리나사의 머리부를 묻히게 하기 위해서 원뿔자리를 만드는 작업이다. |
| 카운터보링 | 작은 나사, 둥근 머리 볼트의 머리 부분이 공작물에 묻힐 수 있도록 단이 있는 구멍을 뚫는 작업이다. |
| 스폿페이싱 | 볼트나 너트 등을 고정할 때 접촉부가 안정되게 하기 위해 자리를 만드는 작업이다. |

# 18 　　　　　　　　　　　　　　　　　정답 ④

공석강은 공석반응을 보이는 탄소 성분을 가진다.

# 19 　　　　　　　　　　　　　　　　　정답 ③

**[두랄루민(고강도 알루미늄 합금 및 가공용 알루미늄 합금)]**
- 알루미늄(Al), 구리(Cu), 마그네슘(Mg), 망간(Mn)의 합금으로 자동차, 항공기 재료 등으로 사용되며 시효경화를 일으킨다.
- 알루미늄 합금 중에서도 열처리에 의해 재질 개선이 가능한 합금이다.
- 담금질 시효경화 처리에 의해 기계적 성질을 개선하여 강도가 크고 성형성이 좋다.
- 두랄루민의 비강도는 연강의 3배이며 비중은 연강의 약 0.33배이다.

# 20

**[초소성]**

금속이 마치 유리질처럼 잘 늘어나는 특수한 성질이다.

**[초소성 성형]**

금속이 마치 유리질처럼 잘 늘어나는 특수한 성질을 이용한 것이 바로 초소성 성형이다. 즉, 잘 늘어나기 때문에 재료의 성형성이 우수하다.

**[초소성 성형의 특징]**

• 다른 소성가공 공구들보다 낮은 강도의 공구를 사용할 수 있어 공구 비용이 절감된다.

• 성형 제품에 잔류응력이 거의 없다.

• 복잡한 제품을 일체형으로 성형할 수 있어 2차 가공이 거의 필요 없다.

• 높은 변형률 속도로 성형이 불가능하다.

→ 초소성 재료는 유리질처럼 잘 늘어나는 특수 현상을 가지고 있고 이를 이용한 것이 초소성 성형이다. 만약, 빠른 속도로 재료를 성형 가공하려고 한다면 잘 늘어나는 재료이기 때문에 재료를 원하는 형상으로 만들기도 전에 끊어질 수 있다. 따라서 초소성 성형은 낮은 변형률 속도로 천천히 원하는 형상을 만들어 나가야 한다(초소성 재료는 변형률 속도에 민감하기 때문에 낮은 속도에서 가공해야 한다).

• 일반성형법보다 가공시간이 길다.

→ 초소성 성형은 낮은 변형률 속도로 천천히 원하는 형상을 만들어 나가야 한다.

**[초소성을 얻기 위한 조건]**

• 결정립 모양은 동축이어야 한다.

• 결정립은 미세화되어야 한다.

• 모상 입계가 인장분리되기 어려워야 한다.

→ 초소성은 금속이 유리질처럼 잘 늘어나는 특수 현상이다. 따라서 인장분리가 쉽게 된다면 늘어나다가 끊어질 수 있기 때문에 인장분리가 어려워야 한다.

• 모상의 입계는 고경각인 것이 좋다.

**[초소성 합금의 연신율(%)]**

| 비스뮤트(Bi)합금 | 코발트(Co) 합금 | 은(Ag) 합금 | 카드뮴(Cd) 합금 |
|---|---|---|---|
| 1,500% | 850% | 500% | 350% |

PART II 정답 및 해설

# 12

| 01 | ③ | 02 | ① | 03 | ④ | 04 | ④ | 05 | ③ | 06 | ① | 07 | ① | 08 | ② | 09 | ③ | 10 | ① |
| 11 | ② | 12 | ③ | 13 | ③ | 14 | ④ | 15 | ② | 16 | ② | 17 | ④ | 18 | ③ | 19 | ③ | 20 | ④ |

## 01

정답 ③

**[언더컷(under cut)]**

• 용접 경계부에 생기는 것으로 용접전류가 너무 높거나 용접봉의 운봉속도가 매우 빠를 때 발생하는 용접 결함이다.

• 용접봉이 접합하고자 하는 공간을 다 채우지 못하고 과대 전류로 인해 용접봉이 빠르게 녹아 홈으로 남은 현상이다.

**[전기저항용접에서 발생하는 전기저항열]**

$Q[\text{cal}] = 0.24 I^2 R t$ (줄의 법칙)

[단, $I$ : 용접전류, $R$ : 용접저항, $t$ : 통전시간]

언더컷(under cut)은 용접전류가 매우 높아 전기저항열이 많이 발생하여 용접봉이 빠르게 녹음으로써 접합하고자 하는 공간을 용접봉이 다 채우지 못하고 빈 공간(홈)으로 남는 용접결함이다.

**[언더컷(under cut)의 발생 원인]**

• 용접전류가 매우 높을 때

• 용접속도가 매우 빠를 때

• 아크의 길이가 매우 길 때

• 용접봉의 각도 및 운봉이 부적절할 때

• 부적절한 용접봉을 사용할 때

## 02

정답 ①

**[목형 제작 시 고려 사항]**

| 수축여유 | 쇳물이 응고할 때 수축된다. 따라서 실제 만들고자 하는 크기보다 좀 더 크게 만들어야 한다. 이것이 수축여유이다. | | |
|---|---|---|---|
| | • 재료에 따른 수축여유 | | |
| | 주철 | | 8mm/1m |
| | 황동, 청동 | | 15mm/1m |
| | 주강, 알루미늄 | | 20mm/1m |
| | ※ **주물자** : 주조할 때 쇳물의 수축을 고려하여 크게 만든 자로 "**주물의 재질**"에 따라 달라진다. 그리고 주물자를 이용하여 만든 도면을 "**현도**"라고 한다. | | |

| 가공여유<br>(다듬질여유) | 다듬질할 여유분(절삭량)을 고려하여 미리 크게 만드는 것이다. 즉, 표면거칠기 및 정밀도 요구 시 부여하는 여유이다. |
|---|---|
| 목형구배<br>(기울기여유, 구배여유,<br>테이퍼) | 주물을 목형에서 뽑기 쉽도록 또는 주형이 파손되는 것을 방지하기 위해 약간을 기울기(구배)를 준 것이다. 보통 목형구배는 제품 1m당 1~2°(6~10mm) 기울기를 준다. |
| 코어프린트 | 속이 빈 주물(제품) 제작 시에 코어를 주형 내부에서 지지하기 위해 목형에 덧붙인 돌기 부분을 말한다. 목형 제작에 있어 현도에만 기재하고 도면에는 기재하지 않는다. |
| 라운딩 | 용융금속이 응고할 때 주형의 직각방향에 수상정이 발생하여 균열이 생길 수 있다. 이를 방지하기 위해 모서리 부분을 둥글게 하는데 이것을 라운딩이라고 한다. |
| 덧붙임<br>(Stop off) | 주물의 냉각 시 내부응력에 의해 변형되기 때문에 이를 방지하고자 설치하는 보강대이다. 즉, 내부응력에 의한 변형이나 휨을 방지하기 위해 사용한다. 주물을 완성한 후에는 잘라서 제거한다. |

## 03  정답 ④

**[관 이음쇠의 종류]**

| 관을 도중에서 분기할 때 | Y배관, 티, 크로스티 |
|---|---|
| 배관 방향을 전환할 때 | 엘보, 밴드 |
| 같은 지름의 관을 직선 연결할 때 | 소켓, 니플, 플랜지, 유니언 |
| 이경관을 연결할 때 | 이경티, 이경엘보, 부싱, 레듀셔 |
| 관의 끝을 막을 때 | 플러그, 캡 |
| 이종 금속관을 연결할 때 | CM아답터, SUS 소켓, PB 소켓, 링 조인트 소켓 |

- **이경관** : 지름이 서로 다른 관과 관을 접속하는 데 사용하는 관 이음쇠
- **유니언** : 배관의 최종 조립 시 관의 길이를 조정하여 연결할 때 사용하며, 배관의 분해 시 가장 먼저 분해하는 부분이다.
- **엘보** : 배관 내 유체의 흐름을 90° 바꿔주는 관 이음쇠이다.

## 04  정답 ④

① 인바 : 철(Fe) – 니켈(Ni) 36%로 구성된 불변강으로 선팽창계수가 매우 작아 길이의 불변강이다. 시계의 추, 줄자, 표준자 등에 사용된다.
② 인코넬 : 니켈(Ni) 78% – 크롬(Cr) 12~14%의 합금으로 내열성이 우수하며 900℃ 이상의 산화기류 속에서도 산화하지 않고 황(S)을 함유한 대기에도 침지되지 않는다. **진공관의 필라멘트, 전열기 부품, 열전대, 열전쌍의 보호관, 원자로의 연료용 스프링재** 등에 사용된다.
③ 두랄루민 : <u>고강도 알루미늄 합금 및 가공용 알루미늄 합금으로 알루미늄(Al), 구리(Cu), 마그네슘(Mg), 망간(Mn)으로 구성</u>되며 자동차, 항공기 재료 등으로 사용된다.
④ 하이드로날륨 : 알루미늄(Al)에 10% 이내의 마그네슘(Mg)을 첨가하여 내식성을 향상시켜 **철도 차량, 여객선의 갑판 구조물 등에 사용**되는 합금이다.

**[불변강(고니켈강)]**

온도가 변해도 탄성률 및 선팽창계수가 변하지 않는 강

• 인바 : 철(Fe) – 니켈(Ni) 36%로 구성된 불변강으로 선팽창계수가 매우 작아 길이의 불변강이다. 시계의 추, 줄자, 표준자 등에 사용된다.
• 초인바 : 기존의 인바보다 선팽창계수가 더 작은 불변강으로 인바의 업그레이드 형태이다.
• 엘린바 : 철(Fe) – 니켈(Ni) 36% – 크롬(Cr) 12%로 구성된 불변강으로 탄성률(탄성계수)이 불변이다. 정밀저울 등의 스프링, 고급시계, 기타 정밀기기의 재료에 적합하다.
• 코엘린바 : 엘린바에 코발트(Co)를 첨가한 것으로 공기나 물에 부식되지 않는다. 스프링, 태엽 등에 사용된다.
• 플래티나이트 : 철(Fe) – 니켈(Ni) 44~48%로 구성된 불변강으로 선팽창계수가 유리 및 백금과 거의 비슷하다. 전구의 도입선으로 사용된다.
• 니켈로이 : 철(Fe) – 니켈(Ni) 50%의 합금으로 자성재료에 사용된다.
• 퍼멀로이 : 철(Fe) – 니켈(Ni) 78.5%의 합금으로 투자율이 매우 우수하여 고투자율 합금이다. 발전기, 자심재료, 전기통신 재료로 사용된다.
※ 불변강은 강에 니켈(Ni)이 많이 함유된 강으로 고니켈강과 같은 말이다. 따라서 강에 니켈(Ni)이 많이 함유된 합금이라면 일반적으로 불변강에 포함된다(강은 철(Fe)을 많이 함유하고 있다).

# 05

정답 ③

**[V벨트 전동 장치]**

• 홈 각도가 40°인 V벨트를 사용하여 동력을 전달하는 장치이다.
• 쐐기 형 단면으로 인한 쐐기 효과로 인해 측면에 높은 마찰력을 형성하여 동력전달 능력이 우수하다.
• 축간 거리가 짧고 속도비(1 : 7~10)가 큰 경우에 적합하며 접촉각이 작은 경우에 유리하다.
• 소음 및 진동이 작다(운전이 조용하며 정숙하다).
• 미끄럼이 적고 접촉면이 커서 큰 동력 전달이 가능하며 벨트가 벗겨지지 않는다.
• 바로걸기(오픈걸기)만 가능하며 끊어졌을 때 접합이 불가능하고 길이 조정이 불가능하다[엇걸기(십자걸기, 크로스걸기)는 불가능하다].
• 고속 운전이 가능하고, 충격 완화 및 효율이 95% 이상으로 우수하다.
• V벨트의 홈 각도는 40°이며 풀리 홈 각도는 34°, 36°, 38°이다. → 풀리 홈 각도는 40°보다 작게 해서 더욱 쪼이게 하여 마찰력을 증대시킨다. 이에 따라 전달할 수 있는 동력이 더 커진다.
• 작은 장력으로 큰 회전력을 얻을 수 있으므로 베어링의 부담이 적다.
• V벨트의 종류는 A, B, C, D, E, M형이 있다.
  → M형, A형, B형, C형, D형, E형으로 갈수록 인장강도, 단면치수, 허용장력이 커진다.
  → M형, A형, B형, C형, D형, E형 모두 동력전달용으로 사용된다.
  → M형은 바깥둘레로 호칭 번호를 나타낸다.
• V벨트 A30 규격 : A30은 단면이 A형이며 벨트의 길이는 25.4mm×30＝762mm이다.
• V벨트는 수명을 고려하여 10~18m/s의 속도 범위로 운전한다.
• 밀링머신에서 가장 많이 사용하는 벨트이다.

## 06

정답 ①

**[수치 제어 공작 기계의 프로그래밍]**

- **주축 기능** : 주축의 회전수를 지정하는 것으로 어드레스 S 다음에 회전수를 수치로 지령한다.
- **이송 기능** : 공구와 공작물의 상대 속도를 지정하는 것으로 어드레스 F 다음에 **이송 속도 값**을 지령한다.
- **보조 기능** : 수치 제어 공작 기계의 **여러 가지 동작을 위한 on/off 기능**을 수행하는 것으로 **어드레스 M** 다음에 2자리 숫자를 붙여 지령한다.
- **준비 기능** : 수치 제어 공작 기계의 **제어를 준비하는 기능**으로 어드레스 G 다음에 **2자리 숫자를 붙여** 지령한다.
- **공구 기능** : 공구를 선택하는 기능으로 어드레스 T 다음에 **2자리 숫자를 붙여** 지령한다.

**[M 코드(보조기능)]**

| M 코드 (보조기호) | 기능 | M 코드 (보조기호) | 기능 |
|---|---|---|---|
| M00 | 프로그램 정지 | M01 | 선택적 프로그램 정지 |
| M02 | 프로그램 종료 | M03 | 주축 정회전(주축이 시계 방향으로 회전) |
| M04 | 주축 역회전(주축이 반시계 방향으로 회전) | M05 | 주축 정지 |
| M06 | 공구 교환 | M08 | 절삭유 ON |
| M09 | 절삭유 OFF | M14 | 심압대 스핀들 전진 |
| M15 | 심압대 스핀들 후진 | M16 | Air blow2 ON, 공구측정 Air |
| M18 | Air blow1,2 OFF | M30 | 프로그램 종료 후 리셋 |
| M98 | 보조 프로그램 호출 | M99 | 보조 프로그램 종료 후 주프로그램 회기 |

**[G 코드(준비 기능)]**

G50 : CNC선반_좌표계 설정
G40, G41, G42 : 공구반경보정
G01 : 직선보간
G03 : 원호보간(반시계방향)

G92 : 머시닝센터_좌표계 설정
G00 : 위치보간(급속이송)
G02 : 원호보간(시계방향)
G04 : 일시정지(휴지기능)

## 07

정답 ①

공기 조화의 4대 요소 : 온도, 습도, 기류, 청정도(온습기청)

## 08

정답 ②

축류 펌프(Axial flow pump) : 프로펠러 모양인 임펠러의 회전에 의해 유체가 원주 방향에서 **축 방향**으로 유입된다.

## 09

정답 ③

제강(Steel manufacture) : 선철 중의 불순물[탄소(C), 규소(Si), 인(P), 황(S)]을 제거하고 정련시키는 것으로 탄소량을 0.02~2.0% 정도로 감소시키는 것을 제강법이라고 하며 이 방법을 거쳐 단단한 탄소강이 생산된다. 제강 방법에는 전로제강법, 전기로제강법, 평로제강법이 있다.

> **참고**
> ※ **정련** : 불순물을 제거하고 순도를 높이는 작업
> ※ 제강법은 <u>노 내의 내화물</u>에 따라 **산성과 염기성으로 구분**한다.

## 10

**[키(Key)의 전달 동력 크기가 큰 순서]**

세레이션 > 스플라인 > 접선 키 > 묻힘 키(성크 키) > 반달 키(우드러프 키) > 평 키 > 안장 키(새들
키) > 핀 키(둥근 키)

## 11
정답 ②

**[가솔린 기관(불꽃점화기관)]**
- 흡입 → 압축 → 폭발 → 배기 4행정 1사이클로 공기와 연료를 **함께** 엔진으로 흡입한다.
- **가솔린 기관의 구성** : 크랭크축, 밸브, 실린더 헤드, 실린더 블록, 커넥팅 로드, 점화 플러그
- **실린더 헤드란** 실린더 블록 뒷면 덮개 부분으로 밸브 및 점화 플러그 구멍이 있고 연소실 주위에는 물재
  킷이 있는 부분이다. 재질은 주철 및 알루미늄 합금주철이다.

**[디젤 기관(압축착화기관)]**
- 혼합기 형성에서 공기만 압축한 후, 연료를 분사한다. 즉, 디젤 기관은 공기와 연료를 **따로** 흡입한다.
- **디젤 기관의 구성** : 연료분사펌프, 연료공급펌프, 연료 여과기, 노즐, 공기 청정기, 흡기다기관, 조속기,
  크랭크축, 분사시기 조정기
- 조속기는 연료의 분사량을 조절한다.
- 디젤 기관의 연료 분사 3대 요건 : 관통, 무화, 분포

**[가솔린 기관과 디젤 기관의 특징 비교]**

| 가솔린 기관 | 디젤 기관 |
| --- | --- |
| 인화점이 낮다. | 인화점이 높다. |
| 점화장치가 필요하다. | 점화장치, 기화장치 등이 없어 고장이 적다. |
| 연료소비율이 디젤보다 크다. | 연료소비율과 연료소비량이 낮으며 연료가격이 싸다. |
| 일산화탄소 배출이 많다. | 일산화탄소 배출이 적다. |
| 질소산화물 배출이 적다. | 질소산화물이 많이 생긴다. |
| 고출력 엔진 제작이 불가능하다. | 사용할 수 있는 연료의 범위가 넓고 대출력 기관을 만들기 쉽다. |
| 압축비 6~9 | 압축비 12~22 |
| 열효율 26~28% | 열효율 33~38% |
| 회전수에 대한 변동이 크다. | 압축비가 높아 열효율이 좋다. |
| 소음과 진동이 적다. | 연료의 취급이 용이하며 화재의 위험이 적다. |

| 가솔린 기관 | 디젤 기관 |
|---|---|
| 연료비가 비싸다. | 저속에서 큰 회전력이 생기며 회전력의 변화가 적다. |
| 제작비가 디젤에 비해 비교적 저렴하다. | 출력 당 중량이 높고 제작비가 비싸다. |
| ― | 연소속도가 느린 중유, 경유를 사용해 기관의 회전속도를 높이기가 어렵다. |

## 12

정답 ③

- A점 : "비례한도"로 응력($\sigma$)과 변형률($\epsilon$)이 선형적으로 비례하는 구간의 최대값이며 비례한도 내에서 후크의 법칙이 성립한다.
- B점 : "상항복점"으로 하중의 증가 없이도 재료의 신장(변형)이 발생하는 응력이 최대인 점의 항복점이다.
- C점 : "극한강도(인장강도)"로 재료가 견딜 수 있는 최대의 응력을 말하며 C점에 이르면 재료의 일부분이 수축되면서 D점에서 파괴된다.
- D점 : "파단점"으로 재료가 파단되는 지점의 응력 값을 말한다.

## 13

정답 ③

① **드레싱** : 로딩, 글레이징 등의 현상으로 무뎌진 연삭입자를 재생시키는 방법이다. 즉, 드레서라는 공구로 숫돌표면을 가공하여 자생작용시켜 새로운 연삭입자가 표면으로 나오게 하는 방법이다.
② **로딩(눈메움)** : 연삭가공으로 발생한 칩이 기공에 끼는 현상을 말한다.
③ **트루잉** : 나사나 기어를 연삭가공하기 위해 숫돌의 형상을 처음 형상으로 고치는 작업으로 일명 "모양고치기"라고 한다.
④ **글레이징(눈무딤)** : 숫돌입자가 탈락하지 않고 마멸에 의해 납작해지는 현상을 말한다.

**[로딩(눈메움)의 원인]**
- 숫돌의 조직이 치밀하여 숫돌의 경도가 공작물의 경도보다 높을 때
- 숫돌의 회전속도가 느릴 때
- 연삭깊이가 깊을 때

**[글레이징(눈무딤)의 원인]**
- 숫돌의 결합도가 클 때(결합도가 크면 숫돌이 단단하여 숫돌의 자생과정이 잘 발생하지 않아 숫돌입자가 탈락하지 않고 마멸에 의해 납작해진다)
- 숫돌의 원주속도가 빠를 때(원주속도가 빠르면 숫돌을 구성하는 입자들이 원심력에 의해 조밀 조밀하게 모여 결합도가 증가하기 때문이다)
- 숫돌의 재질과 일감의 재질이 다를 때

# 14

| | |
|---|---|
| 솔리드 모델링<br>(Solid modeling) | 속이 꽉 찬 블록에 의한 형상기법으로 물체의 내·외부 구분이 가능하고 형상의 이해가 쉽다.<br>[특징]<br>• 숨은선 제거가 가능하다.<br>• 정확한 형상을 파악하기 쉽다.<br>• 복잡한 형상의 표현이 가능하다.<br>• 실물과 근접한 3차원 형상의 모델을 만들 수 있다.<br>• <u>부피, 무게, 표면적, 관성모멘트, 무게중심 등(물리적 성질)을 계산할 수 있다.</u><br>• 단면도 작성과 간섭체크가 가능하다.<br>• 데이터의 구조가 복잡하여 처리해야 할 데이터의 양이 많다.<br>• 컴퓨터의 메모리를 많이 차지한다.<br>※ 솔리드 모델링은 와이어 프레임 모델링과 서피스 모델링에 비해 모든 작업이 가능하지만 데이터 구조가 복잡하고 컴퓨터의 메모리를 많이 차지하는 단점을 가지고 있다. |
| 와이어 프레임 모델링<br>(Wire frame<br>modeling) | 면과 면이 만나서 이루어지는 모서리만으로 모델을 표현하는 방법으로 점, 직선 그리고 곡선으로 구성되는 모델링이다.<br>[특징]<br>• 모델 작성이 쉽고 처리 속도가 빠르다.<br>• 데이터의 구성이 간단하다.<br>• 3면 투시도 작성이 용이하다.<br>• 물리적 성질을 계산할 수 없다.<br>• 숨은선 제거가 불가능하며 간섭체크가 어렵다.<br>• 단면도 작성이 불가능하다.<br>• 실체감이 없으며 형상을 정확히 판단하기 어렵다.<br>※ 물체를 빠르게 구상할 수 있고 처리 속도가 빠르고 차지하는 메모리의 양이 적어 가벼운 모델링에 사용한다. |
| 서피스 모델링<br>(Surface modeling) | 면을 이용하여 물체를 모델링하는 방법으로 와이어 프레임 모델링에서 어려웠던 작업을 진행할 수 있으며 NC가공에 최적화되어 있다는 큰 장점을 가지고 있다.<br>※ 솔리드 모델링은 데이터의 구조가 복잡하기 때문에 NC가공을 할 때 서피스 모델링을 선호하여 사용한다.<br>[특징]<br>• 은선 처리 및 음영처리가 가능하다.<br>• 단면도 작성을 할 수 있다.<br>• NC가공이 가능하다.<br>• 간섭체크가 가능하다.<br>• 2개의 면의 교선을 구할 수 있다.<br>• 물리적 성질을 계산할 수 없다.<br>• 물체 내부의 정보가 없다.<br>• 유한요소법적용(FEM)을 위한 요소분할이 어렵다. |

PART II 정답 및 해설

# 15

정답 ②

**[밀링 머신]**

- 공작기계 중 가장 다양하게 사용되는 기계로 원통 면에 많은 날을 가진 커터(다인 절삭 공구)를 회전시키고 공작물(일감)을 테이블에 고정한 후, 절삭 깊이와 이송을 주어 절삭하는 공작기계이다.
- 주로 "평면"을 가공하는 공작기계로 홈, 각도가공뿐만 아니라, 불규칙하고 복잡한 면을 가공할 수 있으며 또한, 드릴의 홈, 기어의 치형도 가공할 수 있다. 보통 다양한 밀링커터를 활용하여 다양하게 사용된다.
- 주로 <u>평면절삭</u>, 공구의 회전절삭, 공작물의 직선 이송에 사용된다.
- **주요 구성요소** : 주축, 새들, 칼럼, 오버암 등
- **부속 구성요소** : 아버, 밀링바이스, 분할대, 회전테이블(원형테이블) 등
  ※ **아버(arbor)** : 밀링커터를 고정하는 데 사용하는 고정구

| | |
|---|---|
| 주축(spindle) | **공구(밀링커터) 또는 아버가 고정되며 회전하는 부분이다.** 즉, 절삭공구에 <u>회전운동</u>을 주는 부분이다. |
| 니(knee) | 새들과 테이블을 지지하고 **공작물을** <u>상하</u>로 이송시키는 부분으로 가공 시 절삭 깊이를 결정한다. |
| 새들(saddle) | 테이블을 지지하며 **공작물을** <u>전후</u>로 이송시키는 부분이다. |
| 테이블(table) | 공작물을 직접 고정하는 부분으로 새들 상부의 안내면에 장치되어 <u>좌우</u>로 이동한다. 또한, 공작물을 고정하기 편리하도록 T홈이 테이블 상면에 파져있다. |
| 칼럼(column) | • 밀링머신의 몸체로 절삭 가공 시 진동이 적고 하중을 충분히 견딜 수 있어야 한다.<br>• 베이스를 포함하고 있는 기계의 지지틀이다. 칼럼의 전면을 칼럼면이라고 하며 니(knee)가 수직방향으로 상하 이동할 때 니(knee)를 지지하고 안내하는 역할을 한다. |
| 오버암(over arm) | 칼럼 상부에 설치되어 있는 것으로 아버 및 부속 장치를 지지한다. |

※ <u>암기법 : (테)(좌)야 (니) (상)여금 (세)(전) 얼마야?</u>
  → "테이블 – 좌우", "니 – 상하", "새들 – 전후"

# 16

정답 ②

**[주철의 성장]**

A1 변태점 **이상**에서 가열과 냉각을 반복하면 주철의 부피가 커지면서 팽창하여 균열을 일으키는 현상을 말한다.

**[주철의 성장 원인]**

- 불균일한 가열에 의해 생기는 파열 팽창
- 흡수된 가스에 의한 팽창에 따른 부피 증가
- 고용 원소인 규소(Si)의 산화에 의한 팽창 → 페라이트 조직 중 규소(Si) 산화
- 펄라이트 조직 중의 시멘타이트($Fe_3C$) 분해에 따른 흑연화에 의한 팽창

**[주철의 성장 방지법]**
- 탄소(C), 규소(Si)의 양을 적게 한다. → 규소(Si)는 산화하기 쉬우므로 규소(Si) 대신에 내산화성이 큰 니켈(Ni)로 치환한다.
- 편상흑연을 구상흑연화시킨다.
- 흑연의 미세화로 조직을 치밀하게 한다.
- 탄화안정화원소인 크롬(Cr), 바나듐(V), 몰리브덴(Mo), 망간(Mn)을 첨가하여 펄라이트 중의 시멘타이트(Fe₃C) 분해를 막는다.

## 17
정답 ④

**[축압 브레이크]**
유압 피스톤으로 작동되는 <u>마찰패드가 회전축 방향에 힘을 가하여 제동하는 브레이크</u>로 원판 브레이크(디스크 브레이크)와 원추 브레이크(원뿔 브레이크)가 있다.
※ **디스크 브레이크** : 축압 브레이크의 일종으로 회전축 방향에 힘을 가하여 회전을 제동하며 <u>원판 브레이크라고도 한다</u>. 용도로는 부피가 작아 차량이나 자동화 장치 등에 사용하며 값이 비싸 자동차와 오토바이의 앞바퀴 제동에 주로 사용한다.

## 18
정답 ③

**[선반 가공에서의 절삭속도]**

$$V[\mathrm{m/min}] = \frac{\pi dN}{1,000}$$

[단, $d$ : 공작물의 지름(mm), $N$ : 주축의 회전수(rpm)]

$$\therefore N = \frac{1,000\,V}{\pi d} = \frac{1,000 \times 314}{3.14 \times 100} = 1,000\mathrm{rpm}$$

※ $d = 10\mathrm{cm} = 100\mathrm{mm}$

## 19
정답 ③

① 심압대 편위량은 $\dfrac{L(D-d)}{2l}$ 로 구할 수 있다.

② 복식 공구대는 길이가 짧고, 테이퍼 각이 큰 공작물(일감)에 사용한다.

④ 심압대의 편위에 의한 가공은 비교적 길이가 긴 공작물(일감)에 사용한다.

## 20
정답 ④

**[합금원소의 효과]**

| 니켈(Ni) | • 강인성, 내식성, 내산성, 담금질성, 저온충격치, 내충격성을 증대시킨다.<br>• 오스테나이트 조직을 안정화시킨다. |
|---|---|
| 망간(Mn) | • 니켈(Ni)과 거의 비슷한 작용을 한다.<br>• 적열취성(적열메짐)을 방지한다. |

| 크롬(Cr) | • 강도, 경도, 내열성, 내마모성, 내식성을 증대시킨다.<br>• 4% 이상 함유되면 단조성이 저하된다.<br>• 페라이트 조직을 안정화시킨다. |
|---|---|
| 몰리브덴(Mo) | • 담금질 깊이를 깊게 하고 크리프 저항을 증가시킨다.<br>• 뜨임취성(뜨임메짐)을 방지한다.<br>• 경도, 내마멸성, 강인성, 담금질성 등을 증가시킨다. |
| 규소(Si) | • 전자기적 성질을 개선하고 내식성을 증가시킨다.<br>• 내열성, 내식성, 경도, 인장강도 등을 개선시킨다.<br>• 탄성한계를 증가시킨다. → 너무 많이 첨가할 경우에는 탈탄이 발생하므로 망간(Mn)을 첨가하여 탈탄을 방지한다.<br>• 결정립을 조대화시킨다. |

# 13
### 2017년 12월 16일 시행
# 지방직 9급 공개경쟁채용

| 01 | ④ | 02 | ③ | 03 | ① | 04 | ① | 05 | ② | 06 | ④ | 07 | ② | 08 | ② | 09 | ② | 10 | ③ |
| 11 | ① | 12 | ② | 13 | ① | 14 | ③ | 15 | ④ | 16 | ④ | 17 | ② | 18 | ③ | 19 | ② | 20 | ④ |

## 01
정답 ④

스플라인 : 보스의 원주상에 일정한 간격으로 키 홈을 가공하여 다수의 키를 만든 것으로 회전력이 매우 크기 때문에 자동차 등의 변속기어 축에 사용되는 기계요소이다.

**[키(Key)의 전달 동력 크기가 큰 순서]**

세레이션 > 스플라인 > 접선 키 > 묻힘 키(성크 키) > 반달 키(우드러프 키) > 평 키 > 안장 키(새들 키) > 핀 키(둥근 키)

## 02
정답 ③

**[밸브의 종류]**

| | |
|---|---|
| 압력제어 밸브<br>(일의 크기를 제어) | 릴리프 밸브, 감압 밸브(리듀싱 밸브), 시퀀스 밸브(순차동작 밸브), 카운터밸런스 밸브, 무부하 밸브(언로딩 밸브), 압력스위치, 이스케이프 밸브, 안전 밸브, 유체퓨즈 |
| 유량제어 밸브<br>(일의 속도를 제어) | 교축 밸브(스로틀 밸브), 유량조절 밸브(압력보상 밸브), 집류 밸브, 스톱 밸브(정지 밸브), 바이패스유량제어 밸브, 분류 밸브 |
| 방향제어 밸브<br>(일의 방향을 제어) | 체크 밸브(역지 밸브), 셔틀 밸브, 감속 밸브(디셀러레이션 밸브), 전환 밸브, 포핏 밸브, 스풀 밸브(메뉴얼 밸브) |

## 03
정답 ①

| 코어(Core) | 구멍 같은 주물의 내부형상을 만들기 위해 주형에 삽입하는 모래 형상이다. |
|---|---|
| 코어박스(Core box) | 코어를 제작할 때 사용하는 틀이다. |
| 코어프린트(Core print) | 코어를 고정 및 지지하기 위해 모형, 코어 혹은 주형에 추가된 부분 또는 주물의 중공부 형성을 위한 코어를 끼워 넣기 위해 제작되는 목형의 돌기 부분이다. |

**[코어에 코어프린트가 필요한 이유(reason)]**

코어는 빈 주물을 만들 때 매우 가혹한 상태에 처하기 때문에 높은 내식성, 높은 강도, 양호한 통기성, 양호한 내화성, 충분한 가축성을 가져야 한다. 그러므로 코어를 지지하기 위해선 코어프린트가 중요하다.

※ **주조란** 고체상태의 금속을 녹여 만들고자 하는 모양의 주형에 주입한 후, 응고시켜 원하는 모양을 한 번에 만드는 작업을 말한다.

## 04

정답 ①

- 용광로에 코크스, 철광석, 석회석을 교대로 장입하고 용해하여 나오는 철을 <u>선철</u>이라 하며 이 과정을 <u>제선</u>과정이라 한다.
- 용광로에서 나온 <u>선철</u>을 다시 평로, 전기로 등에 넣어 불순물을 제거하여 제품을 만드는 과정을 <u>제강</u>이라 한다.
- ※ **제강**(steel manufacture) : 선철 중의 불순물(탄소[C], 규소[Si], 인[P], 황[S])을 제거하고 정련시키는 것으로 탄소량을 0.02~2.0% 정도로 감소시키는 것을 제강법이라고 하며 이 방법을 거쳐 단단한 탄소강이 생산된다. 제강 방법에는 전로제강법, 전기로제강법, 평로제강법이 있다.
- ※ **정련** : 불순물을 제거하고 순도를 높이는 작업
- ※ 제강법은 <u>노 내의 내화물에 따라 **산성과 염기성으로 구분**</u>한다.

## 05

정답 ②

**[성형품에 나타나는 결함의 종류]**

| | |
|---|---|
| 플래시(flash) | 금형의 맞닿는 파팅라인(parting line) 부분에 성형품의 형상 이외에 형상이 만들어지는 결함이다. 즉, 고정형과 이동형의 사이, 슬라이드 부분, **이젝터 핀 간격 틈새 등에 수지가 흘러들어가 필요 이상의 <u>진느러미</u>가 생긴 현상**이다. <u>즉, 틈새에서 수지가 흘러나와 고화 또는 경화된 얇은 조각 모양의 수지가 생기는 결함</u>이다. |
| 용접선(weld line) | 용융 플라스틱이 캐비티 내에서 분리되어 흐르다 <u>서로 만나는</u> 부분에서 생기는 것으로 주조 과정에서 나타나는 <u>콜드셧</u>(cold shut)과 유사한 형태의 사출 결함이다. |
| 함몰자국(sink mark) | 제품의 두꺼운 부분이나 리브(rib), 보스(boss) 등의 외측 벽이 불충분한 냉각과 두꺼운 곳에서 열 수축이 보상될 수 없을 때, 성형품의 표면상에 바깥쪽 층이 안쪽으로 빨려 들어가 <u>오목하게 나타나는</u> 현상이다. 즉, **냉각속도가 큰 부분의 표면에 <u>오목한 형상</u>이 발생하는 불량**이다. |
| 주입부족(short shot) | 제품의 형상이 불안전하게 충전된 성형품을 주입부족 또는 미성형이라고 한다. 즉, 성형품 일부가 모자란 현상이다. |
| 흐름자국(flow mark) | 캐비티로 최초에 유입된 수지의 냉각이 너무 빨라서 다음에 유입되는 수지와의 경계가 생겨서 일어나는 것으로 용융 수지의 흐름 흔적이 <u>줄무늬 모양, 파상 또는 흐름 줄무늬</u>로 나타나는 현상이다. |

## 06

정답 ④

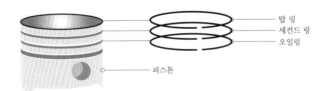

탑 링
세컨드 링
오일링

피스톤

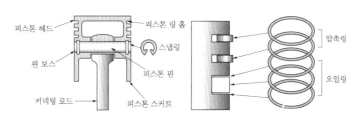

[피스톤과 피스톤링의 구조]

## [피스톤링]

피스톤과 실린더 내벽 사이의 기밀을 유지하고 실린더 벽의 윤활유를 긁어내려 윤활유가 연소실로 들어가지 않도록 하기 위해 피스톤 바깥 둘레의 홈에 끼우는 링이다.

| 피스톤링의 구분 | • 가스링, 압력링, 압축링 : 기밀 유지를 주목적으로 한다.<br>• 오일링 : 윤활유를 긁어 내리는 것을 주목적으로 한다. |
|---|---|
| 피스톤링의 역할 | • 오일제어 작용(오일 긁어내리기)<br>• 냉각 작용(열전도)<br>• 기밀유지 작용(밀봉) |
| 피스톤링의 구비 조건 | • 고온에서도 탄성을 유지할 수 있을 것<br>  → 피스톤링은 탄성을 주기 위해 절개부가 있는 원형으로 만든다.<br>• 실린더 벽에 동일한 압력을 가할 것<br>• 열팽창률이 작을 것<br>• 장기간 사용해도 링 자체 및 실린더 마멸이 적을 것 |
| 피스톤링의 재질과 가공 방법 | 피스톤링의 재질은 특수 주철이며 원심주조법으로 만든다. 원심주조법은 중공 주물(속이 빈 제품)을 만드는 주조법이다. 따라서 피스톤링, 실린더라이너 등을 만들 때 사용한다. 피스톤링의 재질은 실린더 벽 재질보다 다소 경도가 낮아야 한다. 그 이유는 실린더 벽의 마멸을 감소시키기 위해서이다.<br>※ 탑링과 오일링은 크롬(Cr)으로 도금을 하여 내마모성을 높인다. |
| 피스톤링의 이음부 간극<br>(절개부 간극, end gap) | • 링 이음부 간극은 엔진 작동 중 열팽창을 고려하여 간극을 두어야 하며 피스톤 바깥지름과 관계된다.<br>• 링 이음부 간극은 압축링(탑링)을 가장 크게 해야 한다.<br>• 실린더에 링을 끼우고 피스톤 헤드로 밀어 넣어 수평 상태로 한 후, 피스톤링의 이음 간극을 측정할 때 사용하는 도구인 시크니스 게이지(thinkness gage)로 이음 간극을 측정하여 정상인지 판단한다.<br>  → 피스톤링의 이음 간극을 측정하는 도구는 "시크니스 게이지(틈새게이지 = 필러게이지)"이다.<br><br>[시크니스게이지] |
| 링 이음부의 조립 방향 | • 피스톤링을 피스톤에 조립할 때, 각각의 링 이음부 방향이 한 쪽으로 일직선상에 있게 되면 블로바이가 발생하기 쉽다. 블로바이는 밸브 틈새 등을 통해 연소가스가 새는 현상을 말한다.<br>• 링 이음부의 위치는 서로 120°, 180° 방향으로 끼워야 하고, 이때 링 이음부가 측압 쪽을 향하지 않도록 해야 한다. |

※ 스냅링 : 축 또는 구멍에 설치한 틈에 삽입하여 상대의 보스 또는 축 등의 부품이 빠져 나가지 않도록 사용하는 스프링 작용을 갖는 체결 부품으로 고리 모양의 스프링으로 축용과 구멍용이 있다(동력 전달은 불가능하다).

# 07

정답 ②

절삭가공 시 최고 온도점은 노즈(nose)에서 약간 떨어진 위치에서 나타난다.

※ **노즈(nose)** : 공구 날 끝의 둥근 부분으로 노즈의 반경은 일반적으로 0.8mm이다.

# 08

정답 ②

| 망간(Mn) | • 니켈(Ni)과 거의 비슷한 작용을 한다.<br>• 망간은 황(S)과 반응하여 황화망간(MnS)으로 되어 황(S)의 해를 제거하여 적열취성(적열 메짐)을 방지한다. |
|---|---|
| 니켈(Ni) | • 강인성, 내식성, 내산성, 담금질성, 저온충격치, 내충격성을 증대시킨다.<br>  → 강인성(강한 인성)을 증대시키기 때문에 취성이 감소된다(인성과 취성은 반비례 관계를 갖는다).<br>• 오스테나이트 조직을 안정화시킨다. |
| 크롬(Cr) | • 강도, 경도, 내열성, 내마모성, 내식성을 증대시킨다. 하지만, 4% 이상 함유되면 단조성이 저하된다.<br>• 페라이트 조직을 안정화시킨다. |
| 바나듐(V) | • 과정에서 결정립의 성장을 억제하여 강도와 인성을 향상시킨다. |

# 09

정답 ②

• **이어링(earing)** : 판재의 평면 이방성으로 인해서 드로잉된 컵의 벽면 끝에 파도 모양이 생기는 현상이다.
• **아이어닝(ironing)** : 딥드로잉된 컵의 두께를 더욱 균일하게 만들기 위한 후속공정으로 이어링(earing) 현상을 방지한다.

# 10

정답 ③

**[재결정]**

회복온도에서 더 가열하게 되면 내부응력에 제거되고 새로운 결정핵이 결정 경계에 나타난다. 그리고 이 결정이 성장하여 새로운 결정으로 연화된 조직을 형성하는 것을 재결정이라고 한다. 즉, 특정한 온도에서 금속에 새로운 신 결정이 생기고 그것이 성장하는 현상이다.

| 금속의 재결정 성장 과정 | 가공 경화된 금속을 가열하면 회복 현상이 나타난 후, 새로운 결정립이 생성(재결정)되고 결정립이 성장(결정립 성장)하게 된다. 즉, 회복 → 재결정 → 결정립 성장의 단계를 거치게 된다.<br>※ **회복** : 가공 경화된 금속을 가열하면 할수록 특정 온도 범위에서 내부응력이 완화되는 것을 말하며 회복은 재결정 온도 이하에서 일어난다. |
|---|---|
| 재결정 온도 | 1시간 안에 95% 이상의 재결정이 완료되는 온도<br>**금속의 재결정 온도(℃)**<br><br>테이블 |

**금속의 재결정 온도(℃)**

| 철(Fe) | 니켈(Ni) | 금(Au) | 은(Ag) | 구리(Cu) | 알루미늄(Al) |
|---|---|---|---|---|---|
| 450 | 600 | 200 | 200 | 200 | 180 |

| 텅스텐(W) | 백금(Pt) | 아연(Zn) | 납(Pb) | 몰리브덴(Mo) | 주석(Sn) |
|---|---|---|---|---|---|
| 1,000 | 450 | 18 | −3 | 900 | −10 |

| | |
|---|---|
| 특징 | • 재결정 온도 이하에서의 소성가공을 냉간가공, 이상에서의 소성가공을 열간가공이라고 한다.<br>• 재결정 온도($T_r$)는 그 금속의 융점($T_m$)에 대하여 약 $(0.3 \sim 0.5) T_m$이다. [단, $T_r$ 과 $T_m$은 절대온도이다]<br>• 재결정은 재료의 연신율 및 연성을 증가시키고 강도를 저하시킨다.<br>• 재결정 온도 이상으로 장시간 유지할 경우 결정립이 커진다.<br>• 가공도가 큰 재료는 재결정 온도가 낮다. 그 이유는 재결정 온도가 낮으면 금방 재결정이 이루어져 새로운 신결정이 발생하기 때문이다. 새로운 신 결정은 무른 상태(연한 상태)이기 때문에 가공이 용이하다.<br>• 냉간가공에 의한 선택적 방향성(이방성)은 재결정 후에도 유지되며(재결정이 선택적 방향성에 영향을 미치지 못한다), 선택적 방향성을 제거하기 위해서는 재결정 온도보다 더 높은 온도에서 가열해야 등방성이 회복된다.<br>• 재결정 온도는 순도가 높을수록, 가열시간이 길수록, 조직이 미세할수록, <u>가공도가 클수록 낮아진다.</u><br>• 가열온도가 동일하면 가공도가 높을수록 재결정 시간이 줄어들며 냉간가공도가 일정하면 온도가 증가함에 따라 재결정시간이 줄어든다.<br>※ 이방성은 방향에 따라 재료의 물리적 특성이 달라지는 성질이며 등방성은 방향이 달라져도 모든 방향에서 물리적 특성이 동일한 성질이다. |

# 11

**정답** ①

<u>압하량이 일정할 때, 직경이 작은 작업롤러(roller)를 사용하면 압하력 및 압연하중이 감소한다.</u>

반지름이 큰 롤러일수록 무겁다. 즉, 무게(중량, mg)가 크다는 것을 의미한다.

→ 반지름이 큰 롤러일수록 더 큰 무게로 그림의 화살표처럼 아래로 더 큰 힘이 작용하게 된다. 즉, 롤러의 무게가 커지므로 판재에 더 큰 힘이 작용하게 된다. 따라서 압하력 및 압연하중이 증가하게 된다.

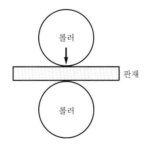

# 12

**정답** ②

**[레이저 빔 가공]**

레이저를 사용하여 <u>재료 표면의 일부를 용융·증발시켜 제거하는</u> 가공법이다.

**[레이저 빔 가공의 특징]**
• 금속 재료, 비금속 재료 **모두 적용이 가능**하다.
• **진공을 필요로 하지 않는다.**

- 구멍 뚫기, 홈파기, 절단, 마이크로 가공 등에 응용될 수 있다.
- 가공할 수 있는 재료의 두께와 가공깊이에 한계가 있다.
- 비열, 반사도, 열전도도가 작을수록 효율이 좋다.

※ 비열, 반사도, 열전도도가 작을수록 효율이 좋은 이유
  - 비열이란 어떤 물질 1kg을 1℃ 올리는 데 필요한 열량이다. 비열이 작을수록 1℃ 올리는 데 필요한 열량이 적게 든다. 즉, 비열이 작아야 레이저 빔 가공을 위한 온도까지 올리는 데 열량이 적게 들고 쉽게 온도를 높일 수 있기 때문에 효율이 좋아진다.
  - 반사도가 작을수록 열의 집중이 좋아지므로 재료 표면을 집중 가열하여 효율이 좋아진다.
  - 전도도가 작을수록 열이 분산되지 않고 집중되어 빠르게 재료의 온도를 높일 수 있으므로 효율이 좋아진다.

## 13
정답 ①

[기어의 축간 거리]

$$C = \frac{D_1 + D_2}{2} = \frac{m(Z_1 + Z_2)}{2} \quad \text{[단, } m : \text{모듈, } Z : \text{잇수]}$$

$$= \frac{4(25 + 50)}{2} = 150$$

## 14
정답 ③

[쿠츠바흐의 판별식(Kutzbach criterion)]

자유도$(m) = 3(n-1) - 2f_1 - f_2$

[단, $n$ : 링크 수, $f_1$ : 자유도가 1인 조인트의 수, $f_2$ : 자유도가 2인 조인트의 수]

$\therefore m = 3(n-1) - 2f_1 - f_2 = 3 \times (7-1) - 2 \times 8 - 0 = 2$

## 15
정답 ④

수소취성 : 재료 내로 침투되는 수소에 의하여 연성이 떨어지는 현상을 말한다. 일반적으로 강도가 높은 강일수록 수소취성에 더욱 취약해진다.

## 16
정답 ④

① 플래시(flash)는 금형의 맞닿는 파팅라인(Parting line) 부분에 성형품의 형상 이외에 형상이 만들어지는 결함이다. 즉, 고정형과 이동형의 사이, 슬라이드 부분, 이젝터 핀 간격 틈새 등에 수지가 흘러들어가 필요 이상의 지느러미가 생긴 현상이다.
  → 다이캐스팅도 금형을 이용하기 때문에 금형 틈새에서 플래시(flash)가 형성될 수 있다.
② 사형주조보다 주물의 표면정도가 우수하다.
③ 고온가압실식(고온챔버)과 저온가압실식(저온챔버)으로 구분된다.
④ 축, 나사 등을 이용한 인서트 성형이 가능하다.

**[다이캐스팅]**

용융금속을 금형(영구주형) 내에 대기압 이상의 높은 압력으로 빠르게 주입하여 용융금속이 응고될 때까지 압력을 가하여 압입하는 주조법으로 다이주조라고도 하며 주물 제작에 이용되는 주조법이다. 필요한 주조 형상과 완전히 일치하도록 정확하게 기계 가공된 강재의 금형에 용융금속을 주입하여 금형과 똑같은 주물을 얻는 방법으로 그 제품을 다이캐스트 주물이라고 한다.

**[다이캐스팅 사용재료]**
• 고온가압실식(고온챔버) : 납(Pb), 주석(Sn), 아연(Zn)
• 저온가압실식(저온챔버) : 알루미늄(Al), 마그네슘(Mg), 구리(Cu)

**[다이캐스팅의 특징]**
• 정밀도가 높고 주물 표면이 매끈하다.
• 기계적 성질이 우수하며 대량생산이 가능하고 얇고 복잡한 주물의 주조가 가능하다.
• 가압되므로 기공이 적고 결정립이 미세화되어 치밀한 조직을 얻을 수 있다.
• <u>기계 가공이나 다듬질할 필요가 없으므로 생산비가 저렴하다.</u>
• 다이캐스팅된 주물재료는 얇기 때문에 주물 표면과 중심부 강도는 동일하다.
• 가압 시 공기 유입이 용이하며 열처리하면 부풀어 오르기 쉽다.
• 주형재료보다 용융점이 높은 금속재료에는 적합하지 않다.
• 시설비와 금형 제작비가 비싸고 생산량이 많아야 경제성이 있다. 즉, 소량생산에는 비경제적이기 때문에 적합하지 않다.
• 주로 얇고 복잡한 형상의 <u>비철금속</u> 제품 제작에 적합하다.

**필수암기**
• 영구 주형을 사용하는 주조법 : 다이캐스팅, 가압주조법, 슬러시주조법, 원심주조법, 스퀴즈주조법, 반용융성형법, 진공주조법
• 소모성 주형을 사용하는 주조법 : 인베스트먼트법(로스트왁스법), 셸주조법(크로닝법)
  → 소모성 주형은 주형에 쇳물을 붓고 응고되어 주물을 꺼낼 때 주형을 파괴한다.

# 17
정답 ②

| 마찰용접 | <u>선반과 비슷한 구조</u>로 용접할 두 표면을 회전하여 접촉시킴으로써 발생하는 마찰열을 이용하여 접합하는 용접 방법으로 마찰교반용접 및 공구마찰용접이라고 한다. 즉, 금속의 상대 운동에 의한 열로 접합을 하는 용접이며 <u>열영향부(HAZ, Heat Affected Zone)</u>를 가장 좁게 할 수 있는 특징을 가지고 있다.<br>※ **열영향부**(HAZ, Heat Affected Zone) : 용융점 이하의 온도이지만 금속의 미세조직 **변화**가 일어나는 부분으로 "**변질부**"라고도 한다. |
|---|---|
| 스웨이징 | **압축가공의 일종**으로 선, 관, 봉재 등을 공구 사이에 넣고 압축 성형하여 두께 및 지름 등을 감소시키는 공정 방법으로 봉 따위의 재료를 <u>반지름 방향</u>으로 다이를 왕복 운동하여 지름을 줄인다. 따라서 스웨이징을 <u>반지름 방향 단조 방법</u>이라고도 한다. |

| 심용접 | 점용접을 연속적으로 하는 것으로 전극 대신에 회전 롤러 형상을 한 전극을 사용하여 용접 전류를 공급하면서 전극을 회전시켜 용접하는 방법이다.<br>※ **점용접(스폿용접)** : 전극 사이에 용접물을 넣고 가압하면서 전류를 통하여 그 접촉 부분의 저항열로 가압 부분을 융합시키는 방법으로 리벳 접합은 판재에 구멍을 뚫고 리벳으로 접합시키나 스폿용접은 구멍을 뚫지 않고 접합할 수 있다. |
|---|---|
| 헤딩 | 기본적으로 업세팅 작업이며 둥근 봉이나 선의 한 쪽 끝에 단면적이 큰 부분을 만드는 데 적용된다. 예를 들어, 볼트, 리벳, 못, 나사 등의 기타 체결용 부품들의 머리 부분을 제작하는 데 사용된다. |
| 플래시용접<br>(플래시 버트 용접,<br>불꽃용접) | • 두 모재에 전류를 공급하고 서로 가까이 하면 접합할 단면과 단면 사이에 **"아크"**가 발생해 고온의 상태로 모재를 길이방향으로 압축하여 접합하는 용접 방법이다. 즉, 철판에 전류를 통전하여 **"외력"**을 이용해 가압하는 방법으로 비소모식 용접법이다.<br>• 용접할 재료를 적당한 거리에 놓고 서로 서서히 접근시켜 용접 재료가 서로 접촉하면 돌출된 부분에서 전기 회로가 생겨 이 부분에 전류가 집중되어 스파크가 발생되고 접촉부가 백열 상태로 된다. 용접부를 더욱 접근시키면 다른 접촉부에도 같은 방식으로 스파크가 생겨 모재가 가열됨으로써 용융 상태가 되면 강한 압력을 가하여(가압) 압접하는 방법이다. |
| 전조 | 다이 사이에 소재를 끼워 소성 변형시켜 원하는 모양을 만드는 가공으로 나사 및 기어를 만드는 데 사용한다. |

**[자주 출제되는 주요 용접의 키포인트 특징]**

| 마찰용접 | 열영향부(HAZ, Heat Affected Zone)를 가장 좁게 할 수 있다. |
|---|---|
| 전자빔용접 | 열 변형을 매우 작게 할 수 있다. |
| 서브머지드아크용접 | 자동금속아크용접, 잠호용접, 유니언멜트용접, 링컨용접, 불가시아크용접, 케네디 용접과 같은 말이며 열손실이 가장 작다. |

**[전기저항용접법의 분류]**

| 겹치기 용접 | 점용접, 심용접, 프로젝션용접 |
|---|---|
| 맞대기 용접 | 플래시용접, 업셋용접, 맞대기 심용접, 퍼커션용접(충돌용접) |

# 18 정답 ③

| 트루잉 | 나사나 기어를 연삭가공하기 위해 숫돌의 형상을 처음 형상으로 고치는 작업으로 일명 "모양 고치기"라고 한다. |
|---|---|
| 글레이징(눈무딤) | 숫돌입자가 탈락하지 않고 마멸에 의해 납작해지는 현상을 말한다. |
| 로딩(눈메움) | 연삭가공으로 발생한 칩이 기공에 끼는 현상을 말한다. |
| 드레싱 | 로딩, 글레이징 등의 현상으로 무뎌진 연삭입자를 재생시키는 방법이다. 즉, 드레서라는 공구로 숫돌표면을 가공하여 자생작용시켜 새로운 연삭입자가 표면으로 나오게 하는 방법이다. |
| 셰딩 | 자생작용이 과도하게 일어나 숫돌의 소모가 심해지는 현상이다. |

## [로딩(눈메움)의 원인]
• 숫돌의 조직이 치밀하여 숫돌의 경도가 공작물의 경도보다 높을 때
• 숫돌의 회전속도가 느릴 때
• 연삭깊이가 깊을 때

## [글레이징(눈무딤)의 원인]
• 숫돌의 결합도가 클 때(결합도가 크면 숫돌이 단단하여 숫돌의 자생과정이 잘 발생하지 않아 숫돌입자가 탈락하지 않고 마멸에 의해 납작해진다)
• 숫돌의 원주속도가 빠를 때(원주속도가 빠르면 숫돌을 구성하는 입자들이 원심력에 의해 조밀조밀하게 모여 결합도가 증가하기 때문이다)
• 숫돌의 재질과 일감의 재질이 다를 때

# 19
정답 ②

## [너트의 풀림 방지 방법]
• 분할핀을 사용하는 방법
• 철사를 사용하는 방법
• 멈춤나사를 사용하는 방법
• 와셔를 사용하는 방법
• 로크너트를 사용하는 방법
• 자동죔너트를 사용하는 방법
• 플라스틱 플러그를 사용하는 방법

# 20
정답 ④

## [수관식 보일러]
오늘날 대부분의 화력발전소에서 사용되고 있는 보일러이다.

| | |
|---|---|
| 정의 | • 비교적 작은 직경의 드럼과 다수의 곡관인 수관으로 구성되어 있으며 수관 내에서 증발을 일으킨다. 그리고 고압에 적당하며 대용량의 것도 제작이 가능하다. 작은 수관이 강한 열을 받아 그 내부에서 다량의 증기를 발생시키므로 내부에 증기가 정체하거나 관이 막히게 되면 과열되어 소손을 일으키게 된다. 따라서 수관 내면이 항상 물에 접하게 하여 충분한 열전달이 이루어질 수 있도록 해야 된다.<br>• 드럼과 드럼 간에 여러 개의 수관을 연결하고, 관 내에 흐르는 물을 가열하여 온수와 증기를 발생시킨다. |
| 장점 | • 구조상 고압($20kg/cm^2$ 이상), 대용량에 적합하다.<br>　→ 지름이 작은 동체를 사용하므로 고압용으로 많이 사용된다.<br>• 연소실의 크기를 마음대로 조절할 수 있으므로 연소상태가 좋으며 또한 여러 종류의 연료 및 연소방식이 적용된다.<br>• 전열면적을 크게 할 수 있으므로 일반적으로 효율이 높다.<br>　→ 전열면적을 크게 할 수 있으므로 대용량보일러 제작도 가능하다.<br>　→ 보일러수의 순환이 빠르고 열효율이 높다(90% 이상). |

| | |
|---|---|
| 장점 | • 전열면적당 보유수량이 적어 소요증기가 발생할 때까지의 시간이 짧다.<br>　→ 보유수량이 적어 증기발생시간이 빠르므로 시간이 단축된다.<br>　→ 시동하고 나서 증기발생까지의 시간이 비교적 짧다.<br>• 현장조립이므로 반입구가 작아도 반입이 가능하다.<br>• 부하변동에 대한 추종성이 높다. |
| 단점 | • 구조가 복잡하고 점검이나 청소가 곤란하다.<br>• 부하변동에 따른 압력이나 수위변화가 비교적 크다.<br>　→ 부하변동에 따라 압력이나 수위가 변동되기 쉬우므로 민감한 조정이 필요하다.<br>• 보일러수 중의 불순물이 수관에 부착하기 쉬우므로 양질의 급수가 필요하다.<br>　→ 양질의 급수가 필요하다. 특히 고압보일러는 세심한 수처리를 필요로 한다.<br>• 수관이 곡관이므로 수관 교체 시 비용이 많이 들며 많은 시간이 소요된다.<br>• 현장 조립이므로 설치 기간이 길다. |

# 14
## 2018년 5월 19일 시행
# 지방직 9급 공개경쟁채용

PART Ⅱ 정답 및 해설

| 01 | ② | 02 | ④ | 03 | ② | 04 | ③ | 05 | ④ | 06 | ② | 07 | ③ | 08 | ① | 09 | ③ | 10 | ② |
|----|---|----|---|----|---|----|---|----|---|----|---|----|---|----|---|----|---|----|---|
| 11 | ② | 12 | ③ | 13 | ③ | 14 | ① | 15 | ② | 16 | ① | 17 | ② | 18 | ③ | 19 | ① | 20 | ④ |

## 01

정답 ②

• **연성** : 금속재료가 인장하중(당기는 힘)을 받았을 때 "가래떡"처럼 가늘고 길게 잘 늘어나는 성질이다.
• **전성(가단성)** : 금속재료가 외력(외부의 힘)을 받았을 때 "은박지"처럼 얇고 넓게 잘 펴지는 성질이다.

| | 제품이 간단하고 수량이 적을 때 빠르게 해머나 손공구로 타격하여 짧은 시간에 제품을 만드는 방법이다. 해머나 손공구로 타격하여 제품의 형상을 원하는 형상으로 변형시키기 때문에 금속 재료의 연성과 전성을 이용한 방법이다. [자유단조의 기본 작업] | |
|---|---|---|
| 자유단조 | **업셋팅** (눌러붙이기, 축박기) | 소재를 축 방향으로 압축하여 길이는 줄이고 단면적을 크게 하는 작업이다. |
| | **늘리기(드로잉)** | 소재의 길이를 늘리고 단면적을 작게 하는 작업이다. |
| | **단짓기** | 계단 모양의 단을 만드는 작업이다. |
| | **굽히기** | 소재를 굽히는 작업이다. |
| | **구멍뚫기(펀칭)** | 소재에 펀치를 가압해서 구멍을 뚫는 작업이다. |
| | **비틀기** | 소재를 비트는 작업이다. |
| | **절단(자르기)** | 소재를 자르는 작업이다. |
| | **탭** | 탭으로 소재의 단면을 볼트 머리 단면과 같은 단면으로 만드는 작업이다. |
| **구멍뚫기** | 구멍을 뚫는 작업으로 금속재료의 연성과 전성을 이용한 방법이 아니다. | |
| **굽힘가공** | 금속재료를 굽히는 가공으로 금속재료의 연성과 전성을 이용한 방법이다. 금속재료의 연성과 전성이 좋을수록 재료가 잘 굽혀지게 된다. | |
| **밀링가공** | 주로 밀링커터로 공작물(일감)의 표면을 절삭하는 가공으로 금속재료의 연성과 전성을 이용한 방법이 아니다. | |
| **압연가공** | 회전하는 두 개의 롤러 사이에 판재를 밀어 넣고 가압하여 판재의 두께를 줄이고 폭을 늘리는 가공으로 재료의 원래 형상(모양)을 다른 형상(모양)으로 변형시키기 때문에 금속재료의 연성과 전성을 이용한 방법이다. | |
| **선삭가공** | 선삭가공은 선반가공을 말하며 기본적으로 공구로 공작물(일감)을 절삭하여 제품을 만든다. 따라서 금속재료의 연성과 전성을 이용한 방법이 아니다. | |

※ 금속재료를 절삭하거나 구멍 뚫는 작업은 금속재료의 연성과 전성을 이용한 방법이 아니다.
※ 금속재료의 형상(모양)을 다른 형상(모양)으로 변형시키는 가공은 금속재료의 연성과 전성을 이용한 방법이다.

## 02

**[머시닝 센터]**
밀링머신·보링머신·드릴링머신을 하나로 한 복합공작기계이다.

| 특징 | 머시닝 센터의 운동은 직선운동·회전운동·주축회전의 3가지가 있으며 이들 운동은 수치제어 서보와 NC스핀들에 의해 위치결정과 주축속도가 제어된다. 머시닝 센터의 구성은 기계 본체와 20~70개의 공구를 절삭조건에 맞게 자동적으로 바꾸어 주는 자동공구교환대(Automatic tool changer : ATC) 및 NC장치로 되어 있다. 단 1번의 세팅으로 다축가공·다공정가공이 가능하므로 다품종 소량부품의 가공 공정 자동화에 유리하다. |
| --- | --- |

※ 머시닝 센터로 "선삭"은 할 수 없다. 따라서 머시닝 센터 문제의 보기에 "선삭"이 포함되어 있으면 그 보기는 틀린 보기로 간주하면 된다.

## 03

**[주물의 균열을 방지하는 방법]**
• 각부의 온도 차이를 될 수 있는 한 작게 한다.
• 급랭(빠른 냉각)을 하면 순간적으로 온도차가 크게 발생하여 주물(제품)에 열응력이 발생하기 때문에 주물의 급랭을 피해야 한다.
• 주물 두께 차이의 변화를 작게 한다.
• 각이 진 부분은 둥글게 한다.

## 04

**[헬리컬 기어]**
• 고속 운전이 가능하며 축간거리를 조절할 수 있고 소음 및 진동이 적다.
• 물림률이 좋아 스퍼기어보다 동력 전달이 좋다.
• 축 방향으로 추력이 발생하여 스러스트 베어링을 사용한다.
• 최소 잇수가 평기어보다 적으므로 큰 회전비를 얻을 수 있다.
• 기어의 잇줄 각도는 비틀림각에 상관없이 수평선에 30°로 긋는다.
• 비틀림각의 범위는 10~30°이다.
  → 헬리컬 기어에서 비틀림각이 증가하면 물림률도 좋아진다.
• 두 축이 평행한 기어이다.

**[헤링본 기어]**
더블헬리컬 기어(헤링본 기어)는 비틀림각의 방향이 서로 반대이고 크기가 같은 한 쌍의 헬리컬 기어를 조합한 기어이다. 비틀림각의 방향을 서로 반대로 놓아 기존 헬리컬 기어에서 발생하는 축방향 추력(축방향 하중)을 없앨 수 있다.

## 05

정답 ④

**[공장자동화의 구성요소]**
- CAD(Computer Aided Design) : 컴퓨터에 저장된 프로그램을 이용하여 제도하고 설계하는 것을 말한다.
- CAM(Computer Aided Manufacturing) : 제품의 생산을 최적화하는데 사용되는 것으로 CAD 데이터를 NC프로그램으로 만들어서 CNC공작기계로 보내는 데 주로 사용된다.
- CNC(Computer Numerical Control) : 컴퓨터 수치 제어로 컴퓨터를 내장시켜 프로그램을 조정할 수 있어서 오류가 거의 없다. CNC를 활용한 공작기계가 "CNC공작기계"이다.
- **무인반송차(AGV, Automated Guided Vehicle)** : 컴퓨터의 통제로 바닥에 설치된 유도로를 따라 필요한 작업장 위치로 소재를 운반하는 공장 자동화 구성요소이다.
- **산업용 로봇** : 주로 공장 등에서 생산성 향상이나 노동력의 절감을 위해 사용되는 로봇으로, 동작기능 및 지적 기능을 갖추고 있어 인간의 요구에 따라 동작하는 로봇을 말한다.
- **자동창고** : 컴퓨터에 의해 자동적으로 관리되도록 설계된 창고로 "재고 관리" 등을 할 수 있다.

## 06

정답 ②

점탄성은 점성과 탄성의 성질이 동시에 나타나는 것으로 "점탄성 시험"으로 구할 수 있다.

## 07

정답 ③

**[열처리의 종류]**
- **담금질(Quenching, 소입)** : 변태점 이상으로 가열한 후, 물이나 기름 등으로 급랭하여 재질을 경화시키는 것으로 마텐자이트 조직을 얻기 위한 열처리이다. 강도 및 경도를 증가시키기 위한 것으로 조직은 가열 온도에 따라 변화가 크기 때문에 담금질 온도에 주의해야 한다. 그리고 담금질을 하면 재질이 경화(단단)되지만 인성이 저하되어 취성(여리다, 메지다, 깨지다)이 발생하기 때문에 담금질 후에는 반드시 강한 인성(강인성)을 부여하는 인성 처리를 실시해야 한다.
  → 담금질액으로 물을 사용할 경우 소금, 소다, 산을 첨가하면 냉각능력이 증가한다.
- **뜨임(Tempering, 소려)** : 담금질한 강은 경도가 크나 취성(여리다, 메지다, 깨지다)을 가지므로 경도가 다소 저하되더라도 인성을 증가시키기 위해 A1변태점 이하에서 재가열하여 서냉(공기 중에서 냉각)시키는 열처리이다. 뜨임의 목적은 담금질한 조직을 안정한 조직으로 변화시키고 잔류응력을 감소시켜 필요한 성질을 얻는 것이다. 가장 중요한 목적은 담금질한 강에 **강한 인성(강인성)을 부여**하는 것이다.
- **풀림(Annealing, 소둔)** : A1변태점 또는 A3변태점 이상으로 가열하여 노 안에서 서서히 냉각(노냉)시키는 열처리로 내부응력을 제거하며 재질을 연화시키는 것을 목적으로 한다.
- **불림(Normalizing, 소준)** : A3, Acm점보다 30~50℃ 높게 가열 후, 공기 중에서 냉각(공냉)하여 소르바이트 조직을 얻는 열처리로 결정조직의 표준화와 조직의 미세화 및 냉간가공이나 단조로 인한 내부응력을 제거한다.

**[각 열처리의 주된 목적]**

| 담금질(Quenching, 소입) | 재질의 경화(단단하게 만드는 것, 경도 증가) |
|---|---|
| 뜨임(Tempering, 소려) | 강인성 부여(강한 인성 부여, 취성 감소) |
| 풀림(Annealing, 소둔) | 재질의 연화(연하게 만드는 것, 연성 증가) |
| 불림(Normalizing, 소준) | 조직의 미세화, 표준화(표준조직 얻기), 내부응력 제거 |

## 08

**[공압기기의 특징]**
- 구조가 간단하고 취급이 용이하다.
- 작동유가 없으므로 폭발과 발화의 위험이 없다.
- 정확한 위치제어가 곤란하다.
- 유압기기와 비교하면 효율이 떨어지는 편이다.
- 균일한 작업속도를 얻기 어렵다.

**[유압기기와 공압기기의 속도 비교]**

1. 응답속도

    유압기기 > 공압기기
    → **이유** : 공압기기는 압축될 수 있는 공기(기체)를 사용하므로 압력을 가해 밀면 어느 정도 압축되었다가 출력이 발생하므로 응답속도가 떨어진다. 하지만 유압기기는 압축될 수 없는(비압축성) 기름(액체)을 사용하므로 압력을 가해 밀면 압축되지 않고 바로 출력이 발생하므로 응답속도가 공압기기에 비해 빠르다.

2. 작동속도

    공압기기 > 유압기기
    → **이유** : 공압기기의 주요 구성요소로 "공기의 압력"을 발생시키는 장치가 있다. 이 장치가 높은 압력의 공기를 흡입하여 그 압력으로 기기를 초기에 작동시키기 때문에 작동속도가 빠르다.

## 09

**[신속조형법(쾌속조형법)]**
3차원 형상 모델링으로 그린 제품 설계 데이터를 사용하여 제품 제작 전에 실물 크기 모양의 입체 형상을 신속하고 경제적으로 제작하는 방법을 말한다.

| 융해용착법<br>(Fused deposition molding) | **열가소성**인 필라멘트 선으로 된 **열가소성 일감**을 노즐 안에서 가열하여 용해하고 이를 짜내어 조형 면에 쌓아 올려 제품을 만드는 방법이다. |
|---|---|
| 박판적층법<br>(Laminated object manufacturing) | 가공하고자 하는 단면에 레이저빔을 부분적으로 쏘아 절단하고 **종이**의 뒷면에 부착된 접착제를 사용하여 아래층과 압착시키고 한 층씩 적층해나가는 방법이다. |
| 선택적 레이저 소결법<br>(Selective laser sintering) | **금속 분말가루나 고분자 재료**를 한 층씩 도포한 후 여기에 레이저빔을 쏘아 소결시키고 다시 한 층씩 쌓아 올려 형상을 만드는 방법으로 강도 높은 제품을 얻을 수 있다. |
| 광조형법(Stereolithography) | 액체 상태의 **광경화성 수지**에 레이저빔을 부분적으로 쏘아 적층해나가는 방법으로 큰 부품 처리가 가능하다. 또한, 정밀도가 높고 액체 재료이기 때문에 후처리가 필요하다. |
| 3차원 인쇄<br>(Three dimentional printing) | 분말 가루와 접착제를 뿌리면서 형상을 만드는 방법으로 **3D 프린터**를 생각하면 된다. |

※ 초기재료가 분말형태인 신속조형방법 : 선택적 레이저 소결법(SLS), 3차원 인쇄(3DP)

## 10

① 절삭유를 사용하면 공작물(가공물, 일감)을 냉각시켜 절삭열에 의한 정밀도 저하를 방지하기 때문에 공작물(가공물, 일감)의 표면거칠기가 나빠지는 것을 억제할 수 있다.

② 절삭속도가 빨라지면 빠르게 가공되므로 절삭능률이 향상되지만, 빠르게 가공되기 때문에 절삭열이 더 많이 발생되게 된다. 이에 따라 절삭열에 의한 절삭온도가 상승하게 되고 이로 인해 절삭공구의 날 끝이 연화(말랑말랑)되면서 공구 수명이 줄어든다.

③ 절삭깊이를 크게 하면 절삭저항이 커져 절삭온도가 높아지고 공구 수명이 단축된다.

④ 공작물의 표면거칠기는 절삭속도, 절삭깊이, 공구 및 공작물의 재질에 따라 달라진다.

**[절삭유]**

| 절삭유의<br>3대 작용 | | • **냉각작용** : 공구와 일감의 온도 증가 방지(가장 기본적인 목적)<br>• **윤활작용** : 공구의 윗면과 칩 사이의 마찰 감소<br>• **세척작용** : 칩을 씻겨주는 작용(공작물과 칩 사이의 친화력을 감소) |
|---|---|---|
| 사용 목적 | | • 공구의 인선을 냉각시켜 공구의 경도 저하를 방지한다.<br> → 공구의 날 끝 온도 상승 방지 → 구성인선 발생 방지<br>• 가공물(공작물)을 냉각시켜 절삭열에 의한 정밀도 저하를 방지한다.<br>• 공구의 마모를 줄이고 윤활 및 세척작용으로 가공표면을 양호하게 한다.<br>• 칩을 씻어주고 절삭부를 깨끗하게 하여 절삭작용을 용이하게 한다. |
| 구비조건 | | • 윤활성, 냉각성이 우수해야 한다.<br>• 화학적으로 안전하고 위생상 해롭지 않아야 한다.<br>• 공작물과 기계에 녹이 슬지 않아야 한다.<br>• 칩 분리가 용이하여 회수가 쉬워야 한다.<br>• 휘발성이 없고 인화점이 높아야 한다.<br>• 값이 저렴하고 쉽게 구할 수 있어야 한다. |
| 종류 | 수용성 절삭유 | 광물섬유를 화학적으로 처리하여 원액과 물을 혼합하여 사용하는 것으로 점성이 낮고 비열이 커서 냉각효과가 크므로 고속절삭 및 연삭 가공액으로 많이 사용된다. |
| | 광유 | 경유, 머신오일, 스핀들 오일, 석유 및 기타의 광유 또는 그 혼합유로 윤활성은 좋으나 냉각성이 적어 경절삭에 사용된다. |
| | 유화유 | 광유와 비눗물을 혼합한 것이다. |
| | 동물성유 | 라드유가 가장 많이 사용되며 식물성유보다는 점성이 높아 저속절삭 시 사용된다. |
| | 식물성유 | 콩기름, 올리브유, 종자유, 면실유 등을 말한다. |

## 11

**하이드로 포밍** : 튜브형상의 소재를 금형에 넣고 유체압력을 이용하여 소재를 변형시켜 가공하는 작업으로 자동차 산업 등에서 많이 활용되는 기술이다.

※ **하이드로(Hydro)** : 수력이라는 원래의 의미에서 변화하여 현재는 액체의 압력을 사용한 기기에 사용하는 접두어로 쓰인다.

※ **유체는 액체와 기체를 모두 포함하는 단어이다.**

# 12

**[냉간압연과 열간압연]**

| | |
|---|---|
| 냉간압연 | 재결정온도 이하에서 작업하는 압연가공으로 치수정밀도가 우수하고 표면이 깨끗한 제품을 얻을 수 있어 마무리 작업에 많이 사용되며 강한 제품을 얻을 수 있다.<br>※ 냉간가공에 의한 선택적 방향성(이방성)은 재결정 후에도 유지되며(재결정이 선택적 방향성에 영향을 미치지 못한다), 선택적 방향성을 제거하기 위해서는 재결정온도보다 더 높은 온도에서 가열해야 등방성이 회복된다.<br>**→ 냉간압연판에서 이방성이 나타나므로 2차 가공에서 주의해야 한다.**<br><table><tr><td>이방성</td><td>방향에 따라 물리적 성질이 다른 것을 말한다.</td></tr><tr><td>등방성</td><td>방향에 상관없이 물리적 성질이 같은 것을 말한다.</td></tr></table> |
| 열간압연 | 재결정온도 이상에서 작업하는 압연가공으로 금속판재를 재결정시키고 회전하는 롤러 사이에 판재를 밀어 넣어 가압함으로써 가공 처리한다.<br>※ 특정한 온도(각 금속재료의 재결정온도)에서 금속에 새로운 신 결정이 생기고 이 결정이 성장하여 새로운 결정(신결정)으로 연화된 조직(연하다)을 형성하는 것을 재결정이라고 한다 (신결정은 무르며 연하다=가공 용이).<br>→ 열간압연은 재결정시키고 압연가공하는 것으로 금속판재가 매우 연한 상태가 되므로 가공 및 변형이 매우 용이하게 된다. 따라서 큰 변형량이 필요한 재료를 압연할 때는 열간압연을 많이 사용하며 가공이 용이하므로 빠르게 대량생산할 때 열간압연을 사용한다. |

# 13

- **2 사이클 기관** : 크랭크축 1회전(피스톤 2행정)에 1사이클을 완료하는 기관
- **4 사이클 기관** : 크랭크축 2회전(피스톤 4행정)에 1사이클을 완료하는 기관

| 4행정 사이클 | 흡기 밸브 | 배기 밸브 |
|---|---|---|
| 흡입 행정 | 열림 | 닫힘 |
| 압축 행정 | 닫힘 | 닫힘 |
| 폭발 행정 | 닫힘 | 닫힘 |
| 배기 행정 | 닫힘 | 열림 |

→ 4행정 사이클 기관은 "크랭크축 2회전(피스톤 4행정)에 1사이클을 완료하는 기관"이다. 따라서 크랭크축이 12회전을 하면 총 6사이클을 행하게 된다.

4행정 : 흡입 → 압축 → 폭발 → 배기(4행정 과정이 1사이클)

→ 6사이클이 행한다는 것은 4행정 "흡입 → 압축 → 폭발 → 배기"가 6번 반복된다는 것이다. 1사이클 과정 중 "흡입 행정"에서만 흡기 밸브가 열리므로 6번 반복(6사이클)되면 "흡입 행정"이 6번 반복되므로 흡기 밸브는 총 6번 열리게 된다.

## 14

**[기계요소의 종류]**
- 결합용 기계요소 : 나사, 볼트, 너트, 키, 핀, 리벳, 코터
- 축용 기계요소 : 축, 축이음, 베어링
- 직접 전동(동력 전달)용 기계요소 : 마찰차, 기어, 캠
- 간접 전동(동력 전달)용 기계요소 : 벨트, 체인, 로프
- 제동 및 완충용 기계요소 : 브레이크, 스프링, 관성차(플라이휠)
- 관용 기계 요소 : 관, 밸브, 관이음쇠

## 15

정답 ②

$$\sigma = \frac{P}{A} = \frac{P}{bt} = \frac{36\text{kN}}{30\text{mm} \times 20\text{mm}} = \frac{36,000\text{N}}{600\text{mm}^2} = 60\text{N/mm}^2 = 60\text{MPa}$$

[단, $1\text{MPa} = 1\text{N/mm}^2$]

$$\therefore S(\text{안전계수, 안전율}) = \frac{240\text{MPa}}{60\text{MPa}} = 4$$

## 16

정답 ①

**구상 흑연 주철** : 용융 상태의 주철에 <u>Mg, Ce, Ca</u> 등을 첨가하여 편상으로 존재하는 흑연을 구상화한 것으로 덕타일 주철이라고도 한다. 주철의 인성과 연성을 현저히 개선시킨 것으로 자동차의 크랭크축, 캠축 및 브레이크 드럼 등에 사용된다. 즉, <u>자동차용 주물</u>에 가장 많이 사용된다.

## 17

정답 ②

절삭유의 가장 기본적인 목적은 <u>공작물의 냉각작용</u>이다.
기본적으로 금속재료를 공구(커터 등)로 절삭할 때 발생하는 절삭열은 대부분 <u>칩(chip)</u>으로 전달된다. [절삭속도를 빠르게 할수록 절삭열이 많이 발생되며 이에 따라 절삭온도가 점점 증가하게 된다] 따라서 절삭속도를 가능한 빠르게 하여 발생되는 절삭열이 다른 곳(공작물 등)에 전이되지 않고 바로 잘린 칩(chip)에 전달될 수 있도록 해야 공작물로 전이되는 절삭열의 비율을 낮출 수 있고 이에 따라 절삭유의 사용을 줄일 수 있다.

## 18

정답 ③

**플라이휠(관성차, flywheel)** : 축의 출력 측에 설치하여 <u>에너지를 흡수</u>하여 비축하였다가 다시 방출하여 <u>구동력을 일정하게 유지</u>시킨다.

# 19

정답 ①

| STS304L | STS304에서 <u>탄소(C)함유량</u>을 낮춘 저탄소강으로 STS304보다 용접성, 내식성, 내열성이 우수하다.<br>※ L은 Low, 즉 '낮은'으로 생각하면 편하다. |
|---|---|
| STS316 | 고-Cr(크롬)계 STS강에 니켈(Ni) 12%, 몰리브덴(Mo) 2.5%를 첨가한 것으로 STS304보다 내해수성이 우수하다. |
| STS304 | 고-Cr(크롬)계 스테인리스강에 니켈(Ni)을 8% 이상 첨가한 것으로 일반적으로 <u>자성이 없다.</u><br>※ STS304(SUS304)는 크롬(Cr) 18%-니켈(Ni) 8%로 구성된 오스테나이트계 18-8형 스테인리스강(STS)이다.<br>→ 오스테나이트 조직이 비자성체이기 때문에 STS304는 자성이 없다.<br>※ 필수<br><table><tr><td>KS 기준</td><td>STS : 스테인리스강 또는 합금공구강을 지칭한다.</td></tr><tr><td>JIS 기준</td><td>SUS : 스테인리스강 또는 합금공구강을 지칭한다.</td></tr></table> |
| STS304, STS316 | **면심입방구조(FCC)**의 강재로 가공성 및 부식성이 우수하다. |

# 20

정답 ④

**[자주 출제되는 용접법의 특징]**

| 마찰 용접 | 열영향부(HAZ, Heat Affected Zone)를 가장 좁게 할 수 있다. |
|---|---|
| 전자 빔 용접 | 열 변형을 가장 작게 할 수 있다. |
| 서브머지드 아크 용접 | 자동금속아크용접, 잠호용접, 유니언멜트용접, 링컨용접, 불가시아크용접, 케네디용접과 같은 말이며 열손실이 가장 작다. |

| 01 | ② | 02 | ④ | 03 | ④ | 04 | ② | 05 | ④ | 06 | ③ | 07 | ④ | 08 | ① | 09 | ② | 10 | ④ |
| 11 | ③ | 12 | ② | 13 | ③ | 14 | ① | 15 | ② | 16 | ① | 17 | ④ | 18 | ③ | 19 | ② | 20 | ① |

## 01

정답 ②

**[주철관]**
- 내식성과 내마멸성이 우수하다.
- 강관에 비해 무거우며 강도가 약하다.
- 가격이 저렴하다.
- 도시가스 공급관, 수도용 급수관, 통신용 케이블관 등 매설용으로 널리 사용된다.

## 02

정답 ④

**[파스칼의 원리]**
밀폐된 그릇에 들어 있는 유체에 압력을 가하면 유체의 모든 부분과 유체를 담고 있는 그릇의 모든 부분에 **똑같은 크기의 압력이 전달**되는 현상으로, 주로 <u>유압장치(유압기기)</u>에 응용되는 물리 법칙이다.

## 03

정답 ④

| 드릴링 | 드릴을 사용하여 구멍을 뚫는 작업이다. |
| --- | --- |
| 리밍 | 드릴로 뚫은 구멍을 더욱 정밀하게 다듬는 가공이다. |
| 보링 | 이미 뚫은 구멍을 넓히는 가공으로 편심교정이 목적이다. |
| 태핑 | 탭을 이용하여 구멍에 암나사를 내는 가공이다. |
| 카운터 싱킹 | 접시머리나사의 머리부를 묻히게 하기 위해서 원뿔자리를 만드는 작업이다. |
| 카운터보링 | 작은 나사, 둥근 머리 볼트의 머리 부분이 공작물에 묻힐 수 있도록 단이 있는 구멍을 뚫는 작업이다. |
| 스폿페이싱 | 볼트나 너트 등을 고정할 때 접촉부가 안정되게 하기 위해 자리를 만드는 작업이다. |

## 04

정답 ②

① **나비 너트** : 손으로 쉽게 풀고 조일 수 있도록 나비 모양의 손잡이를 갖는 너트이다.
② **캡 너트** : 너트의 한쪽 면을 모자 모양으로 만든 너트로 외관을 좋게 하고 기밀성을 늘리기 위한 목적으로 사용된다. 즉, **유체의 누설을 방지할 때 사용된다.**
③ **사각 너트** : 바깥의 둘레가 사각형으로 된 너트로 주로 목재 결합에 사용된다.

④ **아이 너트** : 핀을 끼우거나 훅을 걸 수 있도록 링 모양의 고리가 달린 너트로 중량물을 들어올릴 때 사용된다.

※ <u>슬리브 너트</u> : 수나사 중심선의 편심 방지에 사용하는 너트이다.

## 05
정답 ④

**[합성수지]**

유기 물질로 합성된 가소성 물질을 플라스틱 또는 합성수지라고 한다.

| | | |
|---|---|---|
| 일반적인 특징 | • 전기절연성과 가공성 및 성형성이 우수하다.<br> → 가공성이 우수하므로 대량생산에 유리하다.<br>• 표면경도가 낮다.<br>• 색상이 매우 자유로우며(착색이 용이하다) 가볍고 튼튼하다.<br>• 무게에 비해 강도가 비교적 높은 편이다.<br>**• 화학약품, 유류, 산, 알칼리에 강하지만 열과 충격에 약하다.** | |
| 종류 | 열경화성 수지 | 주로 그물모양의 고분자로 이루어진 것으로 가열하면 경화되는 성질을 가지며, 한번 경화되면 가열해도 연화되지 않는 합성수지이다.<br> → "그물모양"을 꼭 숙지한다(빈출). |
| | 열가소성 수지 | 주로 선모양의 고분자로 이루어진 것으로 가열하면 부드럽게 되어 가소성을 나타내므로 여러 가지 모양으로 성형할 수 있으며, 냉각시키면 성형된 모양이 그대로 유지되면서 굳는다. 다시 열을 가하면 연화(물렁물렁)되며 계속 높은 온도로 가열하면 유동체(fruid)가 된다.<br> → "선모양"을 꼭 숙지한다(빈출). |
| | ※ 열가소성 수지는 가열에 따라 연화·용융·냉각 후 고화하지만 열경화성 수지는 가열에 따라 가교 결합하거나 고화된다.<br>※ 열가소성 수지의 경우 성형 후 마무리 및 후가공이 많이 필요하지 않으나, 열경화성 수지는 플래시(Flash)를 제거해야 하는 등 후가공이 필요하다.<br>※ 열가소성 수지는 재생품의 재용용이 가능하지만, 열경화성 수지는 재용용이 불가능하기 때문에 재생품을 사용할 수 없다.<br>※ 열가소성 수지는 제한된 온도에서 사용해야 하지만, 열경화성 수지는 높은 온도에서도 사용할 수 있다. | |
| 구분 | 열경화성 수지 | 폴리에스테르, 아미노수지, 페놀수지, 프란수지, 에폭시수지, 실리콘수지, 멜라민수지, 요소수지, 폴리우레탄 등 |
| | 열가소성 수지 | 폴리염화비닐, 불소수지, 스티롤수지, 폴리에틸렌수지, 초산비닐수지, 메틸아크릴수지, 폴리아미드수지, 염화비닐론수지, ABS수지 등 |
| | ★ 폴리에스테르를 제외하고 "폴리"가 들어가면 열가소성 수지이다.<br>★ 참고 : 폴리우레탄은 일반적으로 열경화성 수지에 포함되지만, 폴리우레탄의 종류에 열가소성 폴리우레탄도 있다. | |
| 관련 필수 | • 폴리카보네이트 : 플라스틱 재료 중에서 내충격성이 매우 우수한 열가소성 플라스틱으로 보석방의 진열 유리 재료로 사용된다.<br>• 베이클라이트 : 페놀수지의 일종으로 전기절연성, 강도, 내열성 등이 우수하다. | |

## 06

**[체인전동장치의 특징]**

- 미끄럼이 없어 정확한 속도비(속비)를 얻을 수 있으며 큰 동력을 전달할 수 있다.
- 효율이 95% 이상이며 접촉각은 90° 이상이다.
- 초기 장력을 줄 필요가 없어 정지 시 장력이 작용하지 않고 베어링에도 하중이 작용하지 않는다.
- 체인의 길이 조정이 가능하며 다축 전동이 용이하다.
- 탄성에 의한 충격을 흡수할 수 있다.
- 유지 및 보수가 용이하지만 소음과 진동이 발생하며 <u>고속 회전에 부적합하다.</u>
  → <u>고속 회전하면 맞물려 있던 이와 링크가 빠질 수 있고 소음과 진동도 크게 발생될 수 있다(자전거 탈 때 자전거 체인을 생각하면 쉽다).</u>
- 윤활이 필요하다.
- 체인 속도의 변동이 있다.

## 07

① 래핑 : 공작물과 랩 공구 사이에 랩제와 윤활제를 넣고 랩과 공작물을 누르며 상대 운동을 시켜 표면을 정밀 가공을 하는 것이다.
② 호닝 : 호닝은 숫돌이 설치된 막대를 중공(가운데 구멍이 뚫린) 제품의 구멍에 넣어 직선운동과 회전운동을 하면서 구멍의 내면을 다듬질 가공하는 공정으로 정밀입자가공에 속한다.
③ 리밍 : 드릴로 뚫은 구멍을 더욱 정밀하게 다듬는 가공이다.
④ 슈퍼 피니싱 : 입도가 작고 연한 숫돌 입자를 공작물 표면에 접촉시킨 후 낮은 압력과 미세한 진동을 주어 고정밀도의 표면으로 다듬질하는 가공 방법이다. 원통면, 평면 또는 구면에 미세하고 연한 입자로 된 숫돌을 낮은 압력으로 접촉시키면서 진동을 주어 가공하는 것이다.

## 08

**[전기저항 용접법]**

| 겹치기 용접(Lap welding) | 점(스팟)용접, 심용접, 프로젝션용접(돌기 용접) |
|---|---|
| 맞대기 용접(butt welding) | 플래시용접, 업셋용접, 맞대기 심용접, 퍼커션용접(일명 충돌용접) |

※ 단접(forge welding) : 2개의 접합 재료를 녹는점(용융점, 융점) 부근까지 가열하여 압력을 가해 가압함으로써 접합하는 방법이다.

## 09

- 2 사이클 기관 : 크랭크축 1회전(피스톤 2행정)에 1사이클을 완료하는 기관
- 4 사이클 기관 : 크랭크축 2회전(피스톤 4행정)에 1사이클을 완료하는 기관

| 4행정 사이클 | 흡기 밸브 | 배기 밸브 |
|---|---|---|
| 흡입 행정 | 열림 | 닫힘 |
| 압축 행정 | 닫힘 | 닫힘 |

| 4행정 사이클 | 흡기 밸브 | 배기 밸브 |
|---|---|---|
| 폭발 행정 | 닫힘 | 닫힘 |
| 배기 행정 | 닫힘 | 열림 |

→ 2행정 사이클 기관은 "크랭크축 1회전(피스톤 2행정)에 1사이클을 완료하는 기관"이다.
  ※ 4행정 : 흡입 → 압축 → 폭발 → 배기 (4행정 과정이 1사이클)
→ 크랭크축이 1회전하면 4행정 "흡입 → 압축 → 폭발 → 배기" 1사이클이 완료된다. 1사이클 과정
  중 "폭발 행정"이 1번 있으므로 1번 폭발하게 된다.

| 구분 | 2행정 기관 | 4행정 기관 |
|---|---|---|
| 출력 | 크다. | 작다. |
| 연료소비율 | 크다. | 작다. |
| 폭발 | 크랭크 축 1회전 시 1회 폭발 | 크랭크축 2회전 시 1회 폭발 |
| 밸브기구 | 밸브 기구가 필요 없고 배기구만 있으면 됨 | 밸브 기구가 복잡하다. |

# 10

정답 ④

**[칩의 종류]**

| | |
|---|---|
| 유동형칩 | 연속형칩으로 가장 이상적인 칩이며 연성재료(연강, 구리, 알루미늄 등)를 고속으로 절삭할 때, 윗면 경사각이 클 때, 절삭 깊이가 작을 때, 유동성이 있는 절삭유를 사용할 때 발생한다. |
| 전단형칩 | 연성재료(연강, 구리, 알루미늄 등)를 저속으로 절삭할 때, 윗면 경사각이 작을 때, 절삭 깊이가 클 때 발생한다. |
| 열단형칩 | 경작형칩으로 점성재료를 저속으로 절삭할 때, 윗면 경사각이 작을 때, 절삭 깊이가 클 때, 칩이 공구의 날 끝에 붙어 원활하게 흘러가지 못할 때 발생한다. |
| 균열형칩 | 공작형칩으로 취성재료(메짐성이 큰 재료, 주철)를 저속으로 절삭할 때 생기는 칩으로 진동 때 문에 날 끝에 작은 파손이 생겨 **채터**가 발생할 확률이 크다. |
| 톱니형칩 | **불균질칩** 또는 **마디형칩**으로 전단변형률을 크게 받은 영역과 작게 받은 영역이 반복되는 형태로 마치 **톱날**과 같은 형상을 가진다. 주로 **티타늄**과 같이 **열전도도가 낮고 온도 상승**에 따라 강도 가 급격히 감소하는 금속의 절삭 시 생성된다. |

# 11

정답 ③

| | |
|---|---|
| 서브머지드 아크 용접 | 잠호용접, 불가시용접, 링컨용접, 유니언멜트, 자동금속아크용접, 케네디용 접법과 같은 말로 노즐을 통해 용접부에 미리 도포된 용제(flux) 속에서 용접봉과 모재 사이에 아크를 발생시켜 그 열로 접합시키는 용접법이다. |
| 전기 아크 용접 | 용접 모재와 용접봉에 전원이 연결되면 용접 모재의 표면과 용접봉 사이 에 아크가 발생하게 된다. 이 아크가 발생시키는 강력한 열에너지로 모재 를 녹여 모재를 접합시키는 용접법이다. |

| | |
|---|---|
| 텅스텐 불활성 가스 아크 용접 | <u>TIG용접</u>으로 불활성가스아크용접 중 하나이며, 비소모성 텅스텐 전극을 사용하는 용접이다. MIG용접에서의 금속 전극처럼 용접봉의 역할을 할 수 없으므로 별도로 용가재를 공급하면서 용접을 진행하게 된다. 또한, 용제 대신에 불활성가스(아르곤, 헬륨 등)가 대기 중의 산소로부터 제품을 보호해 주는 역할을 해주기 때문에 <u>용제를 사용하지 않는다.</u> |
| 이산화탄소 아크 용접 | MIG용접과 비슷한 용접법으로 불활성가스(아르곤, 헬륨 등) 대신에 이산화탄소($CO_2$)를 공급하면서 용접을 진행하며 이에 따라 대기 중의 질소로부터 제품이 보호될 수 있고 경제적이며 시공이 편리한 장점을 가지고 있다. 또한, 용접봉이 녹아 용융지로 들어가는 깊이가 깊으며 주로 연강판의 용접에 적합하고 용접속도가 빠르다.<br>→ 이산화탄소($CO_2$)는 구하기 쉽기 때문에 대량 공급이 가능하므로 용접 속도가 빠르다. |

※ 아크용접의 종류: <u>스터드 아크 용접, 원자 수소 아크 용접</u>, 불활성 가스 아크 용접(MIG, TIG), 탄소 아크 용접, <u>플래시 용접</u>, 탄산가스($CO_2$) 아크 용접, 플라스마 아크 용접, 피복 아크 용접, 서브머지드 아크 용접(잠호 용접, 불가시 아크 용접, 자동 금속 아크 용접, 유니언 멜트 용접, 링컨 용접, 케네디 용접)

# 12
정답 ②

**[너트의 풀림 방지 방법]**
- 분할핀을 사용하는 방법
- 철사를 사용하는 방법
- 멈춤나사를 사용하는 방법
- 와셔를 사용하는 방법(스프링, 고무, 톱니붙이 와셔 등)
- 로크너트를 사용하는 방법
- 자동좸너트를 사용하는 방법
- 플라스틱 플러그를 사용하는 방법

# 13
정답 ③

| 표면 경화(재료를 단단하게 만드는 것) 열처리법 | |
|---|---|
| 침탄법 | 순철에 0.2% 이하의 탄소(C)가 합금된 저탄소강을 목탄과 같은 침탄제 속에 완전히 파묻은 상태로 900~950℃로 가열하여 재료의 표면에 탄소(C)를 침입시켜 고탄소강으로 만든 후, 급랭(빠른 냉각)시킴으로써 <u>표면을 경화시키는 표면경화법</u>이다. 기어나 피스톤 핀을 표면 경화시킬 때 주로 사용된다. |
| 화염 경화법 | 산소-아세틸렌 불꽃으로 강의 표면을 급격하게 가열하여 오스테나이트 조직을 만든 후에, 물로 급랭(빠른 냉각)하여 재료 <u>표면층만을 경화</u>시키는 방법이다. |
| 질화법 | 암모니아(NH3) 가스 분위기(영역) 안에 재료를 넣고 500℃에서 50~100시간을 가열하면 재료 표면에 알루미늄(Al), 크롬(Cr), 몰리브덴(Mo) 원소와 함께 질소(N)가 확산되면서 매우 단단한 질소화합물 층이 형성되어 강 재료의 표면이 <u>경화되는 표면경화법</u>이다. 기어의 잇면, 크랭크축, 스핀들 등에 사용된다. |

| 재질 연화(재료를 연하게 만드는 것) 열처리법 ||
|---|---|
| 풀림법 | A1변태점 또는 A3변태점 이상으로 가열하여 노 안에서 서서히 냉각(노냉)시키는 열처리로 내부응력을 제거하며 재질을 연화시키는 것을 목적으로 한다. |

- **기본 열처리법** : 담금질, 뜨임, 풀림, 불림
- **표면경화법** : 침탄법, 질화법, 청화법(침탄질화법, 시인화법, 액체침탄법), 고주파경화법, 화염경화법, 숏피닝 등

# 14
정답 ①

① **전조 가공** : 다이 사이에 소재를 끼워 소성 변형시켜 원하는 모양을 만드는 가공으로 나사 및 기어를 대량 생산하는 데 사용한다.
② **호빙 머신 가공** : 기어를 가공하는 공작기계를 "호빙 머신"이라고 하며 원리는 호브를 회전시키면서 공작물도 회전시켜 기어를 가공한다. 용도로는 평기어, 헬리컬기어, 웜기어 등의 가공에 사용된다.
③ **기어 셰이퍼 가공**

| 펠로즈 기어 셰이퍼 | 피니언 커터를 사용하여 내접기어를 절삭하는 공작기계이다. |
|---|---|
| 마그식 기어 셰이퍼 | 랙 커터를 사용하여 기어를 절삭하는 공작기계이다. |

④ **기어 셰이빙** : 정확한 치형으로 제작된 셰이빙 커터와 기어를 맞물림 회전시켜 치형의 정밀도를 개선, 치형 수정, 기어 윤곽면의 표면 상태를 개선하는 가공 방법이다. 보통은 습식으로 많이 사용되며 대량 생산에 적합한 방법으로 표면에서 극히 미소량만 깎아 내기 때문에 정확한 치형의 우수한 기어를 만들 수 있다.
※ **기어 가공 머신** : 호빙머신, 펠로즈 기어 셰이퍼, 마그식 기어 셰이퍼 등이 있다.

# 15
정답 ②

② 크리프 시험에 대한 설명이다.

**[인장 시험과 크리프 시험의 차이점(★)]**

| 인장 시험 | 시편(재료)에 작용시키는 하중을 서서히 증가시키면서 여러 가지 기계적 성질(인장강도[극한강도], 항복점, 연신율, 단면수축율, 푸아송비, 탄성계수 등)을 측정하는 시험이다. |
|---|---|
| 크리프 시험 | 고온에서 연성재료가 정하중(일정한 하중, 사하중)을 받을 때 시간에 따라 점점 증대되는 변형을 측정하는 시험이다. |

※ 인장 시험과 크리프 시험의 가장 큰 차이점(★)은 인장 시험은 하중을 서서히 증가시키므로 일정한 하중(정하중)을 가하는 시험이 아니지만 크리프 시험은 일정한 하중(정하중)을 가하는 시험이라는 것 이다.

# 16
정답 ①

**[증기압축식 냉동사이클(냉동기)에서 냉매가 순환하는 경로]**
압축기 → 응축기 → 팽창밸브(팽창장치) → 증발기(압응팽증)가 반복된다.

| 솔리드 모델링<br>(solid modeling) | 속이 꽉 찬 블록에 의한 형상기법으로 물체의 내·외부 구분이 가능하고 형상의 이해가 쉽다.<br>[특징]<br>• 숨은선 제거가 가능하다.<br>• 정확한 형상을 파악하기 쉽다.<br>• 복잡한 형상의 표현이 가능하다.<br>• 실물과 근접한 3차원 형상의 모델을 만들 수 있다.<br>• 부피, 무게, 표면적, 관성모멘트, 무게중심 등을 계산할 수 있다(물리적 성질을 계산할 수 있다).<br>• 단면도 작성과 간섭체크가 가능하다.<br>• 데이터의 구조가 복잡하여 처리해야 할 데이터의 양이 많다.<br>• 컴퓨터의 메모리를 많이 차지한다.<br>※ 솔리드 모델링은 와이어 프레임 모델링과 서피스 모델링에 비해 모든 작업이 가능하지만 데이터 구조가 복잡하고 컴퓨터의 메모리를 많이 차지하는 단점을 가지고 있다. |
|---|---|
| 와이어 프레임 모델링<br>(wire frame modeling) | 면과 면이 만나서 이루어지는 모서리만으로 모델을 표현하는 방법으로 점, 직선 그리고 곡선으로 구성되는 모델링이다.<br>[특징]<br>• 모델 작성이 쉽고 처리 속도가 빠르다.<br>• 데이터의 구성이 간단하다.<br>• 3면 투시도 작성이 용이하다.<br>• 물리적 성질을 계산할 수 없다.<br>• 숨은선 제거가 불가능하며 간섭체크가 어렵다.<br>• 단면도 작성이 불가능하다.<br>• 실체감이 없으며 형상을 정확히 판단하기 어렵다.<br>※ 물체를 빠르게 구상할 수 있고 처리 속도가 빠르고 차지하는 메모리의 양이 적어 가벼운 모델링에 사용한다. |
| 서피스 모델링<br>(surface modeling) | 면을 이용하여 물체를 모델링하는 방법으로 와이어 프레임 모델링에서 어려웠던 작업을 진행할 수 있으며 NC가공에 최적화되어 있다는 큰 장점을 가지고 있다.<br>※ 솔리드 모델링은 데이터의 구조가 복잡하기 때문에 NC가공을 할 때 서피스 모델링을 선호하여 사용한다.<br>[특징]<br>• 은선 처리 및 음영처리가 가능하다.<br>• 단면도 작성을 할 수 있다.<br>• NC가공이 가능하다.<br>• 간섭체크가 가능하다.<br>• 2개의 면의 교선을 구할 수 있다.<br>• 물리적 성질을 계산할 수 없다.<br>• 물체 내부의 정보가 없다.<br>• 유한요소법적용(FEM)을 위한 요소분할이 어렵다. |

## 18

정답 ③

**[외경(외측) 마이크로미터]**

문제의 그림은 **외경(외측) 마이크로미터**이다. 외경(외측) 마이크로미터는 공작물(일감)의 호칭지름(바깥지름)을 측정할 때 사용하는 측정기이다. 따라서 그림에서 주어진 외경(외측) 마이크로미터를 이용하여 수나사에서 호칭지름(바깥지름)을 측정할 수 있다.

## 19

정답 ②

**[인장시험]**

• 시편(재료)에 작용시키는 하중을 서서히 증가시키면서 여러 가지 기계적 성질(인장강도[극한강도], 항복점, 연신율, 단면수축율, 푸아송비, 탄성계수 등)을 측정하는 시험이다.

• **인장시험을 통해 얻을 수 있는(측정할 수 있는) 성질** : 인장강도(극한강도), 항복점, 연신율, 단면수축율, 푸아송비, 탄성계수, 내력, 표점 거리, 시편 평행부의 원 단면적 등

## 20

정답 ①

**[4절 링크장치]**

문제의 그림은 "4절 링크장치"로 A가 360° 회전할 때, C는 왕복 각운동을 한다.

| 01 | ③ | 02 | ① | 03 | ② | 04 | ④ | 05 | ② | 06 | ④ | 07 | ④ | 08 | ① | 09 | ① | 10 | ① |
| 11 | ② | 12 | ③ | 13 | ② | 14 | ④ | 15 | ① | 16 | ③ | 17 | ④ | 18 | ③ | 19 | ② | 20 | ② |

## 01

정답 ③

주형을 구성하는 요소 : 쇳물받이, 탕구, 탕도, 라이저(압탕구, 덧쇳물), 코어

**[플래시(flash)]**
금형의 맞닿는 파팅라인(parting line) 부분에 성형품의 형상 이외에 형상이 만들어지는 결함으로 고정형과 이동형의 사이, 슬라이드 부분, **이젝터 핀 간격 틈새 등에 수지가 흘러들어가 필요 이상의 지느러미가 생긴 현상**이다. 즉, 주입된 재료(쇳물)가 금형의 상형, 하형 틈새 사이로 빠져나와 굳어버린 결함이다.

## 02

정답 ①

| 구분 | 냉간가공 | 열간가공 |
|---|---|---|
| 가공온도 | 재결정 온도 이하 | 재결정 온도 이상 |
| 표면거칠기, 치수정밀도 | 우수하다(깨끗한 표면). | 냉간가공에 비해 거칠다(높은 온도에서 가공하기 때문에 표면이 산화되어 정밀한 가공은 불가능하다). |
| 균일성 (표면의 치수정밀도 및 요철의 정도) | 크다. | 작다. |
| 동력 | 많이 든다. | 적게 든다. |
| 가공 경화 | 가공 경화가 발생하여 가공품의 강도가 증가한다. | 가공 경화가 발생하지 않는다. |
| 변형응력 | 높다. | 낮다. |
| 용도 | 연강, 구리, 합금, 스테인리스강(STS) 등의 가공에 사용한다. | 압연, 단조, 압출가공 등에 사용한다. |
| 성질의 변화 | 인장강도, 경도, 항복점, 탄성한계는 증가하고 연신율, 단면수축율, 인성은 감소한다. | 연신율, 단면수축률, 인성은 증가하고 인장강도, 경도, 항복점, 탄성한계는 감소한다. |
| 조직 | 미세화 | 초기에 미세화 효과 → 조대화 |
| 마찰계수 | 작다. | 크다. (표면이 산화되어 거칠어지므로) |
| 생산력 | 대량생산에는 부적합하다. | 대량생산에 적합하다. |

※ 열간가공은 재결정 온도 이상에서 가공하는 것으로 금속재료의 재결정이 이루어진다. 재결정이 이루어지면 새로운 결정핵이 생기고 이 결정이 성장하여 연화된(물렁한) 조직을 형성하기 때문에 금속재료의 변형이 매우 용이한 상태가 된다. 따라서 가공하기가 쉽고 이에 따라 가공시간이 짧아진다. 즉, 열간가공은 대량생산에 적합하다.

※ 열간가공은 재결정 온도 이상에서 가공하기 때문에 높은 온도에서 가공한다. 따라서 제품이 대기 중의 산소와 높은 온도에서 반응하여 제품의 표면이 산화되기 쉽다. 따라서 표면이 거칠어질 수 있다. 즉, 열간가공은 냉간가공에 비해 치수정밀도와 표면상태가 불량하며 균일성(표면거칠기)이 작다.

## 03  정답 ②

**[불활성가스아크용접]**

• MIG용접 : 불활성가스아크용접 중 하나로 <u>소모성</u> 금속 전극을 사용하는 용접이다. 전극을 소모시킴으로써 녹은 전극이 용접봉(용가재)의 역할을 하여 모재를 접합시킨다. 전극을 소모시키기 때문에 연속적으로 와이어 전극을 공급해야 한다. 또한, 용제 대신에 불활성가스(아르곤, 헬륨 등)가 대기 중의 산소로부터 제품을 보호해주는 역할을 해주기 때문에 <u>용제를 사용하지 않는다.</u>

• TIG용접 : 불활성가스아크용접 중 하나로 <u>비소모성</u> 텅스텐 전극을 사용하는 용접이다. MIG용접에서의 금속 전극처럼 용접봉의 역할을 할 수 없으므로 별도로 용가재를 공급하면서 용접을 진행하게 된다. 또한, 용제 대신에 불활성가스(아르곤, 헬륨 등)가 대기 중의 산소로부터 제품을 보호해주는 역할을 해주기 때문에 <u>용제를 사용하지 않는다.</u>

## 04  정답 ④

**관성모멘트** : 회전하는 물체가 회전 축을 기준으로 회전을 유지시키려고 하는 성질의 크기이다.

반지름이 $R$인 원판의 질량 관성모멘트$(I_G) = \dfrac{1}{2}mR^2$이다.

[단, $m$은 질량, $R$은 원판의 반지름이다]

따라서 원판의 질량 관성모멘트$(I_G)$의 단위는 질량$(m)$에 반지름$(R)$의 제곱을 곱한 단위로 도출된다는 것을 알 수 있다. 따라서 $I_G$의 단위는 $kg \cdot m^2$이다.

## 05  정답 ②

**[절삭시간(가공시간, $T$)]**

$$T = \frac{L}{Ns}[\min]$$

[단, $L$ : 가공할 길이(mm), $N$ : 공작물 또는 주축의 회전수(rpm), $s$ : 이송량(mm/rev)]

$T$) $\therefore T = \dfrac{L}{Ns} = \dfrac{5+95}{200 \times 1} = \dfrac{1}{2} = \dfrac{30}{60}[\min] = 30s$

※ 중요한 것은 위 공식에서 절삭시간(가공시간)은 분$(\min)$ 단위이므로 단위 변환에 주의해야 한다.

# 06

④ 제품의 두께가 두꺼우면 액체 상태의 플라스틱 양이 많아 서서히 냉각되므로 수축되는 양(수축량)이 증가한다.

**[사출성형]**

열가소성 플라스틱을 대량생산할 때 가장 적합한 성형 방법으로 사출기 안에 액체 상태의 플라스틱을 넣고 플런저로 금형 속에 가압 및 주입하여 플라스틱을 성형하는 방법이다.

→ 모든 사출성형된 플라스틱 제품은 **냉각 수축이 발생**한다. 즉, 수축하기 전에 빠르게 냉각이 되어야 수축되는 양이 적어져 제품의 결함을 어느 정도 줄일 수 있다. 하지만 제품의 두께가 두꺼우면 냉각되는 속도가 느려진다. 그 이유는 두께가 두껍다는 것은 제품이 만들어지기 전에 사용된 용융(액체 상태) 플라스틱의 양이 많았다는 것이고 양이 많으면 냉각되기 어렵기 때문이다. 즉, 수축되기 전에 빠르게 냉각되어야 수축되는 양이 적어지고 냉각되는 속도가 느려지면 수축되는 양이 증가한다.

# 07

정답 ④

**[관용나사]**

- 파이프에 가공한 나사로 누설 및 기밀 유지에 사용한다.
- 호칭치수는 "inch"이다.

| 종류 | 관용평행나사(PF) | 기계적 결합에 사용한다. |
|---|---|---|
| | 관용테이퍼나사(PT) | 기밀성, 수밀성이 큰 목적이며 테이퍼는 1/16이다. |
| 나사산 각도 | 55° | |

**[여러 나사의 나사산 각도]**

| 톱니 나사 | 유니파이 나사 | 둥근 나사 | 사다리꼴 나사 | 미터나사 | 관용나사 | 휘트워드 나사 |
|---|---|---|---|---|---|---|
| 30°, 45° | 60° | 30° | 1. 미터계(Tr) : 30°<br>2. 인치계(Tw) : 29° | 60° | 55° | 55° |

※ 과거 미터계는 TM 나사로 호칭했지만, 이는 폐지되었으며 현재는 Tr나사로 호칭하고 있다.

※ 사다리꼴나사 = 재형나사 = 애크미나사

※ 둥근나사 = 너클나사

※ 유니파이나사 = ABC나사

# 08

정답 ①

**초정밀가공**(ultra-precision machining) : 광학 부품 제작 시 단결정 다이아몬드 공구를 사용하여 주로 비철금속의 경면을 얻는 가공법이다.

## 09

**[수치 제어 공작 기계의 프로그래밍]**

| | |
|---|---|
| 주축 기능 | 주축의 회전수를 지정하는 것으로 <u>어드레스 S</u> 다음에 회전수를 수치로 지령한다. |
| 이송 기능 | 공구와 공작물의 상대 속도를 지정하는 것으로 <u>어드레스 F</u> 다음에 **이송 속도 값**을 지령한다. |
| 보조 기능 | 수치 제어 공작 기계의 **여러 가지 동작**을 위한 **on/off 기능**을 수행하는 것으로 <u>어드레스 M</u> 다음에 **2자리 숫자를 붙여** 지령한다. |
| 준비 기능 | 수치 제어 공작 기계의 제어를 **준비하는 기능**으로 <u>어드레스 G</u> 다음에 **2자리 숫자를 붙여** 지령한다. |
| 공구 기능 | 공구를 선택하는 기능으로 <u>어드레스 T</u> 다음에 **2자리 숫자를 붙여** 지령한다. |

| M 코드<br>(보조기호) | 기능 | M 코드<br>(보조기호) | 기능 |
|---|---|---|---|
| M00 | 프로그램 정지 | M01 | 선택적 프로그램 정지 |
| M02 | 프로그램 종료 | M03 | 주축 정회전<br>(주축이 시계 방향으로 회전) |
| M04 | 주축 역회전<br>(주축이 반시계 방향으로 회전) | M05 | 주축 정지 |
| M06 | 공구 교환 | M08 | 절삭유 ON |
| M09 | 절삭유 OFF | M14 | 심압대 스핀들 전진 |
| M15 | 심압대 스핀들 후진 | M16 | Air blow2 ON, 공구측정 Air |
| M18 | Air blow1,2 OFF | M30 | 프로그램 종료 후 리셋 |
| M98 | 보조 프로그램 호출 | M99 | 보조 프로그램 종료 후 주프로그램 회기 |

※ "<u>수치 제어 공작 기계의 프로그래밍</u>"과 관련된 문제는 반복적으로 출제가 되고 있는 것을 알 수 있다. 따라서 위 내용은 반드시 숙지가 필요하다.

## 10

문제에서 설명하는 벨트 전동의 종류는 "타이밍 벨트 전동 장치"이다. 타이밍 벨트는 벨트 안쪽 표면에 이(tooth)가 있으며, 이(tooth)가 서로 맞물려 동력을 전달하기 때문에 미끄럼이 적어 기존 벨트 전동보다 정확한 속도비를 얻을 수 있다. 용도로는 자동차엔진, 사무용기기 등에 사용된다.

"윤활"이라는 것은 2개의 금속 고체가 서로 접촉하면서 서로 미끄러지는 운동을 할 때, 그 사이에 윤활제를 넣어 운동에 의한 마찰이나 그에 따른 마모를 줄이는 것을 말한다. 하지만 "타이밍 벨트"는 2개의 금속 고체가 서로 접촉하면서 동력을 전달하는 전동(동력전달) 장치가 아니다. 일반적으로 벨트 전동 장치는 벨트(고무 재질)가 풀리(pulley)에 감겨 벨트와 풀리(pulley) 사이의 마찰로 동력을 전달한다. <u>따라서 윤활이 필수적으로 요구되지 않는다.</u>

**참고**

※ <u>V벨트 전동 장치의 용도</u> : 밀링머신 등

# 11

[대표적인 경도 시험법]

| | |
|---|---|
| 쇼어 경도 시험법 (HS) | • 시험 원리 : 추를 일정한 높이에서 낙하시킨 후, 이 추의 <u>반발 높이</u>를 측정하여 경도를 측정한다.<br>• 압입자 : 다이아몬드 추<br>• 경도 값 : $HS = \dfrac{10,000h}{65h_0}$ [단, $h$ : 반발 높이, $h_0$ : 초기 낙하체의 높이]<br>[특징] ★<br>• 측정자에 따라 오차가 발생할 수 있다.<br> → 탄성률이 큰 차이가 없는 곳에 사용해야 한다. 탄성률 차이가 큰 재료에는 부적당하다.<br>• 재료에 흠을 내지 않는다.<br>• 주로 완성된 제품에 사용한다.<br>• 경도치의 신뢰도가 높다. |
| 브리넬 경도 시험법 (HB) | • 시험 원리 : 압입자인 강구에 일정량의 하중을 걸어 시험편의 표면에 압입한 후, 압입자국의 <u>표면적 크기와 하중의 비</u>로 경도를 측정한다.<br>• 압입자 : 강구<br>• 경도 값 : $HB = \dfrac{P}{\pi dt}$ [단, $\pi dt$ : 압입면적, $P$ : 하중] |
| 비커즈 경도 시험법 (HV) | • 시험 원리 : 압입자에 1 ~ 120$kgf$의 하중을 걸어 <u>자국의 대각선 길이</u>로 경도를 측정하고, 하중을 가하는 시간은 <u>캠의 회전속도로 조절</u>한다.<br>• 압입자 : <u>136°</u>인 다이아몬드 피라미드 압입자<br>• 경도 값 : $HV = \dfrac{1.854P}{L^2}$ [단, $P$ : 하중, $L$ : 대각선의 길이]<br>[특징] ★<br>• 압흔 자국이 극히 작으며 시험 하중을 변화시켜도 경도 측정치에는 변화가 없다.<br>• <u>침탄층, 질화층, 탈탄층의 경도 시험에 적합</u>하다. |

| 로크웰 경도 시험법 (HRB, HRC) | • 시험 원리 : 압입자에 하중을 걸어 압입 자국(홈)의 깊이를 측정하여 경도를 측정한다.<br>• 압입자 ★ | |
|---|---|---|
| | B 스케일 | 직경이 (1/16″)=(1/16)인치인 강구<br>→ 직경이 1.588mm인 강구<br>[단, 1인치는 25.4mm이므로 (1/16)인치=1.588mm]<br>▶ 연한 재료의 경도 시험에 적합하다.<br>▶ 예비하중은 10kgf, 시험하중은 100kg이다. |
| | C 스케일 | 120°의 다이아몬드 원뿔 콘<br>▶ 경한 재료의 경도 시험에 적합하다.<br>▶ 예비하중은 10kgf, 시험하중은 150kg이다. |

| 로크웰 경도 시험법<br>(HRB, HRC) | • 담금질된 강재의 경도시험에 적합하다.<br>• 경도 값 | | |
|---|---|---|---|
| | B 스케일 | $HRB$ : $130-500h$ | [단, $h$ : 압입 깊이] |
| | C 스케일 | $HRC$ : $100-500h$ | [단, $h$ : 압입 깊이] |
| 누프 경도 시험법<br>(HK) | • **시험 원리** : 정면 꼭지각이 172°, 측면 꼭지각이 130°인 다이아몬드 피라미드를 사용하고 대각선 중 긴 쪽을 측정하여 경도를 계산한다. 즉, 한 쪽 대각선이 긴 피라미드 형상의 다이아몬드 압입자를 사용해서 경도를 측정한다.<br>• **압입자** : 정면 꼭지각이 172°, 측면 꼭지각이 130°인 다이아몬드 피라미드<br>• 누프 경도 시험법은 "마이크로 경도 시험법"에 해당된다.<br>• 시편의 크기가 매우 작거나 얇은 경우와 보석, 카바이드, 유리 등의 취성재료에 대한 시험에 적합하다.<br>• **경도 값** : $HK=\dfrac{14.2P}{L^2}$ [단, $P$ : 하중, $L$ : 긴 대각선의 길이] | | |

# 12                                                                                                정답 ③

**[토션 바(torsion bar)]**
• 비틀었을 때 강성에 의해 원래 위치로 되돌아가려는 성질을 이용한 막대 모양의 스프링이다.
• 가벼우면서 큰 비틀림 에너지를 축적할 수 있다.
• 자동차와 전동차에 주로 사용된다.

# 13                                                                                                정답 ②

**[노크 방지법]**

| | 연료<br>착화점 | 착화<br>지연 | 압축비 | 흡기<br>온도 | 실린더<br>벽온도 | 흡기<br>압력 | 실린더<br>체적 | 회전수 |
|---|---|---|---|---|---|---|---|---|
| 가솔린 | 높다 | 길다 | 낮다 | 낮다 | 낮다 | 낮다 | 작다 | 높다 |
| 디젤 | 낮다 | 짧다 | 높다 | 높다 | 높다 | 높다 | 크다 | 낮다 |

| 가솔린 기관<br>(불꽃점화기관) | • "흡입 → 압축 → 폭발 → 배기" 4행정 1사이클로 공기와 연료를 함께 엔진으로 흡입한다.<br>• **가솔린 기관의 구성** : 크랭크축, 밸브, 실린더 헤드, 실린더 블록, 커넥팅 로드, 점화플러그<br>※ **실린더 헤드** : 실린더 블록 뒷면 덮개 부분으로 밸브 및 점화 플러그 구멍이 있고 연소실 주위에는 물재킷이 있는 부분이다. 재질은 주철 및 알루미늄 합금주철이다. |
|---|---|
| 디젤 기관<br>(압축착화기관) | • 혼합기 형성에서 공기만 압축한 후, 연료를 분사한다. 즉, 디젤 기관은 공기와 연료를 따로 흡입한다.<br>• **디젤 기관의 구성** : 연료분사펌프, 연료공급펌프, 연료 여과기, 노즐, 공기 청정기, 흡기다기관, 조속기, 크랭크축, 분사시기 조정기<br>※ 조속기 : 분사량을 조절한다.<br>※ 디젤 기관의 연료 분사 3대 요건 : 관통, 무화, 분포 |

**[가솔린 기관과 디젤 기관의 특징]**

| 가솔린 기관(불꽃점화기관) | 디젤 기관(압축착화기관) |
|---|---|
| 인화점이 낮다. | 인화점이 높다. |
| 점화장치가 필요하다. | 점화장치, 기화장치 등이 없어 고장이 적다. |
| 연료소비율이 디젤보다 크다. | 연료소비율과 연료소비량이 낮으며 연료가격이 싸다. |
| 일산화탄소 배출이 많다. | 일산화탄소 배출이 적다. |
| 질소산화물 배출이 적다. | 질소산화물이 많이 생긴다. |
| 고출력 엔진 제작이 불가능하다. | 사용할 수 있는 연료의 범위가 넓고 대출력 기관을 만들기 쉽다. |
| 압축비 6~9 | 압축비 12~22 |
| 열효율 26~28% | 열효율 33~38% |
| 회전수에 대한 변동이 크다. | 압축비가 높아 열효율이 좋다. |
| 소음과 진동이 적다. | 연료의 취급이 용이하며 화재의 위험이 적다. |
| 연료비가 비싸다. | 저속에서 큰 회전력이 생기며 회전력의 변화가 적다. 또한, 압축 및 폭발압력이 높아 소음 및 진동이 심하다. |
| 제작비가 디젤에 비해 비교적 저렴하다. | 출력 당 중량이 높고 제작비가 비싸다. |
| – | 연소속도가 느린 중유, 경유를 사용해 기관의 회전속도를 높이기가 어렵다. |

## 14  정답 ④

**[프레스 가공의 종류]**

| 전단가공 | 블랭킹, 펀칭, 전단, 트리밍, 셰이빙, 노칭, 정밀블랭킹(파인블랭킹), 분단 |
|---|---|
| 굽힘가공 | 형굽힘, 롤굽힘, 폴더굽힘 |
| 성형가공 | 스피닝, 시밍, 컬링, 플랜징, 비딩, 벌징, 마폼법, 하이드로폼법 |
| 압축가공 | 코이닝(압인가공), 스웨이징, 버니싱 |

※ 스웨이징이란 압축가공의 일종으로 선, 관, 봉재 등을 공구 사이에 넣고 압축 성형하여 두께 및 지름 등을 감소시키는 공정 방법으로 봉 따위의 재료를 반지름 방향으로 다이를 왕복 운동하여 지름을 줄인 다. 따라서 스웨이징을 반지름 방향 단조 방법이라고도 한다. [한국가스공사 기출]

## 15  정답 ①

방전가공은 공작물(일감, 가공물)의 경도, 강도, 인성에 아무런 관계없이 가공이 가능하다. 왜냐하면 방전 가공은 기계적 에너지를 사용하여 절삭력을 얻어 가공하는 공구절삭가공방법이 아니다. 즉, 공구를 사용하 지 않기 때문에 아크로 인한 기화폭발로 금속의 미소량을 깎아내는 특수절삭가공법으로 소재제거율에 영 향을 미치는 요인은 주파수와 아크방전에너지이다.

[방전가공의 특징]
• 스파크 방전에 의한 침식을 이용한다.
• 전도체이면 어떤 재료로 가공할 수 있다.
  → 아크릴은 전기가 통하지 않는 부도체이므로 가공할 수 없다.
• 전류밀도가 클수록 소재제거율은 커지나 표면거칠기는 나빠진다.

# 16
정답 ③

[합성수지]
유기 물질로 합성된 가소성 물질을 플라스틱 또는 합성수지라고 한다.

| 일반적인 특징 | | • 전기절연성과 가공성 및 성형성이 우수하다. |
|---|---|---|
| | | → 가공성이 우수하므로 대량생산에 유리하다. |
| | | • 표면경도가 낮다. |
| | | • 색상이 매우 자유로우며(착색이 용이하다) 가볍고 튼튼하다. |
| | | • 무게에 비해 강도가 비교적 높은 편이다. |
| | | • **화학약품, 유류, 산, 알칼리에 강하지만 열과 충격에 약하다.** |
| 종류 | 열경화성 수지 | 주로 그물모양의 고분자로 이루어진 것으로 가열하면 경화되는 성질을 가지며, 한번 경화되면 가열해도 연화되지 않는 합성수지이다. |
| | | → "그물모양"을 꼭 숙지한다. (빈출) |
| | 열가소성 수지 | 주로 선모양의 고분자로 이루어진 것으로 가열하면 부드럽게 되어 가소성을 나타내므로 여러 가지 모양으로 성형할 수 있으며, 냉각시키면 성형된 모양이 그대로 유지되면서 굳는다. 다시 열을 가하면 연화(물렁물렁)되며 계속 높은 온도로 가열하면 유동체(fruid)가 된다. |
| | | → "선모양"을 꼭 숙지한다. (빈출) |
| | | ※ 열가소성 수지는 가열에 따라 연화·용융·냉각 후 고화하지만 열경화성 수지는 가열에 따라 가교 결합하거나 고화된다. |
| | | ※ 열가소성 수지의 경우 성형 후 마무리 및 후가공이 많이 필요하지 않으나, 열경화성 수지는 플래시(flash)를 제거해야 하는 등 후가공이 필요하다. |
| | | ※ 열가소성 수지는 재생품의 재용융이 가능하지만, 열경화성 수지는 재용융이 불가능하기 때문에 재생품을 사용할 수 없다. |
| | | ※ 열가소성 수지는 제한된 온도에서 사용해야 하지만, 열경화성 수지는 높은 온도에서도 사용할 수 있다. |
| 구분 | 열경화성 수지 | 폴리에스테르, 아미노수지, 페놀수지, 프란수지, 에폭시수지, 실리콘수지, 멜라민수지, 요소수지, 폴리우레탄 등 |
| | 열가소성 수지 | 폴리염화비닐, 불소수지, 스티롤수지, 폴리에틸렌수지, 초산비닐수지, 메틸아크릴수지, 폴리아미드수지, 염화비닐론수지, ABS수지 등 |
| | | ★ 폴리에스테르를 제외하고 "폴리"가 들어가면 열가소성 수지이다. |
| | | ★ 아크릴 수지는 투명도가 좋아 투명 부품, 조명 기구에 사용된다. |
| | | ★ 참고 : 폴리우레탄은 일반적으로 열경화성 수지에 포함되지만, 폴리우레탄의 종류에 열가소성 폴리우레탄도 있다. |

| 관련 필수 | • 폴리카보네이트 : 플라스틱 재료 중에서 내충격성이 매우 우수한 열가소성 플라스틱으로 보석방의 진열 유리 재료로 사용된다.<br>• 베이클라이트 : 페놀수지의 일종으로 전기절연성, 강도, 내열성 등이 우수하다. |
|---|---|

## 17 　　　　　　　　　　　　　　　　　　　　　　　　정답 ④

| 가는 실선 | 치수선, 치수보조선, 지시선, 골지름을 나타낼 때 사용한다. |
|---|---|
| 가는 파선 | 숨은선을 나타낼 때 사용한다. |
| 굵은 실선 | 외형선을 나타날 때 사용한다. |
| 가는 1점 쇄선 | 중심선, 기준선, 피치선을 나타날 때 사용한다. |
| 가는 2점 쇄선 | 가상선을 나타낼 때 사용한다. |

## 18 　　　　　　　　　　　　　　　　　　　　　　　　정답 ③

3차원 측정기 : 측정 대상물을 지지대에 올린 후 촉침이 부착된 이동대를 이동하면서 촉침(probe)의 좌표를 기록함으로써, 복잡한 현상을 가진 제품의 윤곽선을 측정하여 기록하는 측정기기이다.

## 19 　　　　　　　　　　　　　　　　　　　　　　　　정답 ②

[열처리의 종류]

| 담금질<br>(Quenching, 소입) | 변태점 이상으로 가열한 후, 물이나 기름 등으로 급랭하여 재질을 경화시키는 것으로 마텐자이트 조직을 얻기 위한 열처리이다. 강도 및 경도를 증가시키기 위한 것으로 조직은 가열 온도에 따라 변화가 크기 때문에 담금질 온도에 주의해야 한다. 그리고 담금질을 하면 재질이 경화(단단)되지만 인성이 저하되어 취성(여리다, 메지다, 깨지다)이 발생하기 때문에 담금질 후에는 반드시 강한 인성(강인성)을 부여하는 인성 처리를 실시해야 한다.<br>→ 담금질액으로 물을 사용할 경우 소금, 소다, 산을 첨가하면 냉각능력이 증가한다. |
|---|---|
| 뜨임<br>(Tempering, 소려) | 담금질한 강은 경도가 크나 취성(여리다, 메지다, 깨지다)을 가지므로 경도가 다소 저하되더라도 인성을 증가시키기 위해 A1변태점 이하에서 재가열하여 서냉(공기 중에서 냉각)시키는 열처리이다. 뜨임의 목적은 담금질한 조직을 안정한 조직으로 변화시키고 잔류응력을 감소시켜 필요한 성질을 얻는 것이다. 가장 중요한 목적은 담금질한 강에 강한 인성(강인성)을 부여하는 것이다. |
| 풀림<br>(Annealing, 소둔) | A1변태점 또는 A3변태점 이상으로 가열하여 노 안에서 서서히 냉각(노냉)시키는 열처리로 내부응력을 제거하며 재질을 연화시키는 것을 목적으로 한다. |
| 불림<br>(Normalizing, 소준) | A3, Acm점보다 30~50℃ 높게 가열 후, 공기 중에서 냉각(공냉)하여 소르바이트 조직을 얻는 열처리로 결정조직의 표준화와 조직의 미세화 및 냉간가공이나 단조로 인한 내부응력을 제거한다. |

# 20

정답 ②

① 탄성한도 내에서는 하중을 제거하면 다시 원래의 모양으로 되돌아가는 "탄성"의 성질이 작용하므로 변형된 상태가 그대로 유지되지 않는다.
  → 변형된 상태가 유지되면 영구 변형을 의미하므로 탄성이 아니라 "소성"을 의미하며 이는 탄성한도를 넘어서서 일어난다.
② 진응력 − 진변형률 선도에서는 시편에 작용하는 인장하중에 따라 변화되는 단면적을 고려한다. 따라서 진응력 − 진변형률 선도에서 시편이 견디지 못해 최종적으로 "파괴될 때의 강도(파괴강도)"는 공칭응력 − 공칭변형률 선도에서 나타나는 "파괴될 때의 강도(파괴강도)"보다 크다.
  → 인장하중을 서서히 작용시키면 시편(재료)은 실처럼 점점 가늘어지다가 결국 중앙 부분이 끊어지면서 파괴(파단)되므로 파괴 직전의 중앙 부분 단면적은 매우 작을 것이다. 즉, 진응력 − 진변형률 선도에서의 파괴강도는 하중을 파괴 직전의 중앙 부분 단면적으로 나눈 값이고 공칭응력 − 공칭변형률 선도에서의 파괴강도는 변화되는 단면적을 고려하지 않고 오로지 초기 단면적으로만 판단하므로 진응력 − 진변형률 선도에서의 파괴강도가 공칭응력 − 공칭변형률 선도에서의 파괴강도보다 크다. (강도는 하중을 단면적으로 나눈 값)
③ 강도 크기 비교 순서
  극한강도(인장강도) > 항복강도(항복점) > 탄성한도(탄성한계) > 허용응력 ≥ 사용응력
  **주의** 허용응력은 사용응력과 같거나 사용응력보다 크다
④ 취성재료의 경우, 공칭응력 − 공칭변형률 선도상에 하항복점과 상항복점이 뚜렷하게 구별되지 않는다.

| 01 | ① | 02 | ② | 03 | ③ | 04 | ④ | 05 | ④ | 06 | ② | 07 | ③ | 08 | ① | 09 | ③ | 10 | ① |
|----|---|----|---|----|---|----|---|----|---|----|---|----|---|----|---|----|---|----|---|
| 11 | ② | 12 | ③ | 13 | ① | 14 | ③ | 15 | ② | 16 | ④ | 17 | ④ | 18 | ① | 19 | ② | 20 | ② |

## 01
정답 ①

**[구성인선(built-up edge)]**

절삭 시에 발생하는 칩의 일부가 날 끝에 용착되어 마치 절삭날의 역할을 하는 현상이다.

※ 구성인선은 발생 → 성장 → 분열 → 탈락의 주기를 반복한다(발성분탈).

주의 자생과정의 순서인 "마멸 → 파괴 → 탈락 → 생성(마파탈생)"과 혼동하면 안 된다.

**[구성인선의 방지법]**

• 공구 경사각을 30° 이상으로 크게 한다.
• 절삭 속도를 빠르게 한다.
• **절삭 깊이를 작게 한다.**
• 윤활성이 좋은 절삭유를 사용한다.
• 공구반경을 작게 한다.
• 칩의 두께를 감소시킨다.

## 02
정답 ②

전연성이라는 것은 전성과 연성이 조합된 성질을 말한다. 따라서 재료의 전연성이 크면 재료의 변형이 용이하여 소성가공하기 유리하다.

• 전성 : 재료가 얇고 넓게 잘 퍼지는 성질이다.
• 연성 : 재료가 가늘고 길게 잘 늘어나는 성질이다.
  → 즉, 재료의 전연성을 이용한 가공이라는 것은 재료에 영구 변형을 일으켜 형상을 용도로 맞게 바꾸는 소성가공이라는 것이다. 따라서 소성가공의 종류를 찾아 답을 고르면 된다.

**[소성가공의 종류]**

| 단조 | 금속재료를 해머 등으로 두들기거나 가압하는 기계적 방법으로 일정한 모양을 만드는 작업이다. |
|------|---------------------------------------------------------------------------|
| 인발 | 금속 봉이나 관 등을 다이에 넣고 축 방향으로 잡아당겨 지름을 줄임으로써 가늘고 긴 선이나 봉재 등을 만드는 가공이다. |
| 압연 | 열간, 냉간에서 재료를 회전하는 두 개의 롤러 사이에 통과시켜 두께를 줄이는 가공이다. |
| 압출 | 상온 또는 가열된 금속을 용기 내의 다이를 통해 밀어내어 봉이나 관 등을 만드는 가공이다. |
| 전조 | 2개의 다이 사이에 재료를 넣고 나사 및 기어 등을 제작할 때 사용하는 가공이다. |
| 프레스 | 금형(상형)과 금형(하형) 사이에 재료를 넣고 찍어서 특정 형상의 제품을 만드는 가공이다. |

ㄴ. 호닝 : 호닝은 숫돌이 설치된 막대를 중공(가운데 구멍이 뚫린) 제품의 구멍에 넣어 직선운동과 회전운

동을 하면서 구멍의 내면을 다듬질 가공하는 공정으로 정밀입자가공에 속한다.
ㅁ. **트루잉** : 나사나 기어를 연삭가공하기 위해 숫돌의 형상을 처음 형상으로 고치는 작업으로 일명 "모양 고치기"라고 한다.

## 03
정답 ③

니켈(Ni)−구리(Cu) 합금은 내식성이 우수하고 기계 가공이 쉽다.
예를 들어, 큐프로니켈[구리(Cu)와 니켈(Ni) 30~40%의 합금]은 구리 합금 중 전연성이 가장 우수하여 가공이 용이하며 내식성, 고온강도가 우수한 특징을 가지고 있다.
① 청동은 황동보다 내식성과 내마멸성이 좋다.

| 청동(Bronze) | 구리(Cu)와 주석(Sn)의 합금으로 해수에 대한 내식성과 내마멸성이 황동보다 우수하다. |
|---|---|
| 황동(Brass) | 구리(Cu)와 아연(Zn)의 합금으로 놋쇠라고도 하며 주조성, 내식성, 가공성이 우수하다. |

② 마그네슘 합금은 비강도가 알루미늄 금속보다 우수하므로 항공기, 자동차 등에 사용된다.
④ 금형 주조가 발달하여 피스톤, 실린더 헤드 커버 등도 주물용 알루미늄 합금으로 생산되고 있다.

## 04
정답 ④

### [숫돌의 표시 방법]

| 숫돌입자 | 입도 | 결합도 | 조직 | 결합제 |
|---|---|---|---|---|
| WA | 60 | K | m | V |

### [숫돌의 3요소]
• 숫돌입자 : 공작물을 절삭하는 날로 내마모성과 파쇄성을 가지고 있다.
• 기공 : 칩을 피하는 장소
• 결합제 : 숫돌입자를 고정시키는 접착제

| 알루미나<br>(산화알루미나계_인조입자) | • A입자(암갈색, 95%) : 일반강재(연강)<br>• WA입자(백색, 99.5%) : 담금질강(마텐자이트), 특수합금강, 고속도강 |
|---|---|
| 탄화규소계(SiC계_인조입자) | • C입자(흑자색, 97%) : 주철, 비철금속, 도자기, 고무, 플라스틱<br>• GC입자(녹색, 98%) : 초경합금 |
| 이 외의 인조입자 | • B입자 : 입방정 질화붕소(CBN)<br>• D입자 : 다이아몬드 입자 |
| 천연입자 | 사암, 석영, 에머리, 코런덤 |

결합도는 E3−4−4−4−나머지라고 암기하면 편하다. EFG, HIJK, LMNO, PQRS, TUVWXYZ 순으로 단단해진다. 즉, EFG [극히 연함], HIJK[연함], LMNO[중간], PQRS[단단], TUVWXYZ[극히 단단] !
입도는 입자의 크기를 체눈의 번호로 표시한 것으로, 번호는 Mesh를 의미하고 입도가 클수록 입자의 크기가 작다.

| 구분 | 거친 것 | 중간 | 고운 것 | 매우 고운 것 |
|------|---------|------|---------|--------------|
| 입도 | 10, 12, 14, 16, 20, 24 | 30, 36, 46 54, 60 | 70, 80, 90, 100, 120, 150, 180 | 240, 280, 320, 400, 500, 600 |

위의 표는 암기해주는 것이 좋다. 설마 이런 것까지 알아야 되나 싶지만, <u>중앙공기업/지방공기업 다 출제되었다.</u>

조직은 숫돌입자의 밀도, 즉 단위체적당 입자의 양을 의미한다.

C는 치밀한 조직, m은 중간, W는 거친 조직을 의미한다. 꼭 암기 바란다.

**[결합제의 종류와 기호]**

– 유기질 결합제 : R(레지노이드), E(셀락), B(레지노이드), PVA(비닐결합제), M(금속)

| V | S | R | B | E | PVA | M |
|---|---|---|---|---|-----|---|
| 비트리파이드 | 실리케이드 | 고무 | 레지노이드 | 셀락 | 비닐결합제 | 메탈금속 |

암기 방법은 you! (너) REB(랩) 해 !

**[숫돌의 자생작용]** : 마멸–파괴–탈락–생성의 순서를 거치며, 연삭 시 숫돌의 마모된 입자가 탈락하고 새로운 입자가 나타나는 현상이다. 숫돌의 자생작용과 가장 관련이 있는 것은 결합도이다. 너무 단단하면 자생작용이 발생하지 않아, 입자가 탈락하지 않고 마멸에 의해 납작해지는 현상인 글레이징(눈무딤)이 발생할 수 있다.

# 05

정답 ④

**[다이캐스팅]**

용융금속을 금형(영구주형) 내에 대기압 이상의 <u>높은 압력</u>으로 빠르게 주입하여 용융금속이 응고될 때까지 압력을 가하여 <u>압입</u>하는 주조법으로 다이주조라고도 하며 주물 제작에 이용되는 주조법이다. 필요한 주조 형상과 완전히 일치하도록 정확하게 기계 가공된 강재의 금형에 용융금속을 주입하여 금형과 똑같은 주물을 얻는 방법으로 그 제품을 다이캐스트 주물이라고 한다.

**[다이캐스팅 사용재료]**

• 고온가압실식 : 납(Pb), 주석(Sn), 아연(Zn)
• 저온가압실식 : 알루미늄(Al), 마그네슘(Mg), 구리(Cu)

**[특징]**

• 정밀도가 높고 주물 표면이 매끈하다.
• 기계적 성질이 우수하며 대량생산이 가능하고 <u>얇고 복잡한 주물의 주조</u>가 가능하다.
• 가압되므로 기공이 적고 결정립이 미세화되어 치밀한 조직을 얻을 수 있다.
• 기계 가공이나 다듬질할 필요가 없으므로 생산비가 저렴하다.
• 다이캐스팅된 주물재료는 얇기 때문에 주물 표면과 중심부 강도는 동일하다.
• 가압 시 공기 유입이 용이하며 열처리하면 부풀어 오르기 쉽다.
• 주형재료보다 용융점이 높은 금속재료에는 적합하지 않다.
• 시설비와 금형 제작비가 비싸고 생산량이 많아야 경제성이 있다. 즉, 소량생산에는 비경제적이기 때문에 적합하지 않다.
• 주로 얇고 복잡한 형상의 비철금속 제품 제작에 적합하다.

**필수**

- 영구 주형을 사용하는 주조법 : 다이캐스팅, 가압주조법, 슬러시주조법, 원심주조법, 스퀴즈주조법, 반용융성형법, 진공주조법
- 소모성 주형을 사용하는 주조법 : 인베스트먼트법(로스트왁스법), 셸주조법(크로닝법)
  → 소모성 주형은 주형에 쇳물을 붓고 응고되어 주물을 꺼낼 때 주형을 파괴한다.

## 06

정답 ②

①, ② 주철은 탄소(2.11~6.68%C)가 많이 함유되어 취성(깨지는 성질, 메지다, 여리다)이 크기 때문에 깨지기 쉬워 탄소강에 비하여 충격에 약하고 <u>고온에서도 소성가공이 되지 않는다.</u> 그리고 탄소강에 비해 인장강도는 작지만, 압축강도가 크다.
③ 산에는 약하지만 알칼리에는 강하다.
④ 주철은 탄소함유량이 2.11~6.68%C로 탄소가 많이 함유되어 용융점이 낮다. 따라서 열을 가해 녹이기 쉽기 때문에 액체 상태(액상)로 만들기 용이하다. 액체 상태가 쉽게 되므로 유동성이 좋아 주형 틀에 흘려보내기 쉽고 이에 따라 복잡한 형상의 부품을 제작(주조)하기 쉽다.

## 07

정답 ③

**[블록게이지의 등급]**

| AA형(00급) | 연구소, 참조용으로 표준용 블록게이지의 점검, 정밀 학술 연구용으로 주로 사용된다. |
|---|---|
| A형(0급) | 일반용, 표준용인 고정밀 블록게이지로써 숙련된 검사원에 의해 관리되는 환경 내에서 사용한다. |
| B형(1급) | 검사용으로 플러그 및 스냅게이지의 정도를 검증하며 전자 측정 장치를 설정하는 용도로 사용된다. |
| C형(2급) | 공작용으로 공구의 설치 및 측정기류의 정도를 조정하기 위한 용도로 사용된다. |

※ 블록게이지의 정밀도 크기 순서
  AA형(00급) > A형(0급) > B형(1급 > C형(2급)

## 08

정답 ①

**[밸브의 종류]**

| 압력제어밸브 (일의 크기를 제어) | 릴리프밸브, 감압밸브(리듀싱밸브), 시퀀스밸브(순차동작밸브), 카운터밸런스밸브, 무부하밸브(언로딩밸브), 압력스위치, 이스케이프밸브, 안전밸브, 유체퓨즈 |
|---|---|
| 유량제어밸브 (일의 속도를 제어) | 교축밸브(스로틀밸브), 유량조절밸브(압력보상밸브), 집류밸브, 스톱밸브(정지밸브), 바이패스유량제어밸브, 분류밸브 |
| 방향제어밸브 (일의 방향을 제어) | 체크밸브(역지밸브), 셔틀밸브, 감속밸브(디셀러레이션밸브), 전환밸브, 포핏밸브, 스풀밸브(메뉴얼밸브) |

- **시퀀스 밸브** : 주회로의 압력을 일정하게 유지하면서 <u>조작의 순서를 제어</u>(순차적으로 제어 및 작동)하고 싶을 때 사용하는 밸브이다.
- **감압 밸브** : 유압회로에서 어떤 부분 회로의 압력이 <u>주회로의 압력보다 저압으로 만들어</u> 사용하고자 할 때 사용하는 밸브이다.

## 09

[버니어캘리퍼스]

| 종류 | 최소 측정 값 | 어미자 눈금 | 아들자 눈금 |
|---|---|---|---|
| M1형 | 0.05mm | 1mm | 어미자의 눈금 19mm를 20등분 |
| M2형 | 0.02mm | 0.5mm | 어미자의 눈금 24.5mm를 25등분 |
| CB형 | 0.02mm | 0.5mm | 어미자의 눈금 12mm를 25등분 |
| CM형 | 0.02mm | 1mm | 어미자의 눈금 49mm를 50등분 |

→ 버니어캘리퍼스 어미자의 한 눈금은 종류에 따라 다르므로 ㉠은 틀린 보기이다.

[각도 측정기의 종류]

사인바, 탄젠트바, 직각자, 콤비네이션 세트, 각도게이지, 수준기, 광학식 각도계, 오토콜리메이터

→ 사인바는 각도 측정기이므로 ㉣은 틀린 보기이다.

※ 하이트게이지는 높이 측정 및 금긋기 용도로 사용되는 측정기로 종류로는 HM형, HT형, HB형이 있다.

## 10

정답 ①

[유압유가 갖추어야 할 성질(구비조건)]

• 비압축성이고 유동성이 좋을 것
  → 비압축성이어야 정확한 동력을 전달할 수 있다.
  ※ 유압기기는 압축될 수 없는(비압축성) 기름(액체)를 사용하므로 압력을 가해 밀면 압축되지 않고 바로 출력이 발생하므로 정확한 동력을 전달할 수 있다.
• 인화점이 높고 온도에 대한 점도 변화가 적을 것
  → 점도지수가 커야 한다. 점도지수가 크다는 것은 온도 변화에 따른 점도의 변화가 작다는 의미이다.
• 거품이 일지 않고 수분을 쉽게 분리시킬 수 있을 것
• 장시간 사용해도 물리적, 화학적 성질의 변화가 없을 것

## 11

정답 ②

① 납땜에 대한 설명이다.
③ 점용접에 대한 설명이다.
④ 불활성가스아크용접에 대한 설명이다.

[심용접]

점용접을 연속적으로 하는 것으로 전극 대신에 회전 롤러 형상을 한 전극을 사용하여 용접 전류를 공급하면서 전극을 회전시켜 용접하는 방법이다.

• 기체의 기밀, 액체의 수밀을 요하는 관 및 용기 제작 등에 적용됨
• 통전 방법으로 단속 통전법이 많이 사용됨

※ 점용접(스폿용접) : 전극 사이에 용접물을 넣고 가압하면서 전류를 통하여 그 접촉 부분의 저항열로 가압 부분을 융합시키는 방법으로 리벳 접합은 판재에 구멍을 뚫고 리벳으로 접합시키나 스폿용접은 구멍을 뚫지 않고 접합할 수 있다.

# 12

정답 ③

**[탄소함유량이 높은 순서]**

탄소공구강 > 표면경화강 > 경강 > 연강

| 구분 | 탄소(C)함유량(%) |
|------|------------------|
| 탄소공구강 | 0.6 ~ 1.5% |
| 표면경화강 | 최대 0.7% |
| 경강 | 0.4 ~ 0.5% |
| 연강 | 0.12 ~ 0.2% |

# 13

정답 ①

**[대표적인 경도 시험법]**

| | |
|---|---|
| 쇼어 경도 시험법 (HS) | • **시험 원리** : 추를 일정한 높이에서 낙하시킨 후, 이 추의 반발 높이를 측정하여 경도를 측정한다.<br>• **압입자** : 다이아몬드 추<br>• **경도 값** : $HS = \dfrac{10,000h}{65h_0}$<br>[단, $h$ : 반발 높이, $h_0$ : 초기 낙하체의 높이]<br>**[특징]** ★<br>• 측정자에 따라 오차가 발생할 수 있다.<br> → 탄성률이 큰 차이가 없는 곳에 사용해야 한다. 탄성률 차이가 큰 재료에는 부적당하다.<br>• 재료에 흠을 내지 않는다.<br>• 주로 완성된 제품에 사용한다.<br>• 경도치의 신뢰도가 높다. |
| 브리넬 경도 시험법 (HB) | • **시험 원리** : 압입자인 강구에 일정량의 하중을 걸어 시험편의 표면에 압입한 후, 압입자국의 표면적 크기와 하중의 비로 경도를 측정한다.<br>• **압입자** : 강구<br>• **경도 값** : $HB = \dfrac{P}{\pi dt}$  [단, $\pi dt$ : 압입면적, $P$ : 하중] |
| 비커즈 경도 시험법 (HV) | • **시험 원리** : 압입자에 1 ~ 120$kgf$의 하중을 걸어 자국의 대각선 길이로 경도를 측정하고, 하중을 가하는 시간은 캠의 회전속도로 조절한다.<br>• **압입자** : 136°인 다이아몬드 피라미드 압입자<br>• **경도 값** : $HV = \dfrac{1.854P}{L^2}$  [단, $P$ : 하중, $L$ : 대각선의 길이]<br>**[특징]** ★<br>• 압흔 자국이 극히 작으며 시험 하중을 변화시켜도 경도 측정치에는 변화가 없다.<br>• 침탄층, 질화층, 탈탄층의 경도 시험에 적합하다. |

| | |
|---|---|
| 로크웰 경도 시험법<br>(HRB, HRC) | • **시험 원리** : 압입자에 하중을 걸어 <u>압입 자국(홈)의 깊이를 측정</u>하여 경도를 측정한다.<br>• **압입자 ★** |

<table>
<tr><td rowspan="2">로크웰 경도 시험법<br>(HRB, HRC)</td><td>B 스케일</td><td>직경이 (1/16″)=(1/16)인치인 강구<br>→ 직경이 1.588mm인 강구<br>[단, 1인치는 25.4mm이므로 (1/16)인치=1.588mm]<br>• 연한 재료의 경도 시험에 적합하다.<br>• 예비하중은 10kgf, 시험하중은 100kg이다.</td></tr>
<tr><td>C 스케일</td><td>120°의 다이아몬드 원뿔 콘<br>• 경한 재료의 경도 시험에 적합하다.<br>• 예비하중은 10kgf, 시험하중은 150kg이다.</td></tr>
</table>

• <u>담금질된 강재의 경도시험</u>에 적합하다.
• **경도 값**

| B 스케일 | $HRB : 130 - 500h$ | [단, $h$ : 압입 깊이] |
|---|---|---|
| C 스케일 | $HRC : 100 - 500h$ | [단, $h$ : 압입 깊이] |

| | |
|---|---|
| 누프 경도 시험법<br>(HK) | • **시험 원리** : 정면 꼭지각이 172°, 측면 꼭지각이 130°인 다이아몬드 피라미드를 사용하고 대각선 중 긴 쪽을 측정하여 경도를 계산한다. 즉, <u>한 쪽 대각선이 긴 피라미드 형상의 다이아몬드 압입자를 사용</u>해서 경도를 측정한다.<br>• **압입자** : 정면 꼭지각이 172°, 측면 꼭지각이 130°인 다이아몬드 피라미드<br>• 누프 경도 시험법은 "<u>마이크로 경도 시험법</u>"에 해당된다.<br>• 시편의 크기가 매우 작거나 얇은 경우와 보석, 카바이드, 유리 등의 취성재료에 대한 시험에 적합하다.<br>• **경도 값** : $HK = \dfrac{14.2P}{L^2}$ [단, $P$ : 하중, $L$ : 긴 대각선의 길이] |

# 14
정답 ③

① **플랜지 커플링** : 양쪽에 플랜지를 각각 끼워 키로 고정한 후 플랜지를 리머 볼트로 결합하는 커플링으로 두 축간 경사나 편심을 흡수할 수 없으며 <u>큰 축이나 고속 정밀도 회전축에 사용</u>한다.

② **토션바**
• 비틀었을 때 강성에 의해 원래 위치로 되돌아가려는 성질을 이용한 <u>막대 모양의 스프링</u>이다.
• <u>가벼우면서 큰 비틀림 에너지를 축적</u>할 수 있다.
• <u>자동차와 전동차에 주로 사용</u>된다.

③ **체크밸브(역지밸브)** : <u>유체를 한 방향으로만 흐르게 하기 위한 역류 방지용</u> 밸브이다.

④ **글로브밸브** : <u>스톱밸브의 일종</u>으로 나사에 의해 밸브를 밸브 시트에 꽉 눌러 유체의 개폐를 실행하는 외형이 구형인 밸브이다. 밸브의 개폐를 빠르게 할 수 있고 밸브 본체와 밸브 시트의 조합도 쉽다. 단, 밸브가 전부 열려도 밸브 본체가 유체 중에 있기 때문에 <u>유체의 에너지 손실이 크다</u>.

PART II 정답 및 해설

## 15

정답 ②

**터보제트기관(turbojet engine)** : 고온·고압의 연소가스를 압축기 구동용 터빈에 분출시켜 터빈을 구동하는 기관으로 대기에서 흡입한 공기를 모두 압축기로 압축한 후 연소실로 보내 연료를 분사시켜 연소시킨다. 특징으로는 고속에서 효율이 높으며, 주로 항공기용으로 사용된다.

## 16

정답 ④

**[공업규격을 제정하여 표준화하는 이유]**
• 품질 향상
• 생산원가 절감
• 작업 능률 향상
• 부품의 호환성 증가

## 17

정답 ④

각 금속들의 "비중 수치"를 암기하는 것은 필수이다. "비중 수치"만 암기된 상태라면 1초 컷으로 풀어낼 수 있다.
• **티타늄(Ti)** : 비중이 4.5 정도로 은백색의 금속이며, 무게가 철의 1/2 정도이나, 단단하고 내식 및 내열성이 우수하다. 그 합금은 가스터빈용, 항공기 구조용으로 다양하게 쓰이고 있다.
• **니켈(Ni)** : 비중이 8.9이며 인성이 풍부한 은백색 광택의 금속으로 전연성이 좋아 동전 등의 화폐를 만드는 데 쓰이기도 한다.

**[비중]** ★
• 물질의 고유 특성(물리적 성질)으로 경금속(가벼운 금속)과 중금속(무거운 금속)을 나누는 기준이 되는 무차원수이다.
• 물질의 비중$(S) = \dfrac{\text{어떤 물질의 밀도}(\rho_{H_2O}) \text{ 또는 어떤 물질의 비중량}(\gamma_{H_2O})}{4\,℃\text{에서의 물의 밀도}(\rho_{H_2O}) \text{ 또는 물의 비중량}(\gamma_{H_2O})}$

| 경금속 | 가벼운 금속으로 비중이 4.5보다 작은 것을 말한다. | | | |
|---|---|---|---|---|
| | 금속 | 비중 | 금속 | 비중 |
| | 리튬(Li) | 0.53 | 베릴륨(Be) | 1.85 |
| | 나트륨(Na) | 0.97 | 알루미늄(Al) | 2.7 |
| | 마그네슘(Mg) | 1.74 | 티타늄(Ti) | 4.4 ~ 4.506 |

※ 티타늄(Ti)은 재질에 따라 비중이 다르며, 그 범위는 4.4~4.506이다. 일반적으로 티타늄(Ti)의 비중은 4.5로 경금속과 중금속의 경계에 있지만 티타늄(Ti)은 경금속에 포함된다.
※ 나트륨(Na)은 소듐과 같은 말이다.

| | 무거운 금속으로 비중이 4.5보다 큰 것을 말한다. | | | |
|---|---|---|---|---|
| | 금속 | 비중 | 금속 | 비중 |
| | 주석(Sn) | 5.8~7.2 | 몰리브덴(Mo) | 10.2 |
| | 바나듐(V) | 6.1 | 은(Ag) | 10.5 |
| | 크롬(Cr) | 7.2 | 납(Pb) | 11.3 |
| 중금속 | 아연(Zn) | 7.14 | 텅스텐(W) | 19 |
| | 망간(Mn) | 7.4 | 금(Au) | 19.3 |
| | 철(Fe) | 7.87 | 백금(Pt) | 21 |
| | 니켈(Ni) | 8.9 | 이리듐(Ir) | 22.41 |
| | 구리(Cu) | 8.96 | 오스뮴(Os) | 22.56 |
| | ※ 이리듐(Ir)은 운석에 가장 많이 포함된 원소이다. | | | |

## 18

정답 ①

**[센터리스 연삭(무심 연삭)]**

일감(공작물)을 양 센터 또는 척으로 고정하지 않고, 조정숫돌과 연삭숫돌 사이에 일감(공작물)을 삽입하고 지지판으로 지지하면서 연삭한다.

| 전후 이송법 | 연삭 숫돌바퀴와 조정 숫돌바퀴 사이에 송입하여 플런지컷 연삭과 같은 방법으로 연삭하는 센터리스 연삭 방법 중 하나이다. |
|---|---|
| 통과 이송법 | 일감(공작물)을 숫돌차의 축 방향으로 송입하여 양 숫돌차 사이를 통과하는 동안에 연삭한다. 조정숫돌은 연삭숫돌축에 대하여 일반적으로 2~8°로 경사시킨다. |

**[센터리스 연삭기의 특징]**

| 장점 | • 연삭여유가 작아도 되며 작업이 자동적으로 이루어지기 때문에 숙련이 불필요하다.<br>• 센터나 척으로 장착하기 곤란한 중공의 일감을 연삭하는 데 편리한 연삭법이다.<br>• 일감(공작물)을 연속적으로 송입하여 연속작업을 할 수 있어 대량생산에 적합하다.<br>• 센터를 낼 수 없는 작은 지름의 일감연삭에 적합하다.<br>• 척에 고정하기 어려운 가늘고 긴 일감(공작물)을 연삭하기에 적합하다.<br>• 내경뿐만 아니라 외경도 연삭이 가능하다.<br>• 센터 구멍을 뚫을 필요가 없다. |
|---|---|
| 단점 | • 축 방향에 키홈, 기름홈 등이 있는 일감(공작물)은 연삭하기 어렵다(긴 홈이 있는 일감(공작물)은 연삭하기 어렵다).<br>• 지름이 크고 길이가 긴 대형 일감은 연삭하기 어렵다.<br>• 연삭숫돌바퀴의 나비보다 긴 일감(공작물)은 전후이송법으로 연삭할 수 없다. |

## 19

조건 : 원동축 기어의 잇수($Z_1$) = 30, 종동축 기어의 잇수($Z_2$) = 10, 모듈($m$) = 2

㉠ 두 기어의 중심거리(축간거리, $C$)

$$= \frac{D_1 + D_2}{2} = \frac{mZ_1 + mZ_2}{2} = \frac{m(Z_1 + Z_2)}{2} = \frac{2 \times (30 + 10)}{2} = 40\text{mm}$$

㉡ 원동축의 피치원 지름($D$) = $mZ_1 = 2 \times 30 = 60\text{mm}$

㉢ "원주피치($p$) $= \dfrac{\pi D}{Z} = \pi m$"의 식을 활용한다. 서로 맞물려 돌아가는 기어이므로 모듈($m$)이 같으므로 종동축, 원동축의 원주피치($p$) $= \pi m$도 같다.

㉣ "속도비($i$) $= \dfrac{N_2}{N_1} = \dfrac{D_1}{D_2} = \dfrac{Z_1}{Z_2}$"을 활용한다. $i = \dfrac{Z_1}{Z_2} = \dfrac{30}{10} = 3$이다.

$3 = \dfrac{N_2}{N_1}$ ∴ $N_2 = 3N_1$이 도출된다.

즉, 원동축(1)이 20회전($N_1$)하면 종동축(2)은 그에 3배인 60회전($N_2$)을 하게 된다.

## 20

[리벳이음의 특징]

| 장점 | • 리벳이음은 잔류응력이 발생하지 않아 변형이 적다.<br>• 경합금처럼 용접하기 곤란한 금속을 이음할 수 있다.<br>• 구조물 등에서 현장 조립할 때는 용접이음보다 쉽다.<br>• 작업에 숙련도를 요하지 않으며 검사도 간단하다. |
|---|---|
| 단점 | • 길이 방향의 하중에 취약하다.<br>• 결합시킬 수 있는 강판의 두께에 제한이 있다.<br>• 강판 또는 형강을 영구적으로 접합하는 데 사용하는 이음으로 분해 시 파괴해야 한다.<br>• 체결 시 소음이 발생한다.<br>• 용접이음보다 이음 효율이 낮으며 기밀, 수밀의 유지가 곤란하다.<br>• 구멍 가공으로 인하여 판의 강도가 약화된다. |

[용접이음의 특징]

| 장점 | • 이음 효율(수밀성, 기밀성)을 100%까지 할 수 있다.<br>• 공정수를 줄일 수 있다.<br>• 재료를 절약할 수 있다.<br>• 경량화할 수 있다.<br>• 용접하는 재료에 두께 제한이 없다.<br>• 서로 다른 재질의 두 재료를 접합할 수 있다. |
|---|---|
| 단점 | • 잔류응력과 응력집중이 발생할 수 있다.<br>• 모재가 용접 열에 의해 변형될 수 있다.<br>• 용접부의 비파괴검사가 곤란하다.<br>• 용접의 숙련도가 요구된다. |

**[용접의 효율]**

| | |
|---|---|
| 아래보기 용접에 대한 위보기 용접의 효율 | 80% |
| 아래보기 용접에 대한 수평보기 용접의 효율 | 90% |
| 아래보기 용접에 대한 수직보기 용접의 효율 | 95% |
| 공장용접에 대한 현장용접의 효율 | 90% |

※ 용접부의 이음 효율 : $\dfrac{용접부의 \ 강도}{모재의 \ 강도}$ = 형상계수$(k_1)$ × 용접계수$(k_2)$

**[용접 자세 종류]**

| 종류 | 전자세<br>All<br>Position | 위보기<br>(상향자세)<br>Overhead<br>Position | 아래보기<br>(하향자세)<br>Flat Position | 수평보기<br>(횡향자세)<br>Horizontal<br>Position | 수직보기<br>(직립자세)<br>Vertical Position |
|---|---|---|---|---|---|
| 기호 | AP | O | F | H | V |

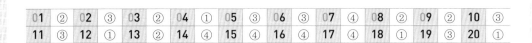

## 18 | 2020년 6월 13일 시행
# 지방직 9급 공개경쟁채용

| 01 | ② | 02 | ③ | 03 | ② | 04 | ① | 05 | ③ | 06 | ③ | 07 | ④ | 08 | ② | 09 | ② | 10 | ③ |
|----|---|----|---|----|---|----|---|----|---|----|---|----|---|----|---|----|---|----|---|
| 11 | ③ | 12 | ① | 13 | ② | 14 | ④ | 15 | ④ | 16 | ④ | 17 | ④ | 18 | ① | 19 | ③ | 20 | ① |

## 01

정답 ②

버니어켈리퍼스(노기스) 읽는법

아들자의 눈금이 0인 부분의 어미자의 눈금이 대략 13이다.
아들자와 어미자의 눈금이 일치하는 부분의 아들자의 눈금이 4이므로 0.4mm로 읽는다.
∴ ㄱ + ㄴ = 13 + 0.4 = 13.4mm

## 02

정답 ③

[나사의 종류]

| | | |
|---|---|---|
| 체결용(결합용) 나사<br>[체결할 때 사용하는 나사로<br>효율이 낮다] | 삼각나사 | 가스 파이프를 연결하는 데 사용한다. |
| | 미터나사 | 나사산의 각도가 60°인 삼각나사의 일종이다. |
| | 유니파이나사<br>(ABC나사) | 세계적인 표준나사로 미국, 영국, 캐나다가 협정하여 만든 나사이다. 용도로는 좀용 등에 사용된다. |
| | 관용나사 | 파이프에 가공한 나사로 누설 및 기밀 유지에 사용한다. |
| 운동용 나사<br>[동력을 전달하는 나사로<br>체결용 나사보다 효율이 좋다] | 사다리꼴나사<br>(애크미나사,<br>재형나사) | 양방향으로 추력을 받는 나사로 공작기계 이송나사, 밸브 개폐용, 프레스, 잭 등에 사용된다. 효율 측면에서는 사각나사가 더욱 유리하나 가공하기 어렵기 때문에 대신 사다리꼴나사를 많이 사용한다. 사각나사보다 강도 및 저항력이 크다. |
| | 사각나사 | 축 방향의 하중(추력)을 받는 운동용 나사로 추력의 전달이 가능하다. |
| | 톱니나사 | <u>힘을 한 방향으로만 받는</u> 부품에 사용되는 나사로 압착기, 바이스 등의 이송나사에 사용된다. |

| | 둥근나사 (너클나사) | 전구와 같이 먼지나 이물질이 들어가기 쉬운 곳에 사용되는 나사이다. |
|---|---|---|
| 운동용 나사 [동력을 전달하는 나사로 체결용 나사보다 효율이 좋다] | 볼나사 | 공작기계의 이송나사, NC기계의 수치제어장치에 사용되는 나사로 효율이 좋고 먼지에 의한 마모가 적으며 토크의 변동이 적다. 또한, 정밀도가 높고 윤활은 소량으로도 충분하며 축 방향의 백래시(backlash)를 작게 할 수 있다. 그리고 마찰이 작아 정확하고 미세한 이송이 가능한 장점을 가지고 있다. 하지만 너트의 크기가 커지고 피치를 작게 하는데 한계가 있으며 고속에서는 소음이 발생한다. |

# 03

정답 ②

① **탄성** : 물체(금속재료)에 외력(외부의 힘)을 가하면 변형이 발생하게 된다. 이때, 외력(외부의 힘)을 제거하면 다시 원래의 형상 또는 상태로 되돌아가는 성질을 말한다[고무줄을 생각하면 된다].
② **소성** : 물체(금속재료)에 외력(외부의 힘)을 가하면 변형이 발생하게 된다. 이때, 외력(외부의 힘)을 제거해도 원래의 형상 또는 상태로 되돌아가지 못하고 변형된 상태 그대로 유지되는 성질로 "영구변형"을 말한다.
③ **항복점** : 탄성영역과 소성영역을 나누는 경계점이다.
④ **상변태(상전이)** : 물질의 상태가 다른 상으로 변화하는 것으로 기체⇔액체, 액체⇔고체, 고체⇔고체(결정 구조의 변화) 등을 말한다.

# 04

정답 ①

① 연삭 버닝 방지법에 속한다.

**[버닝]**
연삭숫돌의 선택이 부적당하거나 연삭조건이 불량할 경우, 연삭에 의한 발열이 심해져서 공작물 표면의 경도가 저하되는 현상을 말한다.

| 연삭 버닝의 원인 | • 연삭액을 사용하지 않을 때 <br> • 부적당한 연삭액을 사용할 때 <br> • 공작물과 연삭숫돌 간에 과도한 압력이 가해질 때 <br> • 매우 연한 공작물을 연삭할 때 <br> • 연삭숫돌의 선택이 부적당할 때 |
|---|---|
| 연삭 버닝 방지법 | • 발열을 줄이기 위해 연삭숫돌의 속도를 작게 한다. <br> • 연삭숫돌의 접촉면적을 작게 하여 연삭저항을 줄임으로써 발열을 줄인다. <br> • 낮은 결합도의 연삭숫돌을 사용하여 자생작용을 잘 일으켜 저항열(발열)을 외부로 방출시킨다. <br>   → 연삭숫돌의 결합도가 높을수록 숫돌이 단단하기 때문에 새로운 연삭입자가 숫돌 표면에 생성되는 자생작용이 일어나기 어렵다. 따라서 연삭숫돌의 결합도가 낮을수록 숫돌이 연하여 표면이 잘 벗겨짐으로 자생작용이 잘 일어난다. <br> • 거친 입도의 연삭숫돌을 사용해야 한다. |

※ 숫돌의 자생작용과 가장 관련이 있는 것은? "결합도"이다.

# 05

정답 ③

**[크레이터 마모(crater wear)]**
절삭과정 중에서 절삭 공구에 의해 발생한 칩이 공구의 윗면 경사면과 충돌하여 경사면이 오목하게 파이는 현상으로 공구의 온도가 최대가 되는 영역에서 발생한다.
→ 크레이터 마모는 유동형 칩에서 가장 뚜렷하게 나타난다.
→ 처음에 느린 속도로 성장하다가 어느 정도 크기에 도달하면 빨라진다.
→ 크레이터 마모는 경사면 위의 마찰계수를 감소시켜 줄일 수 있다.
※ **플랭크 마모(Flank wear)** : 절삭면과 평행하게 마모되는 현상이다.
※ 치핑 : 절삭저항에 견디지 못하고 날 끝이 탈락하는 현상이다.

# 06

정답 ③

① **회주철** : 보통 주철로 탄소가 흑연 박편의 형태로 석출되며 내마모성이 우수하고 압축강도가 좋아 엔진 블록, 브레이크 드럼, 공작기계 배드면 , 진동을 잘 흡수하므로 진동을 많이 받는 기계 몸체 등의 재료로 많이 사용된다.
② **가단주철** : 보통 주철의 여리고 약한 인성을 개선시키기 위해 백주철을 장시간 풀림 처리하여 만든 주철이다.
③ **칠드주철** : 금형에 접촉한 부분(표면)만 급랭에 의해 경화된 주철로 냉경주철이라고도 불린다. 용도로는 기차바퀴, 롤러 등에 사용된다.
④ **구상흑연주철** : 용융 상태의 주철에 Mg, Ce, Ca 등을 첨가하여 편상으로 존재하는 흑연을 구상화한 것으로 덕타일 주철이라고도 한다. 주철의 인성과 연성을 현저히 개선시킨 것으로 자동차의 크랭크축, 캠축 및 브레이크 드럼 등에 사용된다. 즉, 자동차용 주물에 가장 많이 사용된다.

# 07

정답 ④

**[목형의 종류]**

| | | |
|---|---|---|
| 현형 | 실제 부품과 같은 형태이다.<br>**[종류]** | |
| | 단체목형 | **간단한 주물**(레버, 뚜껑 등)을 생산할 때 사용한다. |
| | 분할목형 | 모형을 2개로 분할 제작한 것으로 **일반 복잡한 주물** 등을 생산할 때 사용한다. |
| | 조립목형 | **상수도관용 밸브류**를 생산할 때 사용한다. |
| 부분 목형 | 주형이 크고 중심과 대칭으로 되어 있을 때, 또는 연속적으로 반복되어 있을 때 한 부분만 모형을 만들어 연속적으로 주형을 만들어 가는 용도로 사용된다. 이는 대형기어, 대형풀리, 프로펠러 등을 생산할 때 사용된다. | |
| 회전 목형 | 주물의 형상이 어느 축에 대하여 회전 대칭일 경우, 축을 통한 단면의 반쪽 판을 축 주위로 회전시켜 주형사를 긁어내어 주형을 제작할 수 있는데 이 회전판을 회전모형이라고 한다. 용도로는 회전체로 된 물체(풀리) 등을 생산할 때 사용한다. | |
| 고르개 목형 | 긁기 목형으로 가늘고 긴 굽은 파이프를 제작할 때 사용한다. | |

| 골격 목형<br>(골조 목형) | 주물(제품)이 대형일 때 사용하는 모형으로 보통 골격(뼈대)만 먼저 만들고 나머지 빈 공간은 석고나 점토로 채워 넣어 주형을 만든다. 보통 대형 곡관, 대형 파이프를 주조할 때 많이 사용된다. |
|---|---|
| 코어 목형 | 코어를 제작할 때 사용한다. |
| 매치플레이트 | 소형 제품(아령)을 대량생산하고자 할 때 사용하는 것으로 여러 개의 주형을 한 플레이트 내에서 동시 제작한다. |

## 08 정답 ②

**평삭(평면가공)**

주로 대형 공작물의 길이방향 홈이나 노치 가공에 사용되는 공정으로 고정된 공구를 이용하여 공작물의 직선운동에 따라 절삭행정과 귀환행정이 반복되는 가공법이다.

| 셰이퍼 | 주로 짧은 공작물의 평면을 가공할 때 사용한다. |
|---|---|
| 슬로터 | 셰이퍼를 수직으로 세운 형식의 공작기계로 보통 홈(키홈) 등을 가공할 때 사용한다. |
| 플레이너 | 대형공작물의 평면을 가공할 때 사용한다. |

※ 급속귀환기구를 사용하는 공작기계 : 셰이퍼, 슬로터, 플레이너, 브로칭 머신

## 09 정답 ②

① 베르누이 방정식은 압력수두, 속도수두, 위치수두로 구성된다.
② 벤투리미터는 베르누이 방정식과 연속방정식을 이용하여 유량을 산출한다.
③ 베르누이 방정식은 비압축성 유체에 적용한다.
④ 베르누이 방정식의 각 항은 에너지(J)로 표현할 수도 있고, 수두(m)로 표현할 수도 있고, 압력(Pa)으로도 표현할 수 있다. 따라서 무차원수가 아니다.

**[베르누이 방정식]**

"흐르는 유체가 갖는 에너지의 총합은 항상 보존된다."라는 에너지 보존 법칙을 기반으로 하는 방정식이다.

| | |
|---|---|
| 기본 식 | $\dfrac{P}{\gamma}+\dfrac{V^2}{2g}+Z=constant$<br><br>[단, $\dfrac{P}{\gamma}$ : 압력수두, $\dfrac{V^2}{2g}$ : 속도수두, $Z$ : 위치수두]<br><br>㉠ 에너지선 : 압력수두 + 속도수두 + 위치수두<br>㉡ 수력구배선(수력기울기선) : 압력수두 + 위치수두<br>※ 베르누이 방정식은 에너지($J$)로 표현할 수도 있고, 수두($m$)로 표현할 수도 있고, 압력($Pa$)으로도 표현할 수 있다.<br><br>㉠ 수두식 : $\dfrac{P}{\gamma}+\dfrac{V^2}{2g}+Z=Constant$<br><br>㉡ 압력식 : $P+\rho\dfrac{V^2}{2}+\rho gh=Constant$<br><br>→ ㉠ 식의 양변에 비중량($\gamma$)를 곱하고 $\gamma=\rho g$이다. |

| 기본 식 | ㉢ 에너지식 : $PV + \frac{1}{2}mV^2 + mgh = Constant$ |
| --- | --- |
| | → ㉡ 식의 양변에 부피($V$)를 곱하고 밀도($\rho$) $= \frac{m}{V}$이다. |
| 가정 조건 | • 정상류이며 비압축성이어야 한다. |
| | • 유선을 따라 입자가 흘러야 한다. |
| | • 유선이 경계층를 통과하지 않아야 한다. |
| | → 경계층 내부는 점성이 작용하므로 점성에 의한 마찰의 영향을 받기 때문이다. |
| | • 비점성이어야 한다(마찰이 존재하지 않아야 한다). |
| 설명할 수 있는 예시 | • 피토관을 이용한 유속 측정 원리 |
| | • 유체 중 날개에서의 양력 발생 원리 |
| | • 관의 면적에 따른 속도와 압력의 관계 |
| 적용 예시 | • 2개의 풍선 사이에 바람을 불면 풍선이 서로 붙는다. |
| | • 마그누스의 힘(축구공 감아차기, 플레트너 배 등) |

※ 오일러 운동 방정식은 압축성을 기반으로 한다(나머지는 베르누이 방정식 가정과 동일하다).

| 필수 비교 | |
| --- | --- |
| 배르누이 방정식 | 에너지 보존 법칙 |
| 연속방정식 | 질량 보존 법칙 |

## 10
정답 ③

- **에징(Edging)** : 형단조의 예비성형 공정에서 오목면을 가지는 금형을 이용하여 최종 제품의 부피가 큰 영역으로 재료를 모으는 단계이다.
- 형단조(impression-die forging)
  - 형단조 예비가공(preforming operatuons)
1) 소재 블랭크(blank)의 준비
  - 압출이나 인발된 소재에서 절단
  - 예비 성형품(preform)제작 : 분말야금, 주조, 예비 단조
2) 형단조 공정에서 재료가 쉽게 다이의 공동부를 채울 수 있도록 미리 시행하는 작업들
  - 풀러링(fullering) : 재료를 분산시키는 작업
  - 에징(edging) : 재료를 한 곳으로 모으는 작업

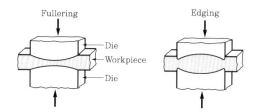

- 형단조(impression-die forging)
  - 예 : 내연기관의 커넥팅 로드의 단조

- 환봉 형태의 소재
- 예비가공 : 에징
- 블록킹(blocking) : 블락커 다이(blocker die)를 이용한 거친 형상의 성형
- 최종 형상의 단조
- 트리밍(trimming)
- 다이 케비티에서 높은 미끄럼속도(변형률) 혹은 높은 압력 중 하나만을 받도록 설계

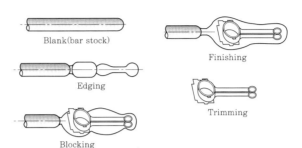

Blank(bar stock)

Edging

Blocking

Finishing

Trimming

# 11
정답 ③

[프란츠 륄로(Franz Reuleaux)가 정의한 기계의 구비 조건]
- 물체의 조합으로 구성되어 있을 것
- 각 부분의 운동은 한정되어 있을 것
- 에너지를 공급받아서 유효한 기계적 일을 할 것

# 12
정답 ①

① 미터보통나사의 **수나사 호칭 지름은 바깥지름을** 기준으로 한다.
② 원기둥의 바깥 표면에 나사산이 있는 것을 수나사라고 한다.
③ 오른나사는 시계 방향으로 돌리면 죄어지며 왼나사는 반시계 방향으로 돌리면 죄어진다.
④ 다줄나사(줄수가 2개 이상인 것)가 빨리 풀거나 죌 때 편리하다. 그 이유는 리드($L$)가 크기 때문이다.
   → 리드($L$)는 나사를 1회전하였을 때 나사가 축 방향으로 나아가는 거리로 다음과 같이 구할 수 있다.
   ∴ 리드($L$) = $n$(나사의 줄수) × $p$(나사의 피치)
   따라서, 다줄나사는 한줄나사보다 나사의 줄수($n$)가 많기 때문에 리드($L$)가 크므로 나사를 덜 돌려도 축 방향으로 나아가는 거리가 커서 빨리 풀거나 죌 수 있다.

# 13
정답 ②

회전운동이 포함된 가공 및 작업(드릴 가공 등)을 할 때 장갑을 착용하면 회전하는 공구에 장갑이 껴서 말려들어가 사고가 날 수 있기 때문에 장갑을 착용하지 않는다.

# 14
정답 ④

행적 체적($V_S$) = $\frac{1}{4}\pi d^2 \times S = \frac{1}{4} \times 3 \times 10^2 \times 10 = 750\text{cm}^3$

연소실 체적($V_C$) = $250\text{cm}^3$

실린더 체적($V$) = $V_S + V_C = 750 + 250 = 1{,}000\text{cm}^3$

∴ 압축비($\varepsilon$) = $\frac{V}{V_C} = \frac{1{,}000\text{cm}^3}{250\text{cm}^3} = 4$

**[내연기관]**

| | |
|---|---|
| 압축비($\varepsilon$) | 압축비($\varepsilon$) = $\dfrac{V}{V_C}$<br><br>[단, $V$ : 실린더 체적, $V_C$ : 연소실체적(통극체적, 간극체적, 극간체적)] |
| 실린더 체적($V$) | 피스톤이 하사점에 위치할 때의 체적으로 $V = V_C + V_S$이다. |
| 행정 체적($V_S$) | 행정($S$)에 의해서 형성되는 체적으로 $V_S = AS = \dfrac{\pi d^2}{4} \times S$이다. |
| 행정($S$) | 상사점과 하사점 사이에서 피스톤이 이동한 거리이다. |
| 연소실 체적($V_C$) | 피스톤이 상사점에 있을 때의 체적으로 통극체적, 간극체적, 극간체적과 같은 말이다. |
| 통극체적비($\lambda$) | 극간비와 같은 말로 $\lambda = \dfrac{V_C}{V_S}$이다. |
| 상사점 | 피스톤이 실린더의 윗벽까지 도달하지 못하고 어느 정도 공간을 남기고 최고점을 찍을 때의 점이다. |
| 하사점 | 내연기관에서 실린더 내의 피스톤이 상하로 움직이며 압축할 때, 피스톤이 최하점으로 내려왔을 때의 점이다. |

# 15

정답 ④

**[카르노 사이클(Carnot cycle)]**
- 열기관의 이상 사이클로 **이상기체를 동작물질(작동유체)**로 사용한다.
- 이론적으로 사이클 중 **최고의 효율**을 가질 수 있다.

| | |
|---|---|
| $P$(압력) – $V$(부피) 선도 | |
| 각 구간 해석 | • 상태 1 → 상태 2 : $q_1$의 열이 공급되었으므로 팽창하게 된다. 위의 선도를 보면 1에서 2로 부피($V$)가 늘어났음(팽창)을 알 수 있다. 따라서 가역등온팽창과정이다.<br>• 상태 2 → 상태 3 : 위의 선도를 보면 2에서 3으로 압력($P$)가 감소했음을 알 수 있다. 즉, 동작물질(작동유체)인 이상기체가 외부로 팽창일을 하여 압력($P$)이 감소된 것이므로 가역단열팽창과정이다.<br>• 상태 3 → 상태 4 : $q_2$의 열이 방출되고 있으므로 부피가 줄어들게 된다. 위의 선도에서 보면 3에서 4로 부피($V$)가 줄어들고 있다. 따라서 가역등온압축과정이다.<br>• 상태 4 → 상태 1 : 4에서 1은 압력($P$)가 증가하고 있다. 따라서 가역단열압축과정이다. |

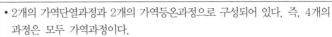

| 특징 | • 2개의 가역단열과정과 2개의 가역등온과정으로 구성되어 있다. 즉, 4개의 과정은 모두 가역과정이다.<br>• 등온팽창 → 단열팽창 → 등온압축 → 단열압축의 순서로 사이클이 작동된다.<br>• 효율($\eta$)은 $1 - \dfrac{Q_2}{Q_1} = 1 - \dfrac{T_2}{T_1}$ 으로 구할 수 있다.<br>[단, $Q_1$ : 공급열량, $Q_2$ : 방출열량, $T_1$ : 고열원의 온도, $T_2$ : 저열원의 온도이다]<br>→ 카르노 사이클의 열효율은 열량($Q$)의 함수로 온도($T$)의 함수를 치환할 수 있다.<br>• 같은 두 열원에서 사용되는 가역사이클인 카르노사이클로 작동되는 기관은 열효율이 동일하다.<br>• 사이클을 역으로 작동시켜주면 냉동기의 원리가 된다.<br>• 열의 공급은 등온과정에서만 이루어지지만, 일의 전달은 단열과정과 등온과정에서 둘 다 일어난다.<br>• 동작물질(작동유체)의 밀도가 크거나 양이 많으면 마찰이 발생하여 효율이 떨어지므로 효율을 높이기 위해서는 동작물질(작동유체)의 밀도를 낮추거나 양을 줄인다. |

# 16

정답 ④

| 솔리드 모델링<br>(Solid modeling) | 속이 꽉 찬 블록에 의한 형상기법으로 물체의 내·외부 구분이 가능하고 형상의 이해가 쉽다.<br>[특징]<br>• 숨은선 제거가 가능하다.<br>• 정확한 형상을 파악하기 쉽다.<br>• 복잡한 형상의 표현이 가능하다.<br>• 실물과 근접한 3차원 형상의 모델을 만들 수 있다.<br>• 부피, 무게, 표면적, 관성모멘트, 무게중심 등(물리적 성질)을 계산할 수 있다.<br>• 단면도 작성과 간섭체크가 가능하다.<br>• 데이터의 구조가 복잡하여 처리해야 할 데이터의 양이 많다.<br>• 컴퓨터의 메모리를 많이 차지한다.<br>※ 솔리드 모델링은 와이어 프레임 모델링과 서피스 모델링에 비해 모든 작업이 가능하지만 데이터 구조가 복잡하고 컴퓨터의 메모리를 많이 차지하는 단점을 가지고 있다. |

| 와이어 프레임 모델링<br>(Wire frame<br>modeling) | 면과 면이 만나서 이루어지는 모서리만으로 모델을 표현하는 방법으로 점, 직선 그리고 곡선으로 구성되는 모델링이다.<br>[특징]<br>• 모델 작성이 쉽고 처리 속도가 빠르다.<br>• 데이터의 구성이 간단하다.<br>• 3면 투시도 작성이 용이하다.<br>• 물리적 성질을 계산할 수 없다.<br>• 숨은선 제거가 불가능하며 간섭체크가 어렵다.<br>• 단면도 작성이 불가능하다.<br>• 실체감이 없으며 형상을 정확히 판단하기 어렵다.<br>※ 물체를 빠르게 구상할 수 있고 처리 속도가 빠르고 차지하는 메모리의 양이 적어 가벼운 모델링에 사용한다. |
|---|---|
| 서피스 모델링<br>(Surface modeling) | 면을 이용하여 물체를 모델링하는 방법으로 와이어 프레임 모델링에서 어려웠던 작업을 진행할 수 있으며 NC가공에 최적화되어 있다는 큰 장점을 가지고 있다.<br>※ 솔리드 모델링은 데이터의 구조가 복잡하기 때문에 NC가공을 할 때 서피스 모델링을 선호하여 사용한다.<br>[특징]<br>• 은선 처리 및 음영처리가 가능하다.<br>• 단면도 작성을 할 수 있다.<br>• NC가공이 가능하다.<br>• 간섭체크가 가능하다.<br>• 2개의 면의 교선을 구할 수 있다.<br>• 물리적 성질을 계산할 수 없다.<br>• 물체 내부의 정보가 없다.<br>• 유한요소법적용(FEM)을 위한 요소분할이 어렵다. |

# 17

정답 ④

"적열취성 방지"라는 키포인트 문구를 보고 <u>1초 컷</u>할 수 있어야 한다.

### [탄소강에 함유된 원소의 영향]

| 규소(Si) | • 강도, 경도, 탄성한도(탄성한계)를 증가시키며 연신율 및 충격값을 감소시킨다.<br>• 결정입자의 크기를 증가시켜 전연성을 감소시킨다.<br>• 용융금속의 유동성을 좋게 하여 주물을 만드는 데 도움을 준다.<br>• 단접성, 냉간가공성을 해치고 충격강도를 감소시켜 저탄소강의 경우, 규소(Si)의 함유량을 0.2% 이하로 제한한다.<br>※ 규소(Si)는 탄성한도(탄성한계)를 증가시키기 때문에 스프링강에 첨가하는 주요 원소이다. 하지만 규소(Si)를 많이 첨가하면 오히려 탈탄이 발생하기 때문에 스프링강에 반드시 첨가해야 할 원소는 망간(Mn)이다. 망간(Mn)을 넣어 탈탄이 발생하는 것을 방지해야 하기 때문이다. |
|---|---|

| | |
|---|---|
| 망간(Mn) | • 주조성을 향상시킨다.<br>• 강에 끈끈한 성질(점성)을 주어 높은 온도에서 절삭을 용이하게 한다.<br>• 강도, 경도, 인성을 증가시키며 <u>담금질성</u> 및 내마멸성을 향상시킨다.<br>• <u>고온가공성을 증가시키며 고온에서 결정이 거칠어지는 것을 방지한다. 즉, 고온에서 결정립의</u><br><u>성장을 억제</u>한다.<br>• 황화망간(MnS)이 적열취성(적열메짐)의 원인인 황화철(FeS)의 생성을 방해하여 <u>적열취성을</u><br><u>방지</u>한다. 또한, 흑연화를 방지한다. |
| 인(P) | • 강도, 경도를 증가시키거나 상온취성을 일으킨다.<br>• 제강 시 편석을 일으키며 담금질 균열의 원인이 되며 연성을 감소시킨다.<br>• 결정립을 조대화시킨다.<br>• 주물의 경우에 기포를 줄이는 역할을 한다. |
| 황(S) | • 가장 유해한 원소로 연신율과 충격값을 저하시키며 적열취성을 일으킨다.<br>• 절삭성을 향상시킨다.<br>• 유동성을 저하시키며 용접성을 떨어뜨린다. |
| 탄소(C) | • 탄소의 함유량이 증가하면 강도 및 경도가 증가하지만, 연신율과 전연성이 감소하여 취성이<br>커지게 된다.<br>• 용접성이 떨어진다. |
| 수소(H₂) | • 백점이나 헤어크랙의 원인이 된다.<br>※ 백점은 강의 표면에 생긴 미세 균열이며 헤어크랙은 머리카락 모양의 미세 균열이다. |

## 18

정답 ①

**[탄성계수 크기 비교]**

마그네슘(Mg) > 구리(Cu) > 알루미늄(Al) > 납(Pb)

※ 암기법 : MCAP (M모자)

## 19

정답 ③

"6208 C1 P2"

• 6 : 단열 깊은 홈 볼 베어링을 의미한다. (형식기호)
• 2 : 베어링 하중 번호로 경하중을 의미한다.
• 08 : 안지름 번호이다.
• C1 : 틈새기호이다(C5 틈새기호가 틈새가 가장 크다).
• P2 : 2급, 정밀도 2급으로 매우 우수한 정밀도를 가진다.

※ <u>정밀도 등급에는 보통급 정밀도인 KS 0급 이외에 (6급, 5급, 4급, 2급)의 순으로 정밀도가 높아진다.</u>

**[베어링 안지름 번호]**

| 베어링 안지름 번호 | 00 | 01 | 02 | 03 |
|---|---|---|---|---|
| 베어링 안지름[mm] | 10 | 12 | 15 | 17 |

6208에서 3,4번째 번호가 베어링 안지름 번호이다. 즉, "08"이 베어링 안지름 번호이다.

"00∼03"까지는 위 표를 참고하여 암기하면 되고, "04"부터는 베어링 안지름 번호에 ×5를 하면 된다.
→ 따라서 6208 베어링의 안지름은 08×5＝40mm가 된다.

**[베어링 관련 기호]**

| 베어링 기호 | C | DB | C2 | Z | V |
|---|---|---|---|---|---|
| 의미 | 접촉각 기호 | 조합기호 | 틈새기호 | 실드기호 | 리테이너 기호 |

※ Z면 한쪽 실드, ZZ면 양쪽 실드이다.

**[베어링 하중 번호]**

| 하중 번호 | 0, 1 | 2 | 3 | 4 |
|---|---|---|---|---|
| 하중의 종류 | 특별 경하중 | 경하중 | 중간하중 | 고하중 |

※ 6208에서 2번째 숫자가 하중 번호이다. 즉, "2"가 하중 번호이다.

# 20
정답 ①

- **현상(Developing)** : 반도체 제조공정에서 기판 표면에 코팅된 양성 포토레지스트(Positive photoresist)에 마스크(Mask)를 이용하여 노광공정(Exposing)을 수행한 후, 자외선이 조사된 영역의 포토레지스트만 선택적으로 제거하는 공정이다.
- **식각(에칭, Etching)** : 반도체 공정에서 피막 같은 것을 화학적으로 제거하는 공정이다.

# 19 지방직 9급 고졸경채

| 01 | ③ | 02 | ④ | 03 | ① | 04 | ④ | 05 | ④ | 06 | ① | 07 | ④ | 08 | ③ | 09 | ③ | 10 | ① |
| 11 | ③ | 12 | ④ | 13 | ② | 14 | ② | 15 | ① | 16 | ② | 17 | ③ | 18 | ① | 19 | ② | 20 | ④ |

## 01

정답 ③

**[철강의 분류]**

철강은 <u>탄소(C) 함유량(%)</u>에 따라 순철, 강, 주철로 분류된다.

| 순철 | 0.02% C 이하 |
|---|---|
| 강(탄소강) | • 아공석강 : 0.02~0.77% C<br>• 공석강 : 0.77% C<br>• 과공석강 : 0.77~2.11% C |
| 주철 | • 아공정주철 : 2.11~4.3% C<br>• 공정주철 : 4.3% C<br>• 과공정주철 : 4.3~6.68% C |

## 02

정답 ④

**[기계요소 종류]**

• **결합용 기계요소** : 나사, 볼트, 너트, 키, 핀, <u>리벳</u>, 코터
• 축용 기계요소 : 축, 축이음, 베어링
• 직접 전동(동력 전달)용 기계요소 : 마찰차, 기어, 캠
• 간접 전동(동력 전달)용 기계요소 : 벨트, 체인, 로프
• 제동 및 완충용 기계요소 : 브레이크, 스프링, 관성차(플라이휠)
• 관용 기계 요소 : 관, 밸브, 관이음쇠

**[리벳의 특징]**

| 리벳의 장점 | • 리벳이음은 잔류응력이 발생하지 않아 변형이 적다.<br>• 경합금처럼 용접하기 곤란한 금속을 이음할 수 있다.<br>• 구조물 등에서 현장 조립할 때는 용접이음보다 쉽다.<br>• 작업에 숙련도를 요하지 않으며 검사도 간단하다. |
|---|---|
| 리벳의 단점 | • 길이 방향의 하중에 취약하다.<br>• 결합시킬 수 있는 강판의 두께에 제한이 있다.<br>• <u>강판 또는 형강을 영구적으로 접합하는 데 사용하는 이음으로 분해 시 파괴해야 한다.</u><br>• 체결 시 소음이 발생한다.<br>• 용접이음보다 이음 효율이 낮으며 기밀, 수밀의 유지가 곤란하다.<br>• 구멍 가공으로 인하여 판의 강도가 약화된다. |

## 03

정답 ①

**[나사의 리드]**

리드($L$)란 나사를 1회전시켰을 때 축 방향으로 나아가는 거리이다.

$L$(리드)$= n$(나사의 줄수)$\times p$(나사의 피치)

※ 미터나사($M$) $M48 \times 5$에서 "$\times$" 뒤의 숫자가 피치를 의미한다.

$L$(리드)$= n$(나사의 줄수)$\times p$(나사의 피치)로 각각 구해보면 아래와 같다.

① 2줄 $M25 \times 5$ → $L = 2 \times 5 = 10$mm

② 2줄 $M30 \times 4$ → $L = 2 \times 4 = 8$mm

③ 3줄 $M20 \times 3$ → $L = 3 \times 3 = 9$mm

④ 3줄 $M25 \times 2$ → $L = 3 \times 2 = 6$mm

## 04

정답 ④

**[연신율(%)]**

시편을 인장시험하였을 때, 시편의 초기 길이($L_0$)에 대비하여 시편이 얼마나 늘어났는지에 대한 비율을 의미한다.

※ 시편(재료)의 연성이 좋을수록 가늘고 길게 잘 늘어나는 성질이 좋기 때문에 연신율(%)이 커지게 된다.

연신율(%) : $\dfrac{\text{파단 후 표점거리} - \text{표점 간 거리}}{\text{표점 간 거리}} \times 100$(%)

시편의 초기 길이가 $L_0$이고, 인장시험하였을 때 시편의 최종 길이가 $L$이라면 연신율(%)은 "$\dfrac{L - L_0}{L_0} \times 100\%$"

가 된다.

$\therefore$ 연신율(%) $= \dfrac{120 - 100}{100} \times 100 = 20\%$

## 05

정답 ④

속도비($i$)에서의 회전수($N$)와 잇수($Z$)의 관계를 이용한다.

※ 1은 원동기어이며 2는 종동기어이다.

$i$(속도비, 속비)$= \dfrac{N_2}{N_1} = \dfrac{D_1}{D_2} = \dfrac{Z_1}{Z_2}$

**기어 A에서 기어 E까지의 전동 과정**을 해석해본다.

㉠ 기어 A는 200rpm의 회전수로 시계 방향으로 회전한다. 기어 B는 기어 A와 맞물려 있기 때문에 기어 B는 문제의 그림과 같이 기어 A의 회전 방향과 반대인 반시계 방향으로 회전하게 된다. 이때, 기어 B의 회전수($N_B$)는 기어 A와 기어 B의 주어진 잇수($Z$) 관계로 아래와 같이 도출할 수 있다.

→ $\dfrac{N_B}{N_A} = \dfrac{Z_A}{Z_B}$ → $\dfrac{N_B}{200\text{rpm}} = \dfrac{10}{40}$ → $\therefore N_B = 50$rpm

㉡ 기어 B는 50rpm의 회전수로 반시계 방향으로 회전한다는 것을 알 수 있었다. 기어 C는 기어 B와 맞물려 있기 때문에 기어 C는 위의 그림과 같이 기어 B의 회전 방향과 반대인 시계 방향으로 회전하게

된다. 이때, 기어 C의 회전수($N_C$)는 기어 B와 기어 C의 주어진 잇수($Z$) 관계로 아래와 같이 도출할 수 있다.

$$\rightarrow \frac{N_C}{N_B} = \frac{Z_B}{Z_C} \rightarrow \frac{N_C}{50\text{rpm}} = \frac{40}{10} \rightarrow \therefore N_C = 200\text{rpm}$$

ⓒ 기어 $D$는 기어 C와 동일 축으로 연결되어 있기 때문에 기어 C의 회전수 $N_C = 200$rpm와 같은 회전 수를 가지며 기어 C와 동일한 방향(시계 방향)으로 회전하게 된다.

$$\rightarrow \therefore N_D = 200\text{rpm (시계 방향)}$$

ⓔ 기어 $D$는 200rpm의 회전수로 시계 방향으로 회전한다는 것을 알 수 있었다. 기어 $E$는 기어 $D$와 맞물려 있기 때문에 기어 $E$는 위의 그림과 같이 기어 $D$의 회전 방향과 반대인 반시계 방향으로 회전 하게 된다. 이때, 기어 $E$의 회전수($N_E$)는 기어 $D$와 기어 E의 주어진 잇수($Z$)의 관계로 아래와 같이 도출할 수 있다.

$$\rightarrow \frac{N_E}{N_D} = \frac{Z_D}{Z_E} \rightarrow \frac{N_E}{200\text{rpm}} = \frac{20}{10} \rightarrow \therefore N_E = 400\text{rpm}$$

따라서 기어 $E$의 회전수($N_E$)는 400rpm이며 회전 방향은 반시계 방향이다.

**참고** 기어열 계산 문제는 해설처럼 하나씩 차례대로 구해보면 된다.

# 06
정답 ①

정기적으로 측정기를 검사하여 사용하더라도 측정기에 오차가 발생될 수 있다.

# 07
정답 ④

**[V벨트 전동 장치]**
• 홈 각도가 40°인 V벨트를 사용하여 동력을 전달하는 장치이다.
• 쐐기 형 단면으로 인한 쐐기 효과로 인해 측면에 높은 마찰력을 형성하여 동력전달 능력이 우수하다(평 벨트보다 동력전달능력이 우수하여 전동효율이 높다).
• 축간 거리가 짧고 속도비(1:7~10)가 큰 경우에 적합하며 접촉각이 작은 경우에 유리하다.
• 소음 및 진동이 작다(운전이 조용하며 정숙하다).
• **미끄럼이 적고 접촉면이 커서 큰 동력 전달이 가능**하며 벨트가 벗겨지지 않는다.
• **바로걸기(오픈걸기)만 가능**하며 끊어졌을 때 접합이 불가능하고 길이 조정이 불가능하다(엇걸기[십자걸 기, 크로스걸기]는 불가능하다).
• 고속 운전이 가능하고, 충격 완화 및 효율이 95% 이상으로 우수하다.
• V벨트의 홈 각도는 40°이며 풀리 홈 각도는 34°, 36°, 38°이다.
  → 풀리 홈 각도는 40°보다 작게 해서 더욱 쪼이게 하여 마찰력을 증대시킨다. 이에 따라 전달할 수 있는 동력이 더 커진다.
• 작은 장력으로 큰 회전력을 얻을 수 있으므로 베어링의 부담이 적다.
• V벨트의 종류는 A, B, C, D, E, M형이 있다.
  → M형, A형, B형, C형, D형, E형으로 갈수록 인장강도, 단면치수, 허용장력이 커진다.
  → M형, A형, B형, C형, D형, E형 모두 동력전달용으로 사용된다.
  → M형은 바깥둘레로 호칭 번호를 나타낸다.

- V벨트 A30 규격의 경우 벨트의 길이는 아래와 같다.
  → A30은 단면이 A형이며 벨트의 길이는 (25.4mm)×30＝762mm이다.
- V벨트는 수명을 고려하여 10~18m/s의 속도 범위로 운전한다.
- 밀링머신에서 가장 많이 사용하는 벨트이다.

**[기계요소의 종류]**
- 결합용 기계요소 : 나사, 볼트, 너트, 키, 핀, 리벳, 코터
- 축용 기계요소 : 축, 축이음, 베어링
- 직접 전동(동력 전달)용 기계요소 : 마찰차, 기어, 캠
- 간접 전동(동력 전달)용 기계요소 : 벨트, 체인, 로프
- 제동 및 완충용 기계요소 : 브레이크, 스프링, 관성차(플라이휠)
- 관용 기계 요소 : 관, 밸브, 관이음쇠
- ※ 평벨트는 바로걸기(오픈걸기)와 엇걸기(크로스걸기)가 가능하나, V벨트는 바로걸기(오픈걸기)만 가능하다.

# 08 　　　　　　　　　　　　　　　　　　　　　　　　　정답 ③

**선반 주축대** : 공작물(가공물, 일감)을 고정하여 절삭 회전 운동을 하는 주축을 말한다.
① **면판(Face plate)** : 공작물의 형상이 불규칙하여 척의 사용이 곤란할 때 주축의 나사부에 고정하여 공작물의 지지에 사용되는 부속 장치이다.
② **척(chunk)** : 선반의 주축 끝에 설치하여 공작물을 고정 및 유지하는 부속 장치이다. **연동척(스크롤척)** 은 3개의 조를 갖고 있으며 한 개의 조를 돌리면 3개의 조가 동시에 움직이고 **중심잡기가 편리하나 조임의 힘이 약하다.**
③ **방진구(Work rest)** : 지름에 비해 길이($L \geq 20d$)가 긴 공작물을 절삭할 때 공작물의 자중으로 인한 휨, 처짐, 떨림 또는 절삭력에 의해 구부러지는 경우 이것을 방지하기 위해 사용되는 부속 장치이다. 고정방진구는 베드에 설치, 이동방진구는 왕복대에 설치한다. 따라서 방진구는 주축대에 설치하는 선반의 부속 장치가 아니다.
④ **돌림판(Driving plate)** : 선반의 주축에 고정되어 공작물을 회전(주축의 회전을 공작물에 전달)시키는 데 사용되는 부속 장치이다.

# 09 　　　　　　　　　　　　　　　　　　　　　　　　　정답 ③

**[축의 종류]**

| | |
|---|---|
| 차축 | 휨 하중을 받는 축으로 자동차, 철도용 차량 등의 중량을 차륜에 전달한다. |
| 전동축 | 휨과 비틀림 하중을 동시에 받으며, 일반적인 동력전달용 축으로 사용된다. |
| 크랭크축 | 직선 운동을 회전 운동으로 바꾸거나, 회전 운동을 직선 운동으로 바꾸는 축으로 내연기관 및 압축기 등에 사용된다. |
| 플렉시블축 | 축이 자유롭게 휠 수 있어 직선 축을 사용할 수 없을 때 사용하며 철사나 강선을 코일 감은 것처럼 2~3겹 감은 나사 모양의 축이다. 특징으로는 충격 및 진동을 완화시킬 수 있으며 비틀림 강성이 매우 우수하다. 다만, 굽힘 강성은 매우 작다. |
| 스핀들축 | 주로 비틀림 하중을 받는 축(약간의 굽힘 하중도 작용함)으로 한쪽만 지지하고 있는 선반이나 밀링 머신의 주축으로 사용된다. |

# 10

정답 ①

① 열팽창계수가 크고, 내열성이 작다.

　→ 내열성이 작다는 것은 열에 약하다는 것을 의미한다.

## [합성수지]

유기 물질로 합성된 가소성 물질을 플라스틱 또는 합성수지라고 한다.

| | | |
|---|---|---|
| 일반적인 특징 | | • 전기절연성과 가공성 및 성형성이 우수하다.<br>　→ 가공성이 우수하므로 대량생산에 유리하다.<br>• 표면경도가 낮다.<br>• 색상이 매우 자유로우며(착색이 용이하다) 가볍고 튼튼하다.<br>• 무게에 비해 강도가 비교적 높은 편이다.<br>• **화학약품, 유류, 산, 알칼리에 강하지만 열과 충격에 약하다.** |
| 종류 | 열경화성 수지 | 주로 그물모양의 고분자로 이루어진 것으로 가열하면 경화되는 성질을 가지며, 한번 경화되면 가열해도 연화되지 않는 합성수지이다.<br>　→ "그물모양"을 꼭 숙지한다(빈출). |
| | 열가소성 수지 | 주로 선모양의 고분자로 이루어진 것으로 가열하면 부드럽게 되어 가소성을 나타내므로 여러 가지 모양으로 성형할 수 있으며, 냉각시키면 성형된 모양이 그대로 유지되면서 굳는다. 다시 열을 가하면 연화(물렁물렁)되며 계속 높은 온도로 가열하면 유동체(fruid)가 된다.<br>　→ "선모양"을 꼭 숙지한다(빈출). |
| | | ※ 열가소성 수지는 가열에 따라 연화 · 용융 · 냉각 후 고화하지만 열경화성 수지는 가열에 따라 가교 결합하거나 고화된다.<br>※ 열가소성 수지의 경우 성형 후 마무리 및 후가공이 많이 필요하지 않으나, 열경화성 수지는 플래시(flash)를 제거해야 하는 등 후가공이 필요하다.<br>※ 열가소성 수지는 재생품의 재용융이 가능하지만, 열경화성 수지는 재용융이 불가능하기 때문에 재생품을 사용할 수 없다.<br>※ 열가소성 수지는 제한된 온도에서 사용해야 하지만, 열경화성 수지는 높은 온도에서도 사용할 수 있다. |
| 구분 | 열경화성 수지 | 폴리에스테르, 아미노수지, 페놀수지, 프란수지, 에폭시수지, 실리콘수지, 멜라민수지, 요소수지, 폴리우레탄 등 |
| | 열가소성 수지 | 폴리염화비닐, 불소수지, 스티롤수지, 폴리에틸렌수지, 초산비닐수지, 메틸아크릴수지, 폴리아미드수지, 염화비닐론수지, ABS수지 등 |
| | | ★ 폴리에스테르를 제외하고 "폴리"가 들어가면 열가소성 수지이다.<br>★ 참고 : 폴리우레탄은 일반적으로 열경화성 수지에 포함되지만, 폴리우레탄의 종류에 열가소성 폴리우레탄도 있다. |
| 관련 필수 | | • 폴리카보네이트 : 플라스틱 재료 중에서 내충격성이 매우 우수한 열가소성 플라스틱으로 보석방의 진열 유리 재료로 사용된다.<br>• 베이클라이트 : 페놀수지의 일종으로 전기절연성, 강도, 내열성 등이 우수하다. |

# 11

정답 ③

• **진원도** : 원의 중심에서 반지름이 이상적인 진원으로부터 벗어난 크기를 의미하는 형상 정밀도(모양공차, 형상공차)이다.

**[공차의 종류]**

| 모양공차(형상공차) | 진직도, 평면도, 진원도, 원통도, 선의 윤곽도, 면의 윤곽도 |
|---|---|
| 자세공차 | 직각도, 경사도, 평행도 |
| 위치공차 | 위치도, 동심도(동축도), 대칭도 |
| 흔들림 공차 | 원주 흔들림, 온 흔들림 |

※ 모양공차(형상공차)는 데이텀 표시가 필요 없으며 자세공차, 위치공차, 흔들림 공차는 데이텀 표시가 필요하다.

# 12

정답 ④

공기 조화(air conditioning)의 4대 요소 : 온도, 습도, 기류, 청정도
※ 암기법 : "온습기청"

**[공기 조화(air conditioning)의 구성 장치]**

열원장치, 열운반장치, 자동제어, 공기조화장치

| 공기조화장치 | 공기가열기, 공기여과기 등 |
|---|---|
| 열원장치 | 보일러, 냉동기, 열펌프 등 |

# 13

정답 ②

절삭속도 : $V[\text{m/min}] = \dfrac{\pi dN}{1,000}$

[단, $d$ : 공작물의 지름(mm), $N$ : 주축의 회전수(rpm)]

$\therefore N = \dfrac{1,000\,V}{\pi d} = \dfrac{1,000 \times 600}{3 \times 100} = 2,000\text{rpm}$

※ $d = 10\text{cm} = 100\text{mm}$

# 14

정답 ②

**[베인펌프]**

회전자에 방사상으로 설치된 홈에 삽입된 베인이 캠링에 내접하여 회전하는 펌프이다.

| 베인펌프의 구성 | 입·출구 포트, 캠링, 베인, 로터(회전자) |
|---|---|
| 유압유 적정점도 | 베인펌프에 사용되는 유압유 적정점도 : $35 centistokes(ct)$ |

| 특징 | • 토출압력의 맥동과 소음이 적고 형상치수가 작다.<br>• 베인의 마모로 인한 압력저하가 적어 수명이 길다.<br>• 급속시동이 가능하며 호환성이 좋고 보수가 용이하다.<br>• 압력저하량과 기동토크가 작다.<br>• 다른 펌프에 비해 부품의 수가 많다.<br>• 작동유의 점도에 제한이 있다. $[35centistokes\,(ct)]$ |
|---|---|

## 15

정답 ①

**[맨드릴(mandrel, 심봉)]**
• 구멍이 있는 공작물의 측면이나 바깥지름을 가공할 때 사용하는 고정구이다.
• 기어, 벨트 풀리 등과 같이 구멍과 외경이 동심원이고, 직각이 필요한 경우에 구멍을 먼저 가공하고 구멍
  에 맨드릴을 끼워 양 센터로 지지하여 외경과 측면을 가공하여 부품을 완성하는 <u>선반의 부속품이다.</u>

## 16

정답 ②

① **공동현상(케비테이션)** : 펌프의 흡입측 배관 내의 물의 정압이 기존의 증기압보다 낮아져서 기포가 발
  생되는 현상으로 펌프의 흡수면 사이의 수직거리가 너무 길 때, 관 속을 유동하고 있는 물속의 어느
  부분이 고온도일수록 포화증기압에 비례해서 상승할 때 발생한다.
② **맥동현상(서징현상)** : 펌프, 송풍기 등이 운전 중에 한숨을 쉬는 것과 같은 상태가 되어 펌프인 경우,
  입구와 출구의 진공계, 압력계의 지침이 흔들리고 동시에 송출유량이 변화하는 현상이다. 즉, 송출압
  력과 송출유량 사이에 주기적인 변동이 발생하는 현상이다.
③ **수격현상(워터헤머링)** : 배관 속의 유체 흐름을 급히 차단시켰을 때, 유체의 운동에너지가 압력에너지
  로 전환되면서 배관 내에 탄성파가 왕복하게 된다. 이에 따라 배관이 파손되는 현상을 말한다.
④ **모세관현상** : 액체가 중력과 같은 외부 도움 없이 좁은 관을 오르는 현상으로 액체의 응집력과 관과
  액체 사이의 부착력에 의해 발생한다.
※ 물의 경우 응집력보다 부착력이 크기 때문에 무세관 현상이 위로 향한다.
※ 수은의 경우 응집력이 부착력보다 크기 때문에 모세관 현상이 아래로 향한다.

## 17

정답 ③

**[기어(Gear)]**
마찰차의 원주 상에 일정한 간격으로 이를 깎고 이가 서로 맞물려 미끄럼 없이 정확한 동력을 전달할 수
있는 직접전동장치이다.
• 정확한 속도비와 전동 효율이 높다. → 미끄럼이 적어 큰 회전력을 전달할 수 있다.
• 축간거리가 짧을 때 즉, 협소한 장소에 설치할 수 있다.
• 물려지는 기어의 잇수를 변화시켜 회전수를 바꿀 수 있다. → 큰 감속비를 얻을 수 있다.
• 소음과 진동이 발생한다.

# 18

**알루미늄(Al)**
보크사이트 광석에서 추출되는 비철금속으로 규소(Si) 다음으로 지구에 많이 존재한다.
- 비중이 약 2.7로 경금속에 속하며 용융점은 660℃이다.
- 내식성, 전연성이 우수하다.
  → 표면에 산화막이 형성되기 때문에 내식성이 우수하다.
  → 전연성이 우수하여 변형시키기 용이하여 가공성도 우수하다.
- 면심입방격자(FCC)이다.
- 열전도율과 전기전도율이 매우 우수하다(열과 전기의 양도체이다).
- 순도가 높을수록 연하며 변태점이 없다.
- 비강도가 우수하다.
- 공기 중에서 내식성이 좋지만 산, 알칼리에 침식되며 해수에 약하다.
- 순수 알루미늄은 강도가 작기 때문에 여러 금속들을 첨가하여 기계적 성질 등을 개선한 합금으로 주로 사용된다.
  → 순수 알루미늄은 강도가 낮아 구조 부분에서는 사용할 수 없으며 알루미늄 합금을 만들어 사용한다.
- 유동성이 적고 수축률이 크고 가스의 흡수나 발산이 많아 순수 알루미늄은 주조가 곤란하다.
  → 주조성을 향상시키기 위해 다양한 합금 원소를 첨가하여 합금으로 사용한다.

> 열전도율 및 전기전도율이 큰 순서
> 은(Ag) > 구리(Cu) > 금(Au) > 알루미늄(Al) > 마그네슘(Mg) > 아연(Zn) > 니켈(Ni) > 철(Fe) > 납(Pb) > 안티몬(Sb)
> ※ 열전도율, 전기전도율 : 열 또는 전기가 얼마나 잘 흐르는가를 의미하는 성질이다.
> ※ 전기전도율이 클수록 고유저항은 낮아진다. 저항이 낮아야 전기가 잘 흐르기 때문이다.
> **암기법** : (은)이 (구)(금)됐어. (알)(마)(아)(니) 시계 훔쳐서. (철)(납)(안)

**참고** ㉠에서 주조가 용이하다는 것은 순수 알루미늄의 특징이라기보다 알루미늄 합금의 특징에 가깝다.

# 19

**[전기저항 용접법]**
접합하려는 두 금속 사이에 전기적 저항을 일으켜 용접에 필요한 열을 발생시키고, 그 부분에 압력을 가해 용접하는 방법이다. 압력을 가해(가압함으로써) 용접하므로 전기저항용접법은 압접법에 속한다.
- 전기저항용접법의 3대 요소 : 가압력, 용접전류, 통전시간

**[전기저항 용접법의 분류]**

| 겹치기 용접(Lap welding) | 점용접, 심용접, 프로젝션용접(돌기 용접) |
|---|---|
| 맞대기 용접(butt welding) | 플래시용접, 업셋용접, 맞대기 심용접, 퍼커션용접(일명 충돌용접) |

| 가솔린 기관<br>(불꽃점화기관) | • "흡입 → 압축 → 폭발 → 배기" 4행정 1사이클로 공기와 연료를 함께 엔진으로 흡입한다.<br>• **가솔린 기관의 구성** : 크랭크축, 밸브, 실린더 헤드, 실린더 블록, 커넥팅 로드, 점화플러그<br>※ **실린더 헤드** : 실린더 블록 뒷면 덮개 부분으로 밸브 및 점화 플러그 구멍이 있고 연소실 주위에는 물재킷이 있는 부분이다. 재질은 주철 및 알루미늄 합금주철이다. |
|---|---|
| 디젤 기관<br>(압축착화기관) | • 혼합기 형성에서 공기만 압축한 후, 연료를 분사한다. 즉, 디젤 기관은 공기와 연료를 따로 흡입한다.<br>• **디젤 기관의 구성** : 연료분사펌프, 연료공급펌프, 연료 여과기, 노즐, 공기 청정기, 흡기다기관, 조속기, 크랭크축, 분사시기 조정기<br>※ 조속기 : 분사량을 조절한다.<br>※ 디젤 기관의 연료 분사 3대 요건 : 관통, 무화, 분포 |

**[가솔린 기관과 디젤 기관의 특징]**

| 가솔린 기관(불꽃점화기관) | 디젤 기관(압축착화기관) |
|---|---|
| 인화점이 낮다. | 인화점이 높다. |
| 점화장치가 필요하다. | 점화장치, 기화장치 등이 없어 고장이 적다. |
| 연료소비율이 디젤보다 크다. | 연료소비율과 연료소비량이 낮으며 연료가격이 싸다. |
| 일산화탄소 배출이 많다. | 일산화탄소 배출이 적다. |
| 질소산화물 배출이 적다. | 질소산화물이 많이 생긴다. |
| 고출력 엔진 제작이 불가능하다. | 사용할 수 있는 연료의 범위가 넓고 대출력 기관을 만들기 쉽다. |
| 압축비 6~9 | 압축비 12~22<br>(압축압력이 높다) |
| 열효율 26~28% | 열효율 33~38% |
| 회전수에 대한 변동이 크다. | 압축비가 높아 열효율이 좋다. |
| 소음과 진동이 적다. | 연료의 취급이 용이하며 화재의 위험이 적다. |
| 연료비가 비싸다. | 저속에서 큰 회전력이 생기며 회전력의 변화가 적다. |
| 제작비가 디젤에 비해 비교적 저렴하다. | 출력 당 중량이 높고 제작비가 비싸다. |
| − | 연소속도가 느린 중유, 경유를 사용해 기관의 회전속도를 높이기가 어렵다. |

| 4행정 사이클 | 흡기 밸브 | 배기 밸브 |
|---|---|---|
| 흡입 행정 | 열림 | 닫힘 |
| 압축 행정 | 닫힘 | 닫힘 |
| 폭발 행정 | 닫힘 | 닫힘 |
| 배기 행정 | 닫힘 | 열림 |

PART Ⅱ 정답 및 해설

※ <u>4행정 : 흡입 → 압축 → 폭발 → 배기 (4행정 과정이 1사이클)</u>

| 2 사이클 기관 | 크랭크축 1회전(피스톤 2행정)에 1사이클을 완료하는 기관 |
|---|---|
| 4 사이클 기관 | 크랭크축 2회전(피스톤 4행정)에 1사이클을 완료하는 기관 |

③ 소구기관은 소구를 가열해서 연료를 연소시키는 기관이다.

2021년 6월 5일 시행

# 지방직 9급 공개경쟁채용

| 01 ② | 02 ④ | 03 ② | 04 ③ | 05 ② | 06 ③ | 07 ① | 08 ② | 09 ① | 10 ④ |
|---|---|---|---|---|---|---|---|---|---|
| 11 ① | 12 ③ | 13 ② | 14 ③ | 15 ③ | 16 ④ | 17 ② | 18 ④ | 19 ④ | 20 ① |

## 01

정답 ②

**[순철]**

• 탄소(C) 함유량이 0.02% 이하인 순도가 높은 철(불순물이 거의 없음)을 말한다.
• 공업용 순철의 종류 : 전해철, 암코철, 카보닐철

| 수치적 특징 | • 순철의 인장강도는 18~25 kgf/mm²이다.<br>• 브리넬 경도 값(HB)은 60~70 kgf/mm²<br>• 비중은 7.87, 용융점은 1,538℃이며 탄소(C) 함유량은 0.02% 이하이다. |
|---|---|
| 일반적 특징 | • 유동성, 항복점, 인장강도가 작다.<br>  → 순철은 용융점이 1,538℃로 높기 때문에 열을 가해 액체 상태(액상)로 녹이기 어렵다. 따라서 주형 틀에 흘려 보내기 어려워 흐르는 성질인 유동성이 작다.<br>  → 순철은 탄소(C) 함유량이 0.02% 이하로 불순물이 거의 없는 순수한 철이다. 즉, 탄소(C)가 적기 때문에 단단하지 않고 매우 연한 성질을 지니고 있어 전연성이 우수하다. 따라서 외부의 힘(외력)이 가해지면 빨리 변형이 일어날 것이며 이에 따라 항복에 도달하는 시점이 다른 금속 및 합금보다 빠르다. 따라서 항복점이 작다.<br>  → 순철은 탄소(C) 함유량이 0.02% 이하로 탄소(C)가 적기 때문에 매우 연하다. 이때 인장하중을 가하게 되면 즉, 순철 막대를 양 옆에서 땡기게 되면 엿가락처럼 늘어나다가 결국 끊어지게 될 것이다. 따라서 인장강도가 작다.<br>  ※ 인장강도 : 당기는 하중에 대한 저항력의 세기를 말한다.<br>• 열처리성이 불량하다.<br>  → 열처리는 사용 목적에 따라 가열과 냉각을 반복하여 기계적 성질을 개선하는 것이다. 열처리의 종류에 따라 목적이 재질 경화, 강인성 부여, 재질 연화 등이 있겠으나, 열처리의 궁극적인 목적은 재질 경화(단단하게 만드는 것)이다. 하지만 순철은 탄소(C)가 매우 적어 매우 연하기 때문에 열처리를 아무리 하여도 재질 경화 효과가 미미하다. 따라서 열처리성이 불량하다.<br>  ※ 일반적으로 탄소(C) 함유량이 많아야 금속 원자의 배열의 공간에 탄소(C)가 침투하여 공간을 채움으로써 강도 및 경도를 높인다. 즉, 탄소(C)가 많아야 기본적으로 단단하다. 하지만 순철은 탄소(C)가 매우 적어 열처리를 해봤자 단단해지기 어렵다. |

| | |
|---|---|
| 일반적 특징 | • 연신율, 단면수축률, 충격값, 인성이 크다.<br>→ 순철은 탄소(C) 함유량이 적어 매우 연하다. 따라서 얇고 넓게 퍼지는 성질인 전성과 가늘고 길게 잘 늘어나는 성질인 연성이 우수하다. 즉, 변형이 용이하여 가공성이 좋다는 것이다. 따라서 잡아당겼을 때 잘 늘어나므로 초기 길이에 대비하여 늘어난 길이의 비율을 의미하는 "연신율"이 크다. 또한, 외력을 가하면 변형이 용이하므로 단면이 쉽게 변하기 때문에 초기 단면적에 대비하여 수축된 면적의 비율을 의미하는 "단면수축률"이 크다.<br>→ 인성은 충격에 대해 저항하는 성질 또는 파단될 때까지 재료가 단위체적당 흡수할 수 있는 에너지로 인성이 크다는 것은 외력이 작용했을 때에 깨지지 않고 그만큼 외력 에너지를 흡수할 수 있어 질기게 잘 견딘다는 의미이다. 따라서 순철은 탄소(C) 함유량이 적어 매우 연하기 때문에 외력이 가해졌을 때 깨질 염려가 없고 외력 에너지를 잘 흡수할 수 있으므로 인성이 크다. 요약하면 인성이 크다라는 것은 잘 깨지지 않는다라는 것이다. 즉, 인성이 크면 취성이 작다. 또한 인성은 충격값, 충격치와 비슷한 의미로 정의되므로 인성이 크다는 것은 충격값, 충격치가 크다는 것과 같다.<br>• 전연성(전성 + 연성)이 우수하다.<br>→ 탄소(C) 함유량이 적어 매우 연한 상태이므로 외력을 가해 변형시키기 용이하여 전성과 연성이 크다.<br>• 전기전도도, 열전도도가 우수하다.<br>→ 금속 내부에 존재하는 자유전자의 흐름이 자유로울수록 전기와 열이 잘 흐른다. 순철은 탄소(C)가 매우 적기 때문에 자유전자의 흐름에 방해를 받지 않는다. 따라서 순철의 주 용도는 전기재료이다.<br>• 강도가 낮아 기계구조용 재료로 적합하지 않다.<br>→ 탄소(C) 함유량이 적어 매우 연한 상태이므로 강도 및 경도가 작다. 따라서 기계구조용 재료로 적합하지 않다.<br>• 용접성과 단접성이 우수하다.<br>→ 탄소(C) 함유량이 많은 주철의 경우는 용접이 곤란하다.<br>• 항자력이 낮고 투자율이 높아 전기재료, 변압기, 발전기 등의 철심 등으로 사용된다.<br>• $\alpha$-Fe(페라이트 조직)이다. |

[철강의 분류]

철강은 탄소(C) 함유량(%)에 따라 순철, 강, 주철로 분류된다.

| | |
|---|---|
| 순철 | 0.02%C 이하 |
| 강(탄소강) | • 아공석강 : 0.02~0.77%C<br>• 공석강 : 0.77%C<br>• 과공석강 : 0.77~2.11%C |
| 주철 | • 아공정주철 : 2.11~4.3%C<br>• 공정주철 : 4.3%C<br>• 과공정주철 : 4.3~6.68%C |

## 02

정답 ④

레이놀즈수(Re)와 유체의 열전도도는 관련이 없다.

레이놀즈수(Re) $= \dfrac{\rho V d}{\mu}$

[단, $\rho$ : 유체의 밀도, $V$ : 유체의 속도, $d$ : 관의 지름(직경), $\mu$ : 유체의 점도(점성)]

※ 레이놀즈수(Re)는 층류와 난류를 구분해주는 기준이 되는 무차원수이다.

## 03 정답 ②

**[체인전동장치의 특징]**

• 미끄럼이 없어 정확한 속도비(속비)를 얻을 수 있으며 큰 동력을 전달할 수 있다.
• 효율이 95% 이상이며 접촉각은 90도 이상이다.
• 초기 장력을 줄 필요가 없어 정지 시 장력이 작용하지 않고 베어링에도 하중이 작용하지 않는다.
• 체인의 길이 조정이 가능하며 다축 전동이 용이하다.
• 탄성에 의한 충격을 흡수할 수 있다.
• 유지 및 보수가 용이하지만 소음과 진동이 발생하며 고속 회전에 부적합하다.
  → 고속 회전하면 맞물려 있던 이와 링크가 빠질 수 있고 소음과 진동도 크게 발생될 수 있다. (자전거 탈 때 자전거 체인을 생각하면 쉽다)
• 윤활이 필요하며 체인 속도의 변동이 있다.

## 04 정답 ③

선반 가공에서의 절삭속도  $V[\mathrm{m/min}] = \dfrac{\pi d N}{1,000}$

[단, $d$ : 공작물의 지름(mm), $N$ : 주축의 회전수(rpm)]

$\therefore N = \dfrac{1,000\,V}{\pi d} = \dfrac{1,000 \times 31.4}{3.14 \times 40} = 250\mathrm{rpm}$

## 05 정답 ②

**마찰용접** : 선반과 비슷한 구조로 용접할 두 표면을 회전하여 접촉시킴으로써 발생하는 마찰열을 이용하여 접합하는 용접 방법으로 마찰교반용접 및 공구마찰용접이라고 한다. 즉, 금속의 상대 운동에 의한 열로 접합을 하는 용접이며 열영향부(HAZ, Heat Affected Zone)를 가장 좁게 할 수 있는 특징을 가지고 있다.

※ **열영향부(HAZ, Heat Affected Zone)** : 용융점 이하의 온도이지만 금속의 미세조직 변화가 일어나는 부분으로 "**변질부**"라고도 한다.

## 06 정답 ③

미스런(misrun)이나 탕경(cold shut)과 같은 결함이 발생하면 주입온도를 높인다.

| 미스런<br>(misrun, 주탕불량) | 용융 금속이 주형(틀)을 완전히 채우지 못하고 응고된 것을 말한다. |
|---|---|
| 콜드셧<br>(cold shut, 탕경, 쇳물경계) | 주형(틀)에서 두 용융 금속의 흐름이 합류하게 되는 곳에서 발생하는 것으로 두 용융 금속이 완전히 융합되지 않은 채 응고된 것을 말한다. |

• 주입온도를 높여 주형(틀)에 용융 금속이 완전히 채워 질 때까지 금속을 더 녹임으로써 미스런을 방지한다.
• 주입온도를 높여 완전히 융합되지 않은 채 응고된 두 용융 금속을 다시 녹여 응고시킴으로써 콜드셧을 방지한다.

# 07
정답 ①

**[절삭공구의 피복제(피복재료)]**
피복이라는 것은 공구에 특정 재료로 코팅이 되어 있는 것을 말한다. 절삭공구로 금속을 절삭하게 되면 절삭 열이 발생하게 되고 이 열에 의해 코팅되어 있던 피복재료가 녹으면서 연기가 되어 대기 중의 산소, 질소로부터 공작물(가공물, 일감)을 보호해준다. 따라서 산화물, 질화물 등이 생기는 것을 방지해주는 역할을 한다. 즉, 피복재료의 기본적인 구비 조건은 열에 의해 쉽게 녹아 연기가 될 수 있어야 하므로 "낮은 열전도도"를 가져야 한다. "낮은 열전도도"를 가져야만 절삭 열이 집중되어 피복재료가 쉽게 녹을 수 있기 때문이다. 만약 피복재료가 높은 열전도도를 가지고 있다면 절삭 열이 쉽게 사방으로 전달되어 열이 집중되지 않기 때문에 피복재료가 쉽게 녹지 못한다.
※ 절삭공구의 피복재료로 텅스텐탄화물(WC)는 적절하지 않다. 그 이유는 텅스텐의 용융점은 3410℃로 매우 높아 녹기 어려워 쉽게 연기가 되지 못하기 때문이다.

**[용접에서의 피복제(flux)]**
용접봉은 심선과 피복제(flux)로 구성되어 있다. 용접봉에 용접입열(용접 때 공급되는 열)이 가해지게 되면 피복제(flux)가 녹으면서 가스 연기가 발생하게 된다. 그리고 이 연기가 용접이 진행되고 있는 부분을 덮어 대기 중으로부터의 산소와 질소를 차단해준다. 이러한 원리로 모재를 보호하여 산화 및 질화를 방지함으로써 산화물 또는 질화물이 발생되는 것을 막아준다. 또한, 연기가 대기와의 차단 역할을 하므로 용접 부분을 보호하고 연기가 용접입열이 빠져나가는 것을 막아주기 때문에 용착금속의 냉각속도를 지연시켜 급랭을 방지해준다. 그리고 피복제(flux)가 녹아서 생긴 액체 상태의 물질을 용제라고 한다. 이 용제도 용접부를 덮어 대기 중으로부터 모재를 보호하기 때문에 불순물이 용접부에 함유되는 것을 막아 용접 결함이 발생되는 것을 막아준다. 불활성가스아크용접(MIG, TIG용접)은 아르곤(Ar)과 헬륨(He)을 용접하는 부분 주위에 공급하여 모재를 대기 중으로부터 보호한다. 즉, 아르곤(Ar)과 헬륨(He)이 피복제(flux)의 역할을 하기 때문에 불활성가스아크용접(MIG, TIG용접)은 용제가 필요하지 않다.
※ 모재 : 용접이 되는 재료(금속)
※ 용가재 : 용접봉을 의미한다.

**[용접에서의 피복제(flux)의 역할]**
• 대기 중의 산소와 질소로부터 모재를 보호하여 산화 및 질화를 방지한다.
• 용착금속의 냉각 및 응고속도를 지연시켜 급랭을 방지한다.
• 용착금속에 합금원소를 첨가하여 기계적 강도를 높인다.
• 전기절연작용, 불순물 제거, 스패터의 양을 적게 하는 등이 있다.
• 아크의 발생과 유지를 안정되게 한다.
• 탈산 정련 작용을 한다.

# 08

② 역장력을 가하면 다이압력이 <u>작아진다.</u>

**[인발가공]**

금속 봉이나 관 등을 다이에 넣고 축 방향으로 잡아당겨 지름을 줄임으로써 가늘고 긴 선이나 봉재 등을 만드는 가공이다.

**[인발가공에 영향을 미치는 인자]**

인발력, 역장력, 마찰력, 다이각, 단면감소율, 인발속도, 인발재료, 윤활, 온도 등

| | |
|---|---|
| 인발력 | 금속(재료)의 지름을 감소시키는 데 필요한 힘으로 소재와 다이 사이의 마찰을 견뎌낼 수 있어야 한다. 따라서 마찰계수가 커지면 인발하중(인발력)이 증가하게 된다. |
| 역장력 | 인발력과 반대의 방향으로 가하는 힘을 역장력이라고 한다. 역장력을 가하면 다이의 마찰력이 적어지므로 열의 발생이 적어져 다이의 수명이 커지고, 보다 정확한 치수의 제품을 생산할 수 있으며 제품의 잔류응력을 줄일 수 있다.<br>※ **역장력이 증가하면 인발력도 증가하지만, 다이추력과 다이압력이 감소하게 된다. (다이<br>추력 = 인발력 − 역장력)** |
| 다이각 | 단면감소율을 일정하게 할 때, 다이각이 증가하면 외부 마찰응력은 감소하고 전단변형이 증가한다. |
| 단면감소율 | 다이각이 일정할 때, 인발력(인발하중)은 단면감소율이 증가함에 따라 증가하게 된다. |

# 09

벌징(bulging) : <u>주전자</u> 등과 같이 <u>배부른</u> 형상의 성형에 주로 적용되는 공법으로 튜브형의 소재를 분할다이에 넣고 폴리우레탄 플러그 같은 충전재를 이용하여 확장시키는 성형법이다.

# 10

**[비파괴검사법]**

| | |
|---|---|
| 초음파 검사법<br>(UT) | 초음파가 결함부에서 반사되는 성질을 이용하여 주로 <u>내부결함</u>을 탐지하는 방법이다.<br>※ **초음파 검사법의 종류 : 투과법, 펄스 반사법, 공진법** |
| 액체 침투법<br>(PT) | 표면결함의 열린 틈으로 액체가 침투하는 현상을 이용하여 표면에 노출된 결함을 탐지하는 방법이다. 주로 겹친 부위, 기공, <u>표면결함</u>을 검출하는 검사법이다. |
| 음향 방사법<br>(AET) | 제품에 소성변형이나 파괴가 진행되는 경우 발생하는 <u>응력파</u>를 검출하여 결함을 감지하는 방법이다. |
| 와전류 탐상법<br>(ET) | 제품의 결함부가 <u>와전류의 흐름</u>을 방해하여 이로 인한 전자기장의 변화로부터 결함을 탐지하는 방법이다. |
| 자분 탐상법<br>(MT) | 철강 재료의 균열 및 결함을 검사하는 방법으로 자력선과 산화철 분말을 사용한다. 철강 재료 등의 강자성체를 자기장에 놓았을 때, 시험편 표면이나 표면 근처에 균열이나 비금속 개재물과 같은 결함이 있으면 결함 부분에는 자속이 통하기 어려워 공간으로 누설되어 누설 자속이 생긴다. 이 누설 자속을 자분(자성 분말)이나 검사 코일을 사용하여 결함의 존재를 검출한다. |

| 자분 탐상법<br>(MT) | • 피로균열 등과 같이 <u>표면 결함 및 표면 바로 밑(표면에서 1~2mm 아래)의 결함을 검출</u>하기 용이하다.<br>• 검사 비용이 비교적 저렴한 편이다.<br>• 강자성체만 사용이 가능하다.<br>   → <u>18-8형 스테인리스강(STS304)은 비자성체이므로 자분탐상법으로 결함을 검출할<br>    수 없다.</u> |
|---|---|
| 방사선 투과법<br>(RT) | 재료의 뒷면에 필름을 놓고 $X$선이나 $\gamma$선 등의 방사선을 필름에 감광시켜 현상하면 기포가 있는 곳, 재료의 내부에 구멍이 있는 곳, 깨진 부분에서 그만큼 투과되는 두께가 얇아져서 필름에 방사선의 투과량이 많아져 다른 곳보다 검은 정도를 확인할 수 있다. <u>즉, 결함 (내부 균열 및 기공)을 검출할 수 있다.</u><br>※ 코발트-60($Co$-60)이라는 방사성 동위원소에서 방출되는 감마선($\gamma$)은 **강력한 투과력이 있어 밀봉 포장된 어떠한 제품도 내부까지 투과가 가능하다.**<br>• 방사선 투과법에 사용되는 것 : 투과도계, 서베이미터, 증감지 |

※ 표면결함검출만 가능한 검사법은 침투탐상법이다.

# 11
정답 ①

**[금속의 파괴 형태]**

| 취성파괴 | 소성변형이 거의 없이 갑자기 발생되는 파괴이다. |
|---|---|
| 연성파괴 | 연성이 있는 재료에 외력을 가하면 어느 정도 늘어나다가(소성변형이 일어나다가) 발생되는 파괴이다. |
| 크리프파괴 | 주로 고온의 정하중에서 시간의 경과에 따라 서서히 변형이 커지면서 발생되는 파괴이다. |
| 피로파괴 | 반복응력이 작용할 때 정하중하의 파단응력보다 낮은 응력에서 발생되는 파괴이다. |
| 수소취화 | 수소의 존재로 인해 연성이 저하되고 취성이 켜져 발생되는 파괴 |

**[취성파괴와 연성파괴의 비교]**
• **취성파괴**는 재료에 외력(외부의 힘)이 가해지면 변형이 거의 없이 갑자기 파괴되기 때문에 연성파괴보다 더 위험하다.
• **취성파괴**는 재료에 외력(외부의 힘)이 가해지는 순간 변형이 거의 없이 갑자기 파괴되기 때문에 균열은 대체적으로 빠르게 진전한다.
• **연성파괴**는 재료에 외력(외부의 힘)이 가해지면 어느 정도 늘어나다가 파괴가 발생하기 때문에 취성파괴보다 더 큰 변형률에너지가 필요하다(재료가 늘어나는 변형에 대한 에너지가 추가적으로 더 필요하기 때문).
• **연성파괴**는 재료에 외력(외부의 힘)이 가해지면 어느 정도 늘어나다가 파괴가 발생하기 때문에 균열은 대체적으로 천천히 진전한다.
• **연성파괴**는 재료에 외력(외부의 힘)이 가해지면 어느 정도 늘어나다가 파괴가 발생하기 때문에 취성파괴에 비해 덜 위험하다.
• **연성파괴**는 재료에 외력(외부의 힘)이 가해지면 어느 정도 늘어나다가 파괴가 발생하기 때문에 진전하는 균열 주위에 상당한 소성변형이 발생하며 파괴가 일어나기 전에 어느 정도 네킹 현상이 나타난다.

## 12

정답 ③

브로칭은 회전하는 다인절삭공구를 공구의 축 방향으로 이동하며 절삭하는 공정이다.

| 단인절삭공구 | 1개의 날(바이트 등)을 가진 절삭공구를 말한다.<br>※ **단인절삭공구를 사용하는 공정** : 선삭(선반가공), 평삭(슬로터, 셰이퍼, 플레이너 등), 형삭 |
|---|---|
| 다인절삭공구 | 다수의 날(2개 이상의 날)을 가진 절삭공구를 말한다.<br>※ **다인절삭공구를 사용하는 공정** : 밀링, 보링, 드릴링, 브로칭 |

## 13

정답 ②

**[냉매의 구비 조건]**
• 응축압력과 응고온도가 낮아야 한다.
• 임계온도가 높고 상온에서 액화가 가능해야 한다.
• 증기의 비체적이 작아야 한다.
• 부식성이 없어야 한다.
• 증발잠열이 크고 저온에서도 증발압력이 대기압 이상이어야 한다.
• 점도와 표면장력이 작아야 한다.
• 비열비(열용량비)가 크면 압축기의 토출가스온도가 상승하므로 비열비(열용량비)는 작아야 한다.

## 14

정답 ③

• **볼나사** : 나사의 홈에 여러 개의 강구를 넣어 마찰을 줄인 나사로 정밀 공작기계의 이송나사로 사용한다.

**[나사의 종류]**

| 체결용(결합용) 나사<br>[체결할 때 사용하는 나사로<br>효율이 낮다] | 삼각나사 | 가스 파이프를 연결하는 데 사용한다. |
|---|---|---|
| | 미터나사 | 나사산의 각도가 60°인 삼각나사의 일종이다. |
| | 유니파이나사<br>(ABC나사) | 세계적인 표준나사로 미국, 영국, 캐나다가 협정하여 만든 나사이다. 용도로는 죔용 등에 사용된다. |
| | 관용나사 | 파이프에 가공한 나사로 누설 및 기밀 유지에 사용한다. |
| 운동용 나사<br>[동력을 전달하는 나사로 체결용<br>나사보다 효율이 좋다] | 사다리꼴나사<br>(애크미나사,<br>재형나사) | 양방향으로 추력을 받는 나사로 공작기계 이송나사,<br>밸브 개폐용, 프레스, 잭 등에 사용된다. 효율 측면<br>에서는 사각나사가 더욱 유리하나 가공하기 어렵기<br>때문에 대신 사다리꼴나사를 많이 사용한다. 사각나<br>사보다 강도 및 저항력이 크다. |
| | 사각나사 | 축 방향의 하중(추력)을 받는 운동용 나사로 추력의<br>전달이 가능하다. |
| | 톱니나사 | 힘을 한 방향으로만 받는 부품에 사용되는 나사로 압<br>착기, 바이스 등의 이송나사에 사용된다. |
| | 둥근나사<br>(너클나사) | 전구와 같이 먼지나 이물질이 들어가기 쉬운 곳에 사<br>용되는 나사이다. |

| 운동용 나사<br>[동력을 전달하는 나사로 체결용<br>나사보다 효율이 좋다] | 볼나사 | 공작기계의 이송나사, NC기계의 수치제어장치에 사용되는 나사로 효율이 좋고 먼지에 의한 마모가 적으며 토크의 변동이 적다. 또한, 정밀도가 높고 윤활은 소량으로도 충분하며 축 방향의 백래시(backlash)를 작게 할 수 있다. 그리고 마찰이 작아 정확하고 미세한 이송이 가능한 장점을 가지고 있다. 하지만 너트의 크기가 커지고 피치를 작게 하는데 한계가 있으며 고속에서는 소음이 발생한다. |
| --- | --- | --- |

# 15

정답 ③

③ "에너지 손실이 없어 고압 송전선이나 전자석용 선재에 활용된다."는 초전도 합금에 대한 설명이다.

**[초전도 합금]**

초전도 특성을 가진 재료로 다양한 형태로 가공하여 코일 등으로 만들어 사용한다. 어떤 전도물질을 상온에서 점차 냉각하여 절대온도 0K(= −273℃)에 가까운 극저온이 되면 전기저항이 0이 되어 완전도체가 되는 동시에 그 내부에 흐르고 있던 자속이 외부로 배제되어 자속밀도가 0이 되는 마이스너 효과에 의해 완전한 반자성체가 되는 재료이다.

**[형상기억합금]**

고온에서 일정 시간 유지함으로써 원하는 형상을 기억시키면 상온에서 외력에 의해 변형되어도 기억시킨 온도로 가열만 하면 변형 전 현상으로 되돌아오는 합금이다.
• 온도, 응력에 의존되어 생성되는 마텐자이트 변태를 일으킨다.
• 형상기억효과를 만들 때 온도는 마텐자이트 변태 온도 이하에서 한다.
• 우주선의 안테나, 치열 교정기, 안경 프레임, 급유관의 이음쇠 등에 사용한다.
• 소재의 회복력을 이용하여 용접 또는 납땜이 불가능한 것을 연결하는 이음쇠로도 사용이 가능하다.
• Ni-Ti 합금의 대표적인 상품은 니티놀이며 주성분은 Ni(니켈)과 Ti(티타늄)이다.
  이외에도 Cu-Al-Zn계 합금, Cu-Al-Ni계 합금, Cu계 합금 등이 있다.

| Ni-Ti계 합금 | • 결정립의 미세화가 용이하며 내식성, 내마멸성, 내피로성이 좋다.<br>• 가격이 비싸며 소성가공에 숙련된 기술이 필요하다. |
| --- | --- |
| Cu계 합금 | • 결정립의 미세화가 곤란하며 내식성, 내마멸성, 내피로성이 Ni-Ti계 합금보다 좋지 않다.<br>• 가격이 싸며 소성가공성이 우수하여 파이프 이음쇠에 사용된다. |

# 16

정답 ④

릴리프밸브와 감압밸브 등은 유압회로에서 유체의 압력을 제어하는 밸브이다.

[밸브의 종류]

| 압력제어밸브<br>(일의 크기를 제어) | 릴리프밸브, 감압밸브(리듀싱밸브), 시퀀스밸브(순차동작밸브), 카운터밸런스밸브, 무부하밸브(언로딩밸브), 압력스위치, 이스케이프밸브, 안전밸브, 유체퓨즈 |
|---|---|
| 유량제어밸브<br>(일의 속도를 제어) | 교축밸브(스로틀밸브), 유량조절밸브(압력보상밸브), 집류밸브, 스톱밸브(정지밸브), 바이패스유량제어밸브, 분류밸브 |
| 방향제어밸브<br>(일의 방향을 제어) | 체크밸브(역지밸브), 셔틀밸브, 감속밸브(디셀러레이션밸브), 전환밸브, 포핏밸브, 스풀밸브(메뉴얼밸브) |

# 17

정답 ②

| 보일러 | 석탄(화석연료)을 태워 물을 끓임으로써 고온·고압의 과열증기를 만드는 장치이다. |
|---|---|
| 증기터빈(ST) | 보일러에서 만들어진 고온·고압의 과열증기가 증기터빈(ST)의 입구로 들어가 팽창되면서 터빈을 회전시킨다. 즉, 증기터빈(ST)은 고온·고압의 과열증기가 가진 열에너지(유체의 열에너지)를 기계에너지로 변환시켜주는 장치이다. |
| 복수기(응축기) | 터빈에서 팽창 일을 생산하고 증기터빈(ST)의 출구로 빠져나온 증기를 바닷물과 열 교환시켜 냉각시킴으로써 물로 응축시켜주는 장치이다. 즉, 복수기는 증기를 물로 바꿔주는 장치이다. |
| 급수펌프 | 복수기에서 응축된 물을 보일러로 공급하는 장치이다. |

# 18

정답 ④

[철강재료의 표준조직]

| 페라이트(F) | $\alpha$ 철에 최대 0.0218%C까지 고용된 고용체로 $\alpha$ 고용체라고도 한다. 순철의 기본 조직이며 전연성이 우수하며 A2점 이하에서는 강자성체이다. 또한, 투자율이 우수하고 열처리는 불량하며 체심입방격자(BCC)이다. |
|---|---|
| 페라이트(F) | $\alpha$ 철에 최대 0.0218%C까지 고용된 고용체로 $\alpha$ 고용체라고도 한다. 순철의 기본 조직이며 전연성이 우수하며 A2점 이하에서는 강자성체이다. 또한, 투자율이 우수하고 열처리는 불량하며 체심입방격자(BCC)이다. |
| 시멘타이트(C) | $Fe_3C$, 철(Fe)과 탄소(C)가 결합된 탄화물로 탄화철이라고도 불리며 탄소함유량이 6.68%C인 조직이다. 특징으로는 단단하지만 취성이 크며 침상 또는 회백조직을 갖는다. 또한, 브리넬 경도 값은 800이고 상온에서 강자성체이다. |
| 오스테나이트(A) | $\gamma$철에 최대 2.11%C까지 고용되어 있는 고용체이다. 특징으로는 비자성체이며 전기저항이 크고 경도가 낮아 연신율, 인성이 크다. 또한, 면심입방격자(FCC)이다. |
| 펄라이트(P) | 0.77%C의 $\gamma$고용체(오스테나이트)가 727℃에서 분열하여 생긴 $\alpha$고용체(페라이트)와 시멘타이트(Fe3C)가 층을 이루는 조직으로 A1점(723℃)의 공석반응에서 나타난다. 특징으로는 진주와 같은 광택이 나기 때문에 펄라이트라고 불리며 경도가 작고 자력성이 있다. 또한, 오스테나이트 상태의 강을 서서히 냉각했을 때 생기며 철강 조직 중에서 내마모성과 인장강도가 가장 우수하다. |

**필수개념**

| 탄소강의 기본 조직 | 펄라이트(P), 오스테나이트(A), 레데뷰라이트(L), 페라이트(F), 시멘타이트(C)<br>※ **암기법** : 네(팔) FC |
|---|---|
| 여러 조직의 경도 크기 순서 | 시멘타이트(C) > 마텐자이트(M) > 트루스타이트(T) > 베이나이트(B) > 소르바이트(S) > 펄라이트(P) > 오스테나이트(A) > 페라이트(F)<br>※ **암기법** : 시멘트 부셔 팔아파 |
| 담금질 조직의 경도 크기 순서 | 마텐자이트(M) > 트루스타이트(T) > 소르바이트(S) > 오스테나이트(A)<br>※ **담금질 조직 종류** : M, T, S, A |
| 담금질에 따른 용적(체적) 변화가 큰 순서 | 마텐자이트(M) > 소르바이트(S) > 트루스타이트(T) > 펄라이트(P) > 오스테나이트(A) |

# 19

정답 ④

**[공동현상(케비테이션)]**

펌프의 흡입측 배관 내의 물의 정압이 기존의 증기압보다 낮아져서 기포가 발생되는 현상으로 펌프의 흡수면 사이의 수직거리가 너무 길 때, 관 속을 유동하고 있는 물 속의 어느 부분이 고온도일수록 포화증기압에 비례해서 상승할 때 발생한다. 또한, 공동현상이 발생하게 되면 침식 및 부식 작용의 원인이 되며 진동과 소음이 발생될 수 있다.

| 발생 원인 | • 유속이 빠를 때<br>• 펌프와 흡수면 사이의 수직거리가 너무 길 때<br>• 관 속을 유동하고 있는 물속의 어느 부분이 고온도일수록 포화증기압에 비례하여 상승할 때 |
|---|---|
| 방지 방법 | • 실양정이 크게 변동해도 토출량이 과대하게 증가하지 않도록 한다.<br>• 스톱밸브를 지양하고 슬루스밸브를 사용한다.<br>• **펌프의 흡입수두(흡입양정)를 작게 한다.**<br>• **펌프의 설치위치를 수원보다 낮게 한다.**<br>• 유속을 3.5m/s 이하로 유지하고 펌프의 설치위치를 낮춘다.<br>• 흡입관의 구경을 크게 하여 유속을 줄이고 배관을 완만하고 짧게 한다.<br>• 마찰저항이 작은 흡입관을 사용하여 흡입관의 손실을 줄인다.<br>• 펌프의 임펠러속도(회전수)를 작게 한다(흡입비교회전도를 낮춘다).<br>• 양흡입펌프를 사용하여 펌프의 흡입측을 가압한다.<br>• 펌프를 2개 이상 설치한다.<br>• 관내의 물의 정압을 그때의 증기압보다 높게 한다.<br>• 입축펌프를 사용하고 회전차를 수중에 완전히 잠기게 한다.<br>• 유압회로에서 기름의 점도는 800ct를 넘지 않아야 한다. |

## 20

정답 ①

| 아이볼트 | 볼트의 머리부에 훅(hook)을 걸 수 있도록 만든 볼트이다. |
|---|---|
| 관통볼트 | 죄려고 하는 2개의 부품에 관통구멍을 뚫고 너트로 체결한다. |
| 스터드볼트 | 볼트의 머리부가 없고 환봉의 양단에 나사가 나있는 볼트이다. |
| 탭볼트 | 관통구멍을 뚫기 어려운 두꺼운 부품을 결합할 때 부품에 암나사를 만들어 체결한다. |
| 스테이볼트 | 두 물체 사이의 간격을 일정하게 유지하기 위해 사용하는 볼트이다. |

PART II 정답 및 해설

**21** 2022년 6월 18일 시행
# 지방직 9급 공개경쟁채용

| 01 | ④ | 02 | ② | 03 | ③ | 04 | ① | 05 | ② | 06 | ④ | 07 | ① | 08 | ③ | 09 | ③ | 10 | ② |
|----|---|----|---|----|---|----|---|----|---|----|---|----|---|----|---|----|---|----|---|
| 11 | ④ | 12 | ① | 13 | ④ | 14 | ④ | 15 | ② | 16 | ③ | 17 | ① | 18 | ① | 19 | ③ | 20 | ④ |

## 01
정답 ④

① 다이얼 게이지는 구멍의 안지름을 측정할 수 없다.
② 블록게이지는 원기둥의 진원도를 측정할 수 없다.
③ 마이크로미터는 회전체의 흔들림을 측정할 수 없다.
④ 버니어 캘리퍼스는 원통의 바깥지름, 안지름, 깊이를 측정할 수 있다. 바깥지름을 측정하는 부위는 "조", 안지름을 측정하는 부위는 "쇠부리", 구멍의 깊이를 측정하는 부위는 "깊이바"이다.

※ 실린더 게이지: 안지름 측정에만 사용된다.

**[다이얼 게이지(대표적인 비교측정기)]**
측정자의 직선 또는 원호운동을 기계적으로 확대하여 그 움직임을 지침의 회전변위로 변환하여 눈금으로 읽을 수 있는 길이측정기이다. 진원도, 평면도, 평행도, 축의 흔들림, 원통도 등을 측정할 수 있다.

**[필수 관련 내용]**

| 직접 측정 (절대 측정) | 일정한 길이나 각도가 표시되어 있는 측정기구를 사용하여 직접 눈금을 읽는 측정이다. 보통 소량이며 종류가 많은 품목에 적합한 측정이다(다품종 소량 측정에 유리하다). • 직접 측정의 종류: 버니어캘리퍼스(노기스), 마이크로미터, 하이트게이지 | |
|---|---|---|
| | 장점 | • 측정범위가 넓고 측정치를 직접 읽을 수 있다. • 다품종 소량 측정에 유리하다. |
| | 단점 | • 판독자에 따라 치수가 다를 수 있다. (측정오차) • 측정시간이 길며 측정기가 정밀할 때는 숙련과 경험을 요한다. |
| 비교 측정 | 기준이 되는 일정한 치수와 측정물의 치수를 비교하여 그 측정치의 차이를 읽는 방법이다. • 비교 측정의 종류: 다이얼게이지, 미니미터, 옵티미터, 전기마이크로미터, 공기마이크로미터 등 | |
| | 장점 | • 비교적 정밀 측정이 가능하다. • 특별한 계산 없이 측정치를 읽을 수 있다. • 길이, 각종 모양의 공작기계의 정밀도 검사 등 사용 범위가 넓다. • 먼 곳에서 측정이 가능하며 자동화에 도움을 줄 수 있다. • 범위를 전기량으로 바꾸어 측정이 가능하다. |
| | 단점 | • 측정범위가 좁다. • 피측정물의 치수를 직접 읽을 수 없다. • 기준이 되는 표준게이지(게이지블록)가 필요함. |

| 간접 측정 | 측정물의 측정치를 직접 읽을 수 없는 경우에 측정량과 일정한 관계에 있는 개개의 양을 측정하여 그 측정값으로부터 계산에 의하여 측정하는 방법이다. 즉, 측정물의 형태나 모양이 나사나 기어 등과 같이 기하학적으로 간단하지 않을 경우에 측정부의 치수를 수학적 혹은 기하학적인 관계에 의해 얻는 방법이다.<br>• 간접 측정의 종류: 사인바를 이용한 부품의 각도 측정, 삼침법을 이용하여 나사의 유효지름 측정, 지름을 측정하여 원주길이를 환산하는 것 등 |
|---|---|

## 02

**[콜릿]**
원주를 따라 슬릿(slit)이 배열된 관형 구조의 선삭용 공작물 고정장치이다.

**[면판]**
선반의 주축에 부착되어 불규칙한 형상의 공작물을 고정하기 위하여 사용하는 장치이다.

**[선반에서 사용되는 척의 종류]**

| 연동척<br>(만능척, 스크롤척) | 3개의 조가 1개의 나사에 의해 동시에 움직이는 척이다.<br>• 특징<br>　− 중심잡기가 편리하나, 조임력이 약하다. |
|---|---|
| 단동척 | 4개의 조가 각각 단독으로 움직이는 척이다.<br>• 특징<br>　− 강력한 조임이 가능하며, 편심 가공이 용이하다.<br>　− 불규칙한 모양의 일감을 고정하는 데 사용된다.<br>　− 중심을 잡는 데 시간이 많이 소요된다. |
| 양용척 | 연동척과 단동척의 두 가지 작용을 할 수 있는 척이다.<br>• 특징<br>　− 불규칙한 공작물을 대량으로 고정할 때 편리하다. |
| 마그네틱척 | 척 내부에 전자석을 설치한 척이다.<br>• 특징<br>　− 얇은 일감을 변형시키지 않고 고정할 수 있다.<br>　− 비자성체의 일감은 고정하지 못하며 강력한 절삭이 곤란하다.<br>　− 마그네틱척을 사용하면 일감에 잔류 자기가 남아 탈자기로 탈자시켜야 한다. |
| 콜릿척 | 가는 지름의 봉재를 고정하는 데 사용하는 척이다.<br>• 특징<br>　− 터릿선반이나 자동선반에서 지름이 작은 공작물이나 각봉을 대량으로 가공할 때 사용한다. |
| 공기척 | 압축공기를 이용하여 조를 자동으로 작동시켜 일감을 고정하는 척이다.<br>• 특징<br>　− 고정력은 공기의 압력으로 조정할 수 있다.<br>　− 운전 중에도 작업이 가능하다.<br>　− 기계운전을 정지하지 않고 일감을 고정하거나 분리를 자동화할 수 있다. |

## 03

※ 보기 ④는 구성인선에 대한 설명이다.

| 구성인선[빌트업 에지(built-up edge)] 절삭 시에 발생하는 칩의 일부가 날 끝에 용착되어 절삭날과 같은 역할을 하는 현상 | |
|---|---|
| 발생 순서 | 발생 → 성장 → 분열 → 탈락의 주기를 반복한다. (발성분탈) |
| | ※ 주의: 자생과정의 순서는 "마멸 → 파괴 → 탈락 → 생성"이다. |
| 특징 | • 칩이 날 끝에 점점 붙으면 날 끝이 커지기 때문에 끝단 반경은 점점 커짐. <br> → 칩이 용착되어 날 끝의 둥근 부분(nose, 노즈)이 커지므로 <br> • 구성인선이 발생하면 날 끝에 칩이 달라붙어 날 끝이 울퉁불퉁해지므로 표면을 거칠게 하거나 동력손실을 유발할 수 있다. <br> • 구성인선의 경도값은 공작물이나 정상적인 칩보다 상당히 크다. <br> • 구성인선은 공구면을 덮어 공구면을 보호하는 역할도 할 수 있다. <br> • 구성인선이 발생하지 않을 임계속도는 120m/min(2m/s)이다. <br> • 일감(공작물)의 변형경화지수가 클수록 구성인선의 발생 가능성이 크다. <br> • 구성인선을 이용한 절삭방법은 SWC이다. 은백색의 칩을 띠며 절삭저항을 줄일 수 있는 방법이다. |
| 구성인선 방지법 | • 30° 이상으로 공구 경사각을 크게 한다. <br> → 공구의 윗면 경사각을 크게 하여 칩을 얇게 절삭해야 용착되는 양이 적어짐. <br> • 절삭속도를 빠르게 한다. <br> → 고속으로 절삭한다. 고속으로 절삭하면 칩이 날 끝에 용착되기 전에 칩이 떨어져 나가기 때문이다. <br> • 절삭깊이를 작게 한다. <br> → 절삭 깊이가 큰 경우 깎여서 발생하는 칩과 공구의 접촉면적이 넓어지기 때문에 오히려 칩이 날 끝에 용착될 가능성이 더 커져서 구성인선의 발생 가능성이 높아진다. 따라서 절삭 깊이를 작게 하여 공구와 칩의 접촉면적을 줄여 칩이 용착되는 가능성을 줄여 구성인선을 방지할 수 있다. <br> • 윤활성이 좋은 절삭유를 사용한다. <br> • 공구반경을 작게 한다. <br> • 절삭공구의 인선을 예리하게 한다. <br> • 세라믹 공구를 사용한다. <br> • 마찰계수가 작은 공구를 사용한다. <br> • 칩의 두께를 감소시킨다. |

**[칩의 종류]**

| 유동형 칩 | 전단형 칩 | 열단형 칩 | 균열형 칩 |
|---|---|---|---|
| 연성재료(연강, 구리, 알루미늄 등)를 고속으로 절삭할 때, 윗면 경사각이 클 때, 절삭 깊이가 작을 때, 유동성이 있는 절삭유를 사용할 때 발생하는 연속적이며 가장 이상적인 칩 | 연성재료를 저속 절삭할 때, 윗면 경사각이 작을 때, 절삭 깊이가 클 때 발생하는 칩 | 점성재료, 저속절삭, 작은 윗면 경사각, 절삭 깊이가 클 때 발생하는 칩 | 주철과 같은 취성재료를 저속 절삭으로 절삭할 때, 진동 때문에 날 끝에 작은 파손이 생겨 채터가 발생할 확률이 크다. |
| | | | |

# 04

경도는 <u>경도시험</u>을 통해 측정할 수 있다.

| 인장시험 | |
|---|---|
| 시편(재료)에 작용시키는 <u>하중을 서서히 증가시키면서</u> 여러 가지 기계적 성질(<u>인장강도[극한강도], 항복점, 연신율, 단면수축률, 푸아송비, 탄성계수 등</u>)을 측정하는 시험이다. | |
| 인장시험을 통해 얻을 수 있는(측정할 수 있는) 성질 | 인장강도(극한강도), 항복점, 연신율, 단면수축률, 푸아송비, 탄성계수, 내력, 표점거리, 시편 평행부의 원단면적 등 |

※ 필수내용: 응력 변형률 선도에서 알 수 없는 값은 "<u>푸아송비, 안전율, 경도</u>"이다.

**[인장시험과 크리프시험]**

| 인장시험 | 시편(재료)에 작용시키는 <u>하중을 서서히 증가시키면서</u> 여러 가지 기계적 성질[인장강도(극한강도)], 항복점, 연신율, 단면수축률, 푸아송비, 탄성계수 등]을 측정하는 시험이다. |
|---|---|
| 크리프시험 | <u>고온</u>에서 <u>연성재료</u>가 정하중(일정한 하중, 사하중)을 받을 때 <u>시간</u>에 따라 점점 증대되는 변형을 측정하는 시험이다. |

# 05

**[크리프 현상]**
연성재료가 <u>고온</u>에서 일정한 하중(정하중)을 받을 때, 시간에 따라 서서히 <u>변형</u>이 증가하는 현상

**[피로]**
작은 힘이라도 <u>반복적</u>으로 힘을 가하게 되면 점점 변형이 증대되며 결국 파괴되는 현상

**[잔류응력]**
하중을 제거한 후에도 <u>남아 있는</u> 응력을 말한다.

**[바우싱거 효과]**

금속재료를 소성변형 영역까지 인장하중을 가하다가 그 인장의 반대 방향으로 하중을 가했을 때 탄성한도, 항복점이 저하되는 현상이다.

# 06

정답 ④

**[축이음(클러치, 커플링)]**

축과 축을 연결하여 하나의 축으로부터 다른 축으로 동력을 전달할 때 사용하는 축이음의 종류에는 클러치 (clutch)와 커플링(coupling)이 있다.

| 클러치(clutch) | 운전 및 동작 중에 동력을 끊을 수 있는 탈착 축이음이다. 운전 중에 접촉하였다가 접촉을 떼었다가 하면서 동력을 전달·차단할 수 있기 때문에 동력을 수시로 단속할 수 있다. |
|---|---|
| 커플링(coupling) | 운전 및 동작 중에 동력을 끊을 수 없는 영구 축이음이다. |

※ 마찰차는 직접 접촉에 의해 동력을 전달하는 직접전동장치로, 2개의 마찰차의 접촉 마찰력으로 동력을 전달한다. 따라서 마찰차도 접촉하였다가 접촉을 떼었다가 하면서 동력을 수시로 단속할 수 있다.

**[마찰클러치의 종류]**

| 원판클러치 | 마찰클러치의 일종으로, 주축과 종축에 각각 부착된 원판을 서로 접촉시켜 그 사이의 마찰력으로 동력을 전달하는 클러치이다. |
|---|---|
| 원추클러치 | 원뿔면의 마찰력에 의해 동력 및 회전력을 전달하는 클러치로, 마찰면이 원추형이며 원판클러치에 비해 같은 축 방향의 힘(하중)에 대해 더 큰 마찰력을 발생시켜 더 큰 동력 및 회전력을 전달할 수 있다. |
| 코일스프링 클러치 | 클러치의 본체는 직접 동력을 단속하는 부분으로 그 구조는 클러치판, 압력판, 클러치 스프링, 릴리스 레버, 클러치 커버 등으로 구성되어 있다. 압력판은 클러치 스프링에 의해 플라이휠 쪽으로 작용하여 클러치판을 플라이휠에 압착시키고 클러치판은 압력판과 플라이휠 사이에서 마찰력에 의해 동력을 전달한다. |

**[커플링의 종류]**

| 올덤 커플링 | 두 축이 서로 평행하거나 두 축의 거리가 가까운 경우, 두 축의 중심선이 서로 어긋날 때 사용하고 각속도의 변화 없이 회전력 및 동력을 전달하고자 할 때 사용하는 커플링이다. 특징으로는 고속 회전하는 축에는 윤활과 관련된 문제와 원심력에 의한 진동 문제로 부적합하다. |
|---|---|
| 유체 커플링 | 유체를 매개체로 하여 동력을 전달하는 커플링으로, 구동축에 직결해서 돌리는 날개차(터빈 베인)와 회전되는 날개차(터빈 베인)가 유체 속에서 서로 마주 보고 있는 구조의 커플링이다. |
| 유니버셜 커플링 | 두 축이 같은 평면상에 있으면서 두 축의 중심선이 어느 각도(30° 이하)로 교차할 때 사용되며 운전 중 속도가 변해도 무방하며 상하좌우로 굴절이 가능한 커플링이다.<br>• 자재이음 및 훅조인트로도 불린다.<br>• 자동차에 보편적으로 사용되는 커플링이다.<br>• 사용 가능한 각도 범위<br><table><tr><td>가장 이상적인 각도</td><td>5° 이하</td></tr><tr><td>일반적인 사용 각도</td><td>30° 이하</td></tr><tr><td>사용할 수 없는 각도</td><td>55° 이상</td></tr></table> |

| | |
|---|---|
| 셀러<br>커플링 | 머프 커플링을 셀러가 개량한 것으로, <u>2개의 주철제 원뿔통을 3개의 볼트로 조여서 사용하며</u> 원추형이 중앙으로 갈수록 지름이 가늘어진다.<br>• 커플링의 바깥 통을 <u>벨트 풀리로 사용할 수도 있다.</u><br>• <u>테이퍼 슬리브 커플링</u>이라고도 한다. |
| 플렉시블<br>커플링 | 원칙적으로 직선상에 있는 두 축의 연결에 사용하나 양축 사이에 다소의 상호 이동은 허용되며, 온도의 변화에 따른 축의 신축 또는 탄성변형 등에 의한 축심의 불일치를 완화하여 원활하게 운전할 수 있는 커플링이다.<br>• 양 플랜지를 <u>고무나 가죽</u>으로 연결한다.<br>• <u>회전축이 자유롭게 움직일 수 있는 장점</u>이 있다.<br>• <u>충격 및 진동을 흡수</u>할 수 있다.<br>• <u>탄성력을 이용</u>한다.<br>• <u>토크의 변동이 심할 때 사용</u>한다. |
| 클램프<br>커플링 | **분할 원통 커플링**이라고도 한다. 축의 양쪽으로 분할된 반원통 커플링으로, 축을 감싸며 연결한다(두 축을 주철 및 주강제 분할 원통에 넣고 볼트로 체결한다).<br>• 전달하고자 하는 동력이 작으면 키를 사용하지 않으며, 전달하고자 하는 동력이, 즉 전달 토크가 크면 평행키를 사용한다.<br>• 공작기계에 가장 일반적으로 많이 사용된다. |

# 07

**[다이아몬드]**

1. 현재 알려진 절삭공구 중에서 가장 경도가 우수하다.
2. 가장 경도가 우수하여 매우 단단하기 때문에 내마멸성도 우수하다.
3. 절삭속도가 빨라 가공 능률이 우수하지만 취성이 크며(잘 깨진다) 값이 비싸다.
4. 화학적 친화성으로 인해 탄소강의 절삭가공에는 적합하지 않은 공구이다.

**[경도시험법의 종류]**

※ 경도: 압입에 대한 재료의 저항값으로, 높은 경도의 재료는 내마모성이 좋다.

| 종류 | 시험 원리 | 압입자 | 경도값 |
|---|---|---|---|
| 브리넬<br>경도<br>(HB) | 압입자인 강구에 일정량의 하중을 걸어 시험편의 표면에 압입한 후, 압입자국의 표면적 크기와 하중의 비로 경도를 측정한다. | 강구 | $HB = \dfrac{P}{\pi dt}$<br>$\pi dt$: 압입면적, $P$: 하중 |
| 비커스<br>경도<br>(HV) | 압입자에 1~120[kgf]의 하중을 걸어 자국의 **대각선 길이**로 경도를 측정하고, 하중을 가하는 시간은 캠의 회전속도로 조절한다. 특정으로는 압흔자국이 극히 작으며 시험 하중을 변화시켜도 경도 측정치에는 변화가 없다. 그리고 **침탄층, 질화층, 탈탄층의 경도 시험에 적합**하다. | 136°인 다이아몬드 피라미드 압입자 | $HV = \dfrac{1.854P}{L^2}$<br>$L$: 대각선 길이<br>$P$: 하중 |

| 종류 | 시험 원리 | 압입자 | 경도값 |
|---|---|---|---|
| 로크웰 경도 (HRB, HRC) | 압입자에 하중을 걸어 압입 자국(홈)의 깊이를 측정하여 경도를 측정한다. 특징으로는 담금질된 강재의 경도시험에 적합하다.<br>– 예비하중: 10kgf<br>– 시험하중: B스케일 : 100kg<br>        : C스케일 : 150kg<br>• 로크웰 B: 연한 재료의 경도시험에 적합하다.<br>• 로크웰 C: 경한 재료의 경도시험에 적합하다. | • B스케일<br>$\phi$1.588mm 강구(1/16인치)<br>• C스케일 120° 다이아몬드(콘) | $HRB$: $130-500h$<br>$HRC$: $100-500h$<br>$h$ : 압입깊이 |
| 쇼어 경도 (HS) | 추를 일정한 높이에서 낙하시켜, 이 추의 반발높이를 측정해서 경도를 측정한다.<br>[특징]<br>• 측정자에 따라 오차가 발생할 수 있다.<br>• 재료에 흠을 내지 않는다.<br>• 주로 완성된 제품에 사용한다.<br>• 탄성률이 큰 차이가 없는 곳에 사용해야 한다. 탄성률 차이가 큰 재료에는 부적당하다.<br>• 경도치의 신뢰도가 높다 | 다이아몬드 추 | $H_s = \dfrac{10000}{65}\left(\dfrac{h}{h_0}\right)$<br>$h$ : 반발높이<br>$h_0$ : 초기 낙하체의 높이 |
| 누프 경도 (HK) | • 정면 꼭지각이 172°, 측면 꼭지각이 130°인 다이아몬드 피라미드를 사용하고 대각선 중 긴 쪽을 측정하여 계산한다. 즉, 한쪽 대각선이 긴 피라미드 형상의 다이아몬드 압입자를 사용해서 경도를 측정한다.<br>• 누프 경도 시험법은 마이크로 경도 시험법에 해당한다.<br>• 시편의 크기가 매우 작거나 얇은 경우와 보석, 카바이드, 유리 등의 취성재료에 대한 시험에 적합하다. | 정면 꼭지각 172° 측면 꼭지각 130°인 다이아몬드 피라미드 | $HK = \dfrac{14.2P}{L^2}$<br>$L$: 긴 쪽의 대각선 길이<br>$P$: 하중 |

**[기타 경도 시험법의 종류]**

| | |
|---|---|
| 듀로미터 (스프링식 경도시험기의 일종) | ① 고무나 플라스틱 등에 적용한다.<br>② 정하중을 1초 동안 빠르게 가해 압입한 후, 압입깊이를 측정한다.<br>③ 경도 값은 압입된 깊이에 반비례한다.<br>④ 연한 탄성재료에 적용한다. |
| 마이어 경도 시험 | 압입자를 강구로 사용했을 때 브리넬 경도 대신 압흔 지름 $d$로 산출된 자국의 투영면적 $A$로 나눈 값인 평균 압력을 마이어 경도 $P_m$으로 표시한다.<br>$P_m = \dfrac{P}{A} = \dfrac{4P}{\pi d^2}$ (MPa=N/mm$^2$) |

| 굿기 경도 시험 | 물체를 표준시편으로 긁어 어느 쪽에 긁힌 흔적이 생기는지 관찰한다. | |
|---|---|---|
| | 마르텐스 긁힘 시험 | 마르텐스 경도 시험은 긋기 경도 시험의 일종으로 꼭 지각이 90°인 원추형의 다이아몬드를 시험편 표면에 폭이 0.01mm인 긁기 흠집을 만들기 위해 다이아몬드에 가할 하중의 무게를 경도로 표시한다. |
| | 모스 경도 시험 | 10종류의 표준 물질을 정하고 이것으로 시험 물체를 긁힘 흔적을 나타내는 능력에 따라 정상적으로 경도의 순위를 정한다. |
| 미소 경도 시험<br>(micro hardness test) | 미소 경도 시험은 1kgf 이하의 하중으로 136도 다이아몬드 피라미드형 비커즈 압입자 또는 누프 다이아몬드 압입자를 이용한 경도 시험이다.<br>[미소 경도를 사용하는 경우]<br>① 절삭 공구의 날 부위 경도 측정<br>② 시험편이 작고 경도가 높은 부분 측정<br>③ 박판 또는 가는 선재의 경도 측정<br>④ 도금된 부분의 경도 측정<br>⑤ 치과용 공구의 경도 측정 | |

# 08

정답 ③

액주계는 유체의 압력을 측정하는 장치이다.

| 유속측정기기 | 피토관 | 비행기에 설치하여 비행기의 속도를 측정한다. |
|---|---|---|
| | 피토정압관 | 동압$\left(\dfrac{1}{2}\rho V^2\right)$을 측정하여 유체의 유속을 측정하는 기기 |
| | 레이저도플러<br>유속계 | 유동하는 흐름에 작은 알갱이를 띄워 유속을 측정한다. |
| | 시차액주계 | 피에조미터와 피토관을 조합하여 유속을 측정한다.<br>※ 피에조미터: 정압을 측정하는 기기이다. |
| | 열선풍속계 | 금속선에 전류가 흐를 때 일어나는 온도와 전기저항과의 관계를 사용하여 유속을 측정하는 기기이다. |
| | 프로펠러<br>유속계 | 개수로 흐름의 유속을 측정하는 기기로, 수면 내에 완전히 잠기게 하여 사용하는 기기이다. |

• **유속측정기기**: 피토관, 피토정압관, 레이저도플러유속계, 시차액주계, 열선풍속계, 프로펠러 유속계 등

| | | |
|---|---|---|
| 유량측정기기 | 벤투리미터 | 벤투리미터는 <u>압력 강하</u>를 이용하여 유량을 측정하는 기구로, <u>베르누이 방정식과 연속방정식을 이용하여 유량을 산출</u>하며 가장 정확한 유량을 측정할 수 있다. |
| | 유동노즐 | 압력 강하를 이용하여 유량을 측정하는 기기이다. |
| | 오리피스 | <u>압력 강하를 이용하여 유량을 측정</u>하는 기기로, 벤투리미터와 비슷한 원리로 유량을 산출한다. |
| | 로터미터 | 유량을 측정하는 기구로, <u>부자 또는 부표</u>라고 하는 부품에 의해 유량을 측정한다. |

| | 위어 | 예봉(예연)위어 | 대유량 측정에 사용한다. |
|---|---|---|---|
| | | 광봉위어 | 대유량 측정에 사용한다. |
| | | 사각위어 | 중유량 측정에 사용한다. $Q = KLH^{\frac{3}{2}} (\text{m}^3/\text{min})$ |
| | | 삼각위어 (V노치) | 소유량 측정에 사용하며 비교적 정확한 유량을 측정할 수 있다. $Q = KH^{\frac{5}{2}} (\text{m}^3/\text{min})$ |
| | | | <u>개수로 흐름의 유량을 측정</u>하는 기기로, <u>수로 도중에서 흐름을 막아 넘치게 하고 물을 낙하시켜 유량을 측정</u>한다. |
| | 전자유량계 | | 패러데이의 전자기 유도법칙을 이용하여 유량을 측정 |
| | • **유량측정기기**: 벤투리미터, 유동노즐, 오리피스, 로터미터, 위어, 전자유량계 | | |

| 압력 강하 이용 | **압력 강하를 이용한 유량측정기기**: "**벤투리미터, 유동노즐, 오리피스**" |
|---|---|
| 압력강하 큰 순서 | 오리피스 > 유동노즐 > 벤투리미터 ※ 가격이 비싼 순서는 벤투리미터 > 유동노즐 > 오리피스 |

※ 수력학적 방법(간접적인 방법): 유속과 관계된 다른 양을 측정하여 유량을 구하는 방법으로, 유체의 유량측정기기 중에 수력학적 방법을 이용한 측정기기는 벤투리미터, 로터미터, 피토관, 언판 유속계, 오리피스미터 등이 있다.

## 09

정답 ③

연마, 표면경화, 숏피닝을 하면 재료의 피로수명을 향상시킬 수 있다.

**[전기도금]**
전해액에 잠긴 도금재료(양극)와 소재(음극) 사이의 전해작용을 이용하여 소재를 피복시키는 방법이다. 소재의 피로수명 향상과는 관계가 없다.

# 10

① $1\text{rpm} = \dfrac{\text{rev}}{1\min} = \dfrac{2\pi\,\text{rad}}{1\min} = \dfrac{2\pi\,\text{rad}}{60\text{s}} = \dfrac{\pi}{30}\,\text{rad/s}$

$\rightarrow\ 3000\text{rpm} = 3000\left(\dfrac{\pi}{30}\,\text{rad/s}\right) = 100\pi\,\text{rad/s}$

② $1\text{kW} = 1.36\text{PS}$, $1\text{PS} = 0.735\text{kW}$이므로 숙지할 것을 권한다.

이때, 동력은 단위시간(s)당 한 일(J = N·m)을 말한다. 즉, "단위시간(s)에 얼마의 일(J = N·m)을 하는가"를 나타내는 것으로, 동력의 단위는 J/s = W(와트)이다(1W = 1J/s = 1N·m/s). 따라서, $1\text{PS} = 0.735\text{kJ/s} = 735\text{J/s}$가 된다. $k = 10^3$이다.

③ $1\text{MPa} = 1 \times 10^6\text{Pa} = 10^3 \times 10^3\text{Pa} = 10^3\text{kPa} = 1000\text{kPa} = 1000\text{kN/m}^2$이다.

$M = 10^6$, $k = 10^3$이며 $1\text{Pa} = 1\text{N/m}^2$이다.

※ 또한, $1\text{MPa} = 1\text{N/mm}^2$이다.

④ $1\text{kgf} = 9.8\text{N}$이다. 따라서, $100\text{kgf} = 100(9.8\text{N}) = 980\text{N}$이 된다.

※ 편의상 1kgf를 1kg으로 표기하기도 한다.

# 11

[키의 종류]

| | |
|---|---|
| 미끄럼키<br>(안내키, 패더키) | 기울기가 없는 키를 사용하여 보스가 축 방향으로 이동할 수 있도록 하면서 토크를 전달한다. |
| 묻힘키(성크키) | 가장 많이 사용되는 키로, 축과 보스 양쪽에 키 홈을 파서 사용한다. 단면의 모양은 직사각형과 정사각형이 있다. 직사각형은 축 지름이 큰 경우에, 정사각형은 축 지름이 작은 경우에 사용한다. 또한, 키의 호칭 방법은 $b$(폭)$\times h$(높이)$\times l$(길이)로 표시하며 키의 종류에는 윗면이 평행한 평행키와 윗면에 1/100 테이퍼를 준 경사키 등이 있다. |
| 안장키(새들키) | 축에는 키 홈을 가공하지 않고 보스에만 1/100 테이퍼를 주어 홈을 파고 이 홈 속에 키를 박아버린다. 축에는 키 홈을 가공하지 않아 축의 강도를 감소시키지 않는 장점이 있지만, 축과 키의 마찰력만으로 회전력을 전달하므로 큰 동력을 전달하지 못한다. |
| 원추키(원뿔키) | 축과 보스 사이에 축 방향으로 쪼갠 원뿔을 때려 박아 축과 보스를 헐거움 없이 고정할 수 있고 축과 보스의 편심이 작은 키이다. 마찰에 의해 회전력을 전달하며 축의 임의의 위치에 보스를 고정할 수 있다. |
| 반달키(우드러프키) | 키 홈에 깊게 가공되어 축의 강도가 저하될 수 있으나, 키와 키 홈을 가공하기가 쉽고 키 박음을 할 때 키가 자동적으로 축과 보스 사이에 자리를 잡는 기능이 있다. 보통 공작기계와 자동차 등에 사용되며 일반적으로 60mm 이하의 작은 축에 사용되며 특히 테이퍼축에 사용된다. |
| 접선키 | • 축의 접선방향으로 끼우는 키로, 1/100의 테이퍼를 가진 2개의 키를 한 쌍으로 만들어 사용한다. 이때의 중심각은 120°이다.<br>• 설계할 때 역회전을 할 수 있도록 중심각을 120°로 하여 보스의 양쪽 대칭으로 2개의 키를 한 쌍으로 설치한 키이다.<br>※ **케네디키**: 접선키의 종류로 중심각이 90°인 키 |

| 둥근키(핀키) | 축과 허브를 끼워맞춤한 후에 축과 허브 사이에 구멍을 가공하여 원형 핀이나 테이퍼핀을 때려박은 키로, 사용은 간편하나 전달토크가 작다. |
|---|---|
| 평키 (플랫키, 납작키) | 축을 키의 폭만큼 평평하게 깎아서 키를 때려 박아 토크를 전달한다. |
| 세레이션 | 보스의 원주상에 수많은 삼각형이 있는 것을 세레이션이라고 한다. 용도로는 자동차의 핸들축 등에 많이 사용된다. |
| 스플라인 | 보스의 원주상에 일정한 간격으로 키 홈을 가공하여 다수의 키를 만든 것이다. |

**[전달할 수 있는 토크 및 회전력의 크기가 큰 키(Key)의 순서_필수 내용]**
세레이션 > 스플라인 > 접선키 > 묻힘키 > 반달키 > 평키(플랫키, 납작키) > 안장키 > 핀키(둥근키)

# 12

정답 ①

① 마찰계수와 나선각(리드각)이 같을 경우, 삼각나사보다 사각나사의 마찰력이 작다.

→ 삼각나사의 경우, 상당마찰계수($\mu'$)를 고려해야 한다. 축 방향 하중($Q$)에 대한 상당마찰계수($\mu'$) 는 $\mu' = \dfrac{\mu}{\cos \dfrac{\alpha}{2}}$ 이다. 단, $\alpha$는 나사산의 각도이다. 이때, 삼각나사의 마찰력($f$) $= \mu' Q$이다.

→ $\cos \dfrac{\alpha}{2}$ 의 값은 1보다 작으므로 $\mu' > \mu$보다 크다는 것을 알 수 있다.

→ 즉, 삼각나사의 마찰력($f$) $= \mu' Q$가 사각나사의 마찰력($f = \mu Q$)보다 크다.

② 마찰각($\rho$)과 리드각($\theta$)의 관계

㉠ $\rho > \theta$일 때
나사를 푸는 데 힘이 소요된다.

㉡ $\rho = \theta$일 때
나사가 저절로 풀리다가 어느 임의의 지점에서 정지한다.

㉢ $\rho < \theta$일 때
나사를 푸는 데 힘이 소요되지 않고 저절로 풀린다.

따라서, 나사를 죈 외력(힘)을 제거하여도 나사가 저절로 풀리지 않기 위해서는 아래와 같은 조건이 성립하여야 한다.

**[나사의 자립 조건]**
나사의 자립 조건이란, 스스로 풀리지 않는 자립 상태를 유지할 수 있는 조건을 말한다.
→ "마찰각($\rho$) ≥ 리드각($\theta$)"의 경우일 때, 나사의 자립 조건이 성립한다.
※ 자립 상태를 유지하는 사각나사의 효율은 50% 미만이다.

③ 미터보통나사의 나사산각은 60°이고, 수나사의 바깥지름[mm]을 호칭치수로 한다.

④ 보기 "②" 해설 참조

# 13

**[인벌류트 곡선과 사이클로이드 곡선의 특징]**

| 인벌류트 곡선 | 사이클로이드 곡선 |
|---|---|
| • 동력전달장치에 사용하며 값이 싸고 제작이 쉽다.<br>• 치형의 가공이 용이하고 정밀도와 호환성이 우수하다.<br>• 압력각이 일정하며 물림에서 축간거리가 다소 변해도 속비에 영향이 없다.<br>• 이뿌리 부분이 튼튼하나, 미끄럼이 많아 소음과 마멸이 크다.<br>• 인벌류트 치형은 압력각과 모듈이 모두 같아야 호환될 수 있다. | • 언더컷이 발생하지 않으며 중심거리가 정확해야 조립할 수 있다.<br>• 치형의 가공이 어렵고 호환성이 적다.<br>• 압력각이 일정하지 않으며 피치점이 완전히 일치하지 않으면 물림이 불량하다.<br>• 미끄럼이 적어 소음과 마멸이 적고 잇면의 마멸이 균일하다.<br>• 효율이 우수하다.<br>• 추력이 작다.<br>• 용도로는 시계, 정밀기계, 정밀측정기 등에 사용한다. |

# 14

**[방전가공(EDM, Electric Discharge Machining)]**
절연액 속에서 음극과 양극 사이의 거리를 접근시킬 때 발생하는 스파크 방전을 이용하여 공작물(일감)을 가공하는 방법이다. 공작물(일감)을 가공할 때 전극이 소모된다.

방전가공은 공작물(일감, 가공물)의 경도, 강도, 인성에 아무런 관계없이 가공이 가능하다. 왜냐하면 방전가공은 기계적 에너지를 사용하여 절삭력을 얻어 가공하는 공구절삭가공방법이 아니다. 즉, 공구를 사용하지 않기 때문에 아크로 인한 기화폭발로 금속의 미소량을 깎아내는 특수절삭가공법으로 소재제거율에 영향을 미치는 요인은 주파수와 아크방전에너지이다.

**[방전가공의 특징]**
• 스파크 방전에 의한 침식을 이용한다.
• 전도체이면 어떤 재료로 가공할 수 있다.
  → 아크릴은 전기가 통하지 않는 부도체이므로 가공할 수 없다.
• 전류밀도가 클수록 소재제거율은 커지나 표면거칠기는 나빠진다.
• 콘덴서의 용량이 적으면 가공 시간은 느리지만, 가공면과 치수정밀도가 좋다.
• 절연액은 냉각제의 역할을 할 수도 있다.
• 공구 전극의 재료로 흑연, 황동 등이 사용된다.
• 공작물을 가공 시 전극이 소모된다.

# 15

㉠ 분당 회전수$(N) = \dfrac{1}{\dfrac{1}{50}} = 50\text{rev/s} = 3000\text{rev/min} = 3000\text{rpm}$

ⓛ 피스톤의 평균속도$(V) = \dfrac{2NS}{60}$

이때, $S$는 피스톤의 행정거리이다. 따라서, 위의 식을 $S$에 대해 변환하면 다음과 같다.

$V = \dfrac{2NS}{60} \rightarrow S = \dfrac{60V}{2N}$

ⓒ $\therefore S = \dfrac{60V}{2N} = \dfrac{60(10)}{2(3000)} = 0.1\,\text{m} = 100\text{mm}$

# 16

정답 ③

**[원심식 압축기(터보압축기)]**

임펠러가 고속 회전할 때 생기는 "원심력"을 이용하여 냉매를 흡입, 압축하여 배출한다.

- 보기 ①: 왕복동식 압축기에 대한 설명이다.
- 보기 ②: 스크류 압축기에 대한 설명이다.
- 보기 ④: 회전식 압축기에 대한 설명이다.

# 17

정답 ①

송출 압력이 "높은" 곳에서는 피스톤 펌프보다 플런저 펌프가 사용된다.

# 18

정답 ①

금속 박판의 블랭킹 공정에서 "다이" 직경은 제품 직경과 같게 설계한다.

# 19

정답 ③

**[신속조형법(쾌속조형법)]**

3차원 형상 모델링으로 그린 제품 설계 데이터를 사용하여 제품 제작 전에 실물 크기 모양의 입체 형상을 신속하고 경제적으로 제작하는 방법을 말한다.

| | |
|---|---|
| 융해용착법<br>(fused deposition molding) | **열가소성**인 필라멘트 선으로 된 **열가소성 일감**을 노즐 안에서 가열하여 용해하고 이를 짜내어 조형 면에 쌓아 올려 제품을 만드는 방법이다. 이 방법으로 제작된 제품은 경사면이 계단형이며, 돌출부를 지지하기 위한 별도의 구조물이 필요하다. |
| 박판적층법<br>(laminated object manufacturing) | 가공하고자 하는 단면에 레이저빔을 부분적으로 쏘아 절단하고 **종이**의 뒷면에 부착된 접착제를 사용하여 아래층과 압착시키고 한 층씩 적층해 나가는 방법이다. |
| 선택적 레이저 소결법<br>(selective laser sintering) | **금속 분말가루나 고분자 재료**를 한 층씩 도포한 후 여기에 레이저빔을 쏘아 소결시키고 다시 한 층씩 쌓아 올려 형상을 만드는 방법이다. |
| 광조형법(stereolithography) | 액체 상태의 **광경화성 수지**에 레이저빔을 부분적으로 쏘아 적층해 나가는 방법으로, 큰 부품 처리가 가능하다. 또한, 정밀도가 높고 액체 재료이기 때문에 후처리가 필요하다. |
| 3차원 인쇄<br>(three dimentional printing) | 분말 가루와 접착제를 뿌리면서 형상을 만드는 방법으로, **3D 프린터**를 생각하면 된다. |

※ 초기재료가 분말형태인 신속조형방법 : 선택적 레이저 소결법(SLS), 3차원 인쇄(3DP)

## 20

정답 ④

- 압하량 $= h_0 - h_1$

  단, $h_0$는 압연 전 두께(초기 두께)이며 $h_1$은 압연 후 두께이다.

- 압하율

  압하율 $= \dfrac{h_0 - h_1}{h_0} \times 100\%$

압하율은 압하량을 압연 전 두께(초기 두께)로 나눈 값이다.

**풀이**

동일한 압하량에서 평판의 초기 두께가 증가할수록 압하율이 감소하므로 압하력(롤이 평판에 가하는 압축하중)은 감소한다.

## ㉒ 2023년 6월 10일 시행
# 지방직 9급 공개경쟁채용

| 01 | ① | 02 | ④ | 03 | ① | 04 | ② | 05 | ② | 06 | ② | 07 | ② | 08 | ④ | 09 | ③ | 10 | ④ |
|----|---|----|---|----|---|----|---|----|---|----|---|----|---|----|---|----|---|----|---|
| 11 | ④ | 12 | ③ | 13 | ④ | 14 | ④ | 15 | ③ | 16 | ③ | 17 | ① | 18 | ② | 19 | ① | 20 | ④ |

## 01
정답 ①

**[응력비($R$)]**

피로시험에서 하중의 한 주기에서의 최소응력($\sigma_{min}$)과 최대응력($\sigma_{max}$) 사이의 비율로, $R = \dfrac{최소응력(\sigma_{min})}{최대응력(\sigma_{max})}$ 으로 구할 수 있다.

| 응력진폭($\sigma_a$) | 평균응력($\sigma_m$) | 응력비(R) |
|---|---|---|
| $\sigma_a = \dfrac{\sigma_{max} - \sigma_{min}}{2}$ | $\sigma_m = \dfrac{\sigma_{max} + \sigma_{min}}{2}$ | $R = \dfrac{\sigma_{min}}{\sigma_{max}}$ |
| $\sigma_{max}$ : 최대응력, $\sigma_{min}$ : 최소응력 | | |

$$\therefore \ \sigma_a = \frac{\sigma_{max} - \sigma_{min}}{2} = \frac{200 - 80}{2} = \frac{120}{2} = 60\text{MPa}$$

## 02
정답 ④

㉠ M20×2에서 20은 바깥지름(외경, 호칭지름)이 20mm라는 것을 의미한다. 2는 피치가 2mm라는 것을 의미한다.

㉡ 나사의 리드($L$)는 나사를 1회전(360° 돌렸을 때)시켰을 때, 축방향으로 나아가는 (이동한) 거리이다. 따라서 "리드($L$) =나사의 줄 수($n$)×나사의 피치($p$)"이다.

※ 나사의 유효지름은 산등성이의 폭과 골짜기의 폭이 같도록 나사산을 통과하는 가상 원통의 지름을 말한다.

$$유효지름(d_e) = \frac{d_1(골지름) + d_2(바깥지름)}{2}$$

㉢ 리드($L$) =나사의 줄 수($n$)×나사의 피치($p$)이다. 따라서, 피치가 동일할 때 두줄나사가 한줄나사보다 $n$의 값이 크므로 리드($L$)는 두줄나사가 한줄나사보다 길다는 것을 알 수 있다.

㉣ 여러 나사의 나사산 각도는 다음과 같다.

| 톱니나사 | 유니파이나사 | 둥근나사 | 사다리꼴나사 | 미터나사 | 관용나사 | 휘트워스나사 |
|---|---|---|---|---|---|---|
| 30°, 45° | 60° | 30° | • 인치계(Tw) : 29°<br>• 미터계(Tr) : 30° | 60° | 55° | 55° |

# 03

정답 ①

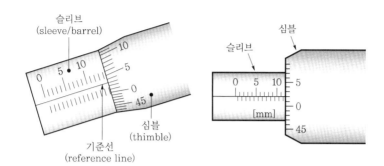

⊙ 마이크로미터의 분해능(mm)

표준 마이크로미터는 나사의 피치가 0.5mm, 심블의 원주 눈금이 50등분되어 있으므로 분해능, 최소

측정값은 $0.5 \times \dfrac{1}{50} = 0.01$mm 가 된다.

ⓛ 마이크로미터의 측정값(mm) = 슬리브의 눈금값 + 심블의 눈금값

- 슬리브의 눈금값은 대략 11mm이다.
- 슬리브와 심블이 맞닿는 위치의 값을 읽는다. 이 부분이 심블의 눈금값이다(심블의 눈금은 0.01 단
위로 그려져 있다). 따라서 0.02mm가 된다.
- 따라서, 마이크로미터의 측정값(mm) = 11mm + 0.02mm = 11.02mm가 된다.

### 예시

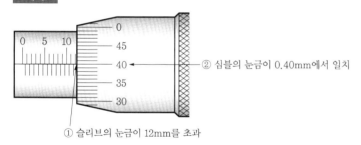

② 심블의 눈금이 0.40mm에서 일치

① 슬리브의 눈금이 12mm를 초과

마이크로미터의 측정값은 12.40mm가 된다.

# 04

정답 ②

## [축이음(클러치, 커플링)]

축과 축을 연결하여 하나의 축으로부터 다른 축으로 동력을 전달할 때 사용하는 축이음의 종류에는 클러치
(clutch)와 커플링(coupling)이 있다.

| 클러치(clutch) | 운전 중에 동력을 끊을 수 있는 탈착 축이음이다. 운전 중에 접촉하였다가 접촉을 떼<br>었다가 하면서 동력을 전달·차단할 수 있기 때문에 동력을 수시로 단속할 수 있다. |
|---|---|
| 커플링(coupling) | 운전 중에 동력을 끊을 수 없는 영구 축이음이다. |

※ 마찰차는 직접 접촉에 의해 동력을 전달하는 직접전동장치로, 2개의 마찰차의 접촉 마찰력으로 동력을 전달한다. 따라서 마찰차도 접촉하였다가 접촉을 떼었다가 하면서 동력을 수시로 단속할 수 있다.

**[리벳]**

리벳을 사용하여 2개 이상의 판 등을 고정하는 영구 체결방법을 리벳이음이라고 한다. 이때, 결합 또는 접합에 사용되는 기계요소를 리벳이라고 한다.

**[판스프링]**

두께가 길이에 비해 작은 직사각형 단면의 스프링판을 여러 개 겹쳐 고정한 스프링이며, 완충장치의 역할로 자동차의 현가장치에 사용된다.

## 05
정답 ②

**[1분간 테이블의 이송량**$(f) = f_z n Z [\mathrm{mm/min}]$**]**

[단, $f_z$ : 밀링커터의 날 1개마다의 이송(mm), $n$ : 커터의 회전수(rpm), $Z$ : 커터날 수]

**풀이**

$$f = f_z n Z [\mathrm{mm/min}] \rightarrow Z = \frac{f}{f_z n}$$

$$\therefore Z = \frac{f}{f_z n} = \frac{200}{(0.2)(500)} = 2$$

## 06
정답 ②

마멸은 물체(금속 따위 등)가 서로 접촉하여 닳아 없어지는 것을 말한다.

㉠ 부식마멸

산화마멸 혹은 화학마멸이라고도 하며, 표면과 주위 환경 사이의 화학작용이나 전해작용에 의해 발생한다.

㉡ 피로마멸

표면피로마멸 혹은 표면파괴마멸이라고도 하며, 구름접촉을 하는 베어링처럼 재료의 표면이 반복하중을 받을 때 생기는 마멸 형태이다. 마멸입자는 스폴링(spalling, 표면균열의 성장으로 표면 일부가 박리되는 현상)이나 피팅(pitting, 높은 접촉압력으로 표면이 국부적으로 오목하게 패이는 현상)에 의해 형성된다. 또 다른 형태의 피로마멸은 열피로(thermal fatigue)에 의한 것으로, 냉각된 금형이 고온의 공작물과 반복적으로 접촉되는 경우처럼, 반복하중에 의한 열응력으로 표면에 균열이 생긴다(망상균열, heat checking). 이들 균열이 성장하여 만나면 표면 일부가 떨어져 나가면서 스폴링이 생긴다. 이 형태의 마멸은 주로 열간가공이나 다이캐스팅용 금형에 생기기 쉽다.

㉢ 충격마멸

표면에 충돌하는 입자에 의해 미량의 재료가 표면으로부터 떨어져 나가는 마멸이다. 제품에 생긴 버(burr)를 제거하는 텀블링 가공은 충격마멸 현상을 제조공정에 응용한 것이다.

※ 충격마멸을 제조공정에 응용한 예로는 텀블링이나 진동에 의한 버 제거작업과 초음파 가공이 있다.

ㄹ 응착마멸

응착결합부에 수평력(마찰력)이 작용하면, 원래 접촉면 혹은 이보다 위나 아래쪽을 따라 전단파단이
일어나서 재료의 일부가 떨어져 나가는 현상을 응착마멸이라고 한다. 이때 파단경로는 접착부의 응착
강도와 구 접촉물체 중 약한 재질의 결합강도(cohesive strength)에 따라 결정된다. 응착강도는 돌
출부 접촉 부위의 변형 경화, 확산, 상호 고체용해도 같은 요인들에 의해 모재의 강도보다 클 경우가
많다. 따라서 파단은 주로 연한 재질 측에서 일어난다. 마멸파편은 한동안 경한 재질 측에 붙어 있다가
계속되는 미끄럼 작용에 의해 궁극적으로 분리되어 마멸입자로 된다. 이에 따라 응착마멸을 미끄럼 마
멸이라고도 한다. 과대한 하중이 작용하거나 접촉부의 결합 강도가 매우 강한 경우, 즉 보다 극심한
조건하에서는 응착마멸로 인해 스커핑(scuffing, 마찰열로 한 표면이 다른 표면에 용착되면서 떨어져
나가는 현상), 스미어링(smearing, 떨어져 나온 마멸입자가 다시 한쪽 혹은 양쪽 표면에 달라붙는
현상), 찢김(tearing), 골링(galling, 한 표면의 일부가 다른 표면에 붙어 벗겨지는 현상), 시저
(seizure, 녹아 붙음) 같은 격렬한 마멸(severe wear) 현상이 생긴다.

# 07

정답 ②

[호닝(honing)]

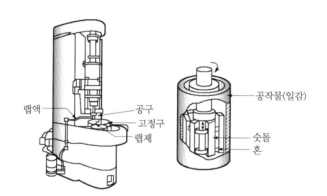

분말입자를 사용해서 가공하는 것이 아니라 연삭숫돌로 공작물을 가볍게 문질러 정밀 다듬질하는 기계이
공법이다. 특히 구멍 내면을 정밀 다듬질하는 방법 중 가장 우수한 가공법이다.
※ 공구는 회전운동과 수평왕복운동을 한다.

| 표면 정밀도가 우수한 순서 | 래핑 > 슈퍼피니싱 > 호닝 > 연삭 |
|---|---|
| 구멍의 내면 정밀도가 우수한 순서 | 호닝 > 리밍 > 보링 > 드릴링 |

[드릴링 가공]

드릴로 가공하는 가공방법으로 리밍, 보링, 카운터싱킹 등의 가공을 할 수 있다.

| 드릴링 | 드릴을 사용하여 구멍을 뚫는 작업이다. |
|---|---|
| 리밍 | 리머라는 회전하는 절삭공구로 기존 구멍 내면의 치수를 정밀하게 만드는 가공방법이다. |
| 보링 | 이미 뚫려 있는 구멍을 드릴로 넓히는 가공방법이다. 편심을 교정하거나 구멍을 축방향으로 대칭을 만드는 가공이다. |
| 카운터싱킹 | 나사머리의 모양이 접시모양일 때 테이퍼 원통형으로 절삭하는 방법이다. 즉, 접시머리나사의 머리를 묻히게 하기 위해 원뿔자리를 만드는 가공이다. |

| 카운터보링 | 볼트 또는 너트의 머리 부분이 가공물 안으로 묻히도록 드릴과 동심원의 2단 구멍을 절삭하는 방법이다. |
|---|---|
| 스폿페이싱 | 볼트나 너트 등의 머리가 닿는 부분의 자리면을 평평하게 만드는 가공방법이다. |
| 태핑 | 탭을 이용하여 구멍에 암나사를 내는 가공이다. |

# 08

정답 ④

**[공동현상(캐비테이션)]**

펌프의 흡입측 배관 내 물의 정압이 기존의 증기압보다 낮아져서 기포가 발생하는 현상으로, 펌프의 흡수면 사이의 수직거리가 너무 길 때, 관 속을 유동하고 있는 물 속의 어느 부분이 고온일수록 포화증기압에 비례해서 상승할 때 발생한다. 또한, 공동현상이 발생하게 되면 침식 및 부식 작용의 원인이 되며 진동과 소음이 발생할 수 있다.

| 발생 원인 | • 유속이 빠를 때<br>• 펌프와 흡수면 사이의 수직거리가 너무 길 때<br>• 관 속을 유동하고 있는 물 속의 어느 부분이 고온일수록 포화증기압에 비례하여 상승할 때 |
|---|---|
| 방지 방법 | • 실양정이 크게 변동해도 토출량이 과대하게 증가하지 않도록 한다.<br>• 스톱밸브를 지양하고 슬루스밸브를 사용한다.<br>• 펌프의 흡입수두(흡입양정)를 작게 하고 펌프의 설치 위치를 수원보다 낮게 한다.<br>• 유속을 3.5m/s 이하로 유지하고 펌프의 설치위치를 낮춘다.<br>• **흡입관의 구경을 크게 하여 유속을 줄이고 배관을 완만하고 짧게 한다.**<br>• 마찰저항이 작은 흡입관을 사용하여 흡입관의 손실을 줄인다.<br>• **펌프의 임펠러속도(회전수)를 작게 한다.** (흡입비교회전도를 낮춘다)<br>• 단흡입펌프 대신 양흡입펌프를 사용하여 펌프의 흡입측을 가압한다.<br>• 펌프를 2개 이상 설치한다.<br>• 관 내의 물의 정압을 그때의 증기압보다 높게 한다.<br>• 압축펌프를 사용하고 회전차를 수중에 완전히 잠기게 한다. |

**[서징현상]**

펌프, 송풍기 등이 운전 중 한숨을 쉬는 것과 같은 상태가 되어 펌프인 경우 입구와 출구의 진공계, 압력계의 지침이 흔들리고 동시에 송출 유량이 변화하는 현상이다. 즉, 송출 압력과 송출 유량 사이에 주기적인 변동이 발생하는 현상이다.

• 원인
 − 펌프의 양정 곡선이 산고 곡선이고, 곡선의 산고 상승부에서 운전했을 때
 − 배관 중에 수조가 있을 때 또는 기체 상태의 부분이 있을 때
 − 유량 조절 밸브가 탱크 뒤쪽에 있을 때
 − 배관 중에 물탱크나 공기탱크가 있을 때
• 방지
 − 바이패스 관로를 설치하여 운전점이 항상 우향 하강 특성이 되도록 한다.
 − 우향 하강 특성을 가진 펌프를 사용한다.
 − 유량 조절 밸브를 기체 상태가 존재하는 부분의 상류에 설치한다.

– 송출측에 바이패스를 설치하여 펌프로 송출한 물의 일부를 흡입측으로 되돌려 소요량만큼 전방 으로 송출한다.

### [초킹현상]
서징현상과 반대로 압축기의 출구압력이 너무 낮을 때 발생한다.

### [공진현상]
진동계가 그 고유진동수와 같은 진동수를 가진 외력을 주기적으로 받을 때 진폭이 뚜렷하게 증가하는 현상 이다.

### [수격현상]
배관 속 유체의 흐름을 급히 차단시켰을 때 유체의 운동에너지가 압력에너지로 전환되면서 배관 내에 탄성 파가 왕복하게 된다. 이에 따라 배관이 파손될 수 있다.

• 원인
  – 펌프가 갑자기 정지될 때
  – 급히 밸브를 개폐할 때
  – 정상 운전 시 유체의 압력에 변동이 생길 때
• 방지
  – 관로의 직경을 크게 한다.
  – 관로 내의 유속을 낮게 한다(유속은 1.5~2m/s로 보통 유지).
  – 관로에서 일부 고압수를 방출한다.
  – 조압 수조를 관선에 설치하여 적정 압력을 유지한다.
    (부압 발생 장소에 공기를 자동적으로 흡입시켜 이상 부압을 경감한다.)
  – 펌프에 플라이 휠을 설치하여 펌프의 속도가 급격하게 변화하는 것을 막는다.
    (관성을 증가시켜 회전수와 관 내 유속의 변화를 느리게 한다.)
  – 펌프 송출구 가까이에 밸브를 설치한다.
    (펌프 송출구에 수격을 방지하는 체크밸브를 달아 역류를 막는다.)
  – 에어챔버를 설치하여 축적하고 있는 압력에너지를 방출한다.
  – 펌프의 속도가 급격히 변하는 것을 방지한다(회전체의 관성 모멘트를 크게 한다.).

## 09
정답 ③

### [노크]
실린더 내에 충격파(디토네이션파)가 발생하여 심한 진동을 일으키고 실린더와 공진하여 금속을 타격하는 소리를 내는 현상이다.

### [가솔린기관의 연소과정에서 노크가 발생할 때 일어나는 현상]
1. 배기가스의 색깔이 변화하고 연소실의 온도가 상승한다.
2. 기관의 출력과 열효율을 저하시키고 금속성 타격음이 발생한다.
3. 배기가스의 온도는 강하한다.
4. 최고압력은 증가하나 평균유효압력은 감소한다.

[노크 방지법]

| 구분 | 연료 착화점 | 착화 지연 | 압축비 | 흡기온도 | 실린더벽 온도 | 흡기압력 | 실린더 체적 | 회전수 |
|---|---|---|---|---|---|---|---|---|
| 가솔린 | 높다 | 길다 | 낮다 | 낮다 | 낮다 | 낮다 | 작다 | 높다 |
| 디젤 | 낮다 | 짧다 | 높다 | 높다 | 높다 | 높다 | 크다 | 낮다 |

| 옥탄가 | 세탄가 |
|---|---|
| • 연료의 내폭성, 연료의 노킹 저항성을 의미한다.<br>• 표준 연료의 옥탄가 $= \dfrac{\text{이소옥탄}}{\text{이소옥탄} + \text{정헵탄}} \times 100$<br>• 옥탄가가 90이라는 것은 이소옥탄 90% + 정헵탄 10%, 즉 90은 이소옥탄의 체적을 의미한다. | • 연료의 착화성을 의미한다.<br>• 표준 연료의 세탄가<br>$= \dfrac{\text{세탄}}{\text{세탄} + \alpha-\text{메틸나프탈렌}} \times 100$<br>• 세탄가의 범위 : 45~70 |

※ 가솔린기관은 연료의 옥탄가가 높을수록 연료의 노킹 저항성이 좋다는 것을 의미하므로 옥탄가가 높을수록 좋으며, 디젤기관은 연료의 세탄가가 높을수록 연료의 착화성이 좋다는 것을 의미하므로 세탄가가 높을수록 좋다.

## 10
정답 ④

| 구분 | 체심입방격자<br>(BCC, Body-Centered Cubic) | 면심입방격자<br>(FCC, Face-Centered Cubic) | 조밀육방격자<br>(HCP, Hexagonal Closed-Packed) |
|---|---|---|---|
| 단위격자(단위세포) 내 원자 수 | 2 | 4 | 2 |
| 배위수(인접 원자 수) | 8 | 12 | 12 |
| 충전율(공간채움률) | 68% | 74% | 74% |

## 11
정답 ④

[구름베어링의 호칭번호]

| 기본 번호 | | | 보조 기호 | | | | | |
|---|---|---|---|---|---|---|---|---|
| 베어링 계열기호 | 안지름 번호 | 접촉각 기호 | 내부기호 | 실·실드 기호 | 궤도륜 모양 기호 | 조합 기호 | 내부틈새기호 | 정원도 등급기호 |

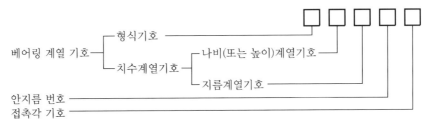

**[베어링 기호의 의미]**

| 베어링 기호 | V | C | DB | C2 | Z |
|---|---|---|---|---|---|
| 의미 | 리테이너 기호 | 접촉각 기호 | 조합 기호 | 틈새기호 | 실드기호 |

※ P6은 베어링의 등급을 의미하는 기호이다.

※ Z는 한쪽 실드, ZZ는 양쪽 실드를 의미한다.

예 "6208 C2 P6"

1. 6은 형식기호로, 단열 깊은홈 볼베어링을 의미한다.
2. 2는 치수계열기호로 경하중을 의미한다.

| 번호 | 0, 1 | 2 | 3 | 4 |
|---|---|---|---|---|
| 의미 | 특별 경하중 | 경하중 | 중간 하중 | 고하중 |

3. 08은 베어링 안지름번호로 베어링 안지름 08×5＝40mm를 의미한다.

| 안지름번호 | 00 | 01 | 02 | 03 | 04 |
|---|---|---|---|---|---|
| 안지름 | 10mm | 12mm | 15mm | 17mm | 20mm |

04부터는 안지름번호에 ×5를 하면 된다. 즉, 6205는 5×5이므로 25mm가 베어링 안지름이 된다.

4. C2는 틈새기호를 의미한다.
5. P6은 베어링의 등급을 의미한다.

# 12
정답 ③

**[산소($O_2$) 제거 정도에 따른 강괴의 분류]**

| 림드강 | • 탄소함유량이 0.3% 이하<br>• 산소를 가볍게 제거한 강(불완전탈산강)<br>• 기포가 발생하고 편석이 되기 쉽다.<br>• 킬드강에 비해 강괴의 표면이 곱고 분괴 생산비율도 좋으며 값이 싸다. | • 탈산제: 페로망간(Fe－Mn) |
|---|---|---|
| 킬드강 | • 탄소함유량이 0.3% 이상<br>• 산소를 충분하게 제거한 강(완전탈산강)으로, 고품질이며 값이 비싸다.<br>• 상부 중심에 수축공이 발생하여 이 부분은 잘라서 버린다. | • 탈산제 : 페로실리콘(Fe－Si), 알루미늄(Al)<br>• 용도: 조선 압연판, 탄소공구강의 재료로 쓰이며 편석과 불순물이 적은 균일, 균질의 강<br>• 주로 고탄소강, 합금강 등을 만드는 데 사용된다. |

| 캡드강 | • 림드강을 변형시킨 것으로, 다시 탈산제를 넣거나 뚜껑을 덮고 비등교반운동(리밍액션)을 조기에 강제적으로 끝나게 한다. <br>• 내부의 편석과 수축공이 적게 제조한다. | ※ 비등교반운동(리밍액션): 림드강에서 탈산 조작이 충분하지 않아 응고가 진행, 용강 중에 남은 탄소와 산소가 반응하여 일산화탄소가 발생하면서 방출되는 현상이다. 이로 인해 순철의 림층이 형성된다. |
|---|---|---|
| 세미킬드강 | • 탄소함유량이 0.15~0.3% <br>• 산소를 중간 정도로 제거한 강 <br>• 림드강과 킬드강의 중간 상태의 강으로, 용접에 많이 사용된다. | • 탈산제: 페로망간(Fe-Mn) + 페로실리콘(Fe-Si) |

※ 탈산 정도가 큰 순서: 킬드강 > 세미킬드강 > 캡드강 > 림드강

# 13

정답 ④

**[사인바]**

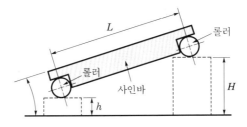

길이를 측정하여 직각삼각형의 삼각함수를 이용한 계산에 의해 임의각의 측정 또는 임의각을 만드는 기구이다. 사인바가 이루는 각($\theta$)은 $\sin\theta = \dfrac{H-h}{L}$ 의 관계식을 통해 구할 수 있다. $H$는 사인바의 높은 쪽 높이이고, $h$는 사인바의 낮은 쪽 높이이다. $L$은 양 롤러 사이의 중심거리(호칭치수)이다.
• 45°를 초과하여 측정할 때, 오차가 급격히 커진다.
• 사인바는 삼각함수를 이용하여 각도 측정을 한다.
• 블록게이지와 함께 사용해 오차를 보정할 수 있다.
• 호칭치수는 양 롤러 간의 중심거리로 나타낸다.

**[블록게이지]**
연구소 참조용(AA형, 00급), 일반용·표준용(A형, 0급), 검사용(B형, 1급), 공작용(C형, 2급) 등 다양하게 사용된다. 길이측정의 기구로 사용되며 여러 개를 조합하여 원하는 치수를 얻을 수 있다.

**[다이얼게이지]**
랙과 피니언 기구를 이용해서 측정자의 직선운동을 회전운동으로 변환시켜 눈금판에 나타내는 게이지. 즉, 측정자의 움직임을 확대하여 지침의 회전변위로 변환시켜 눈금을 읽어 길이를 측정한다. 연속된 변위량을 측정할 수 있으며 원통의 진원도, 원통도, 공작물의 높낮이, 축의 흔들림 등의 측정에 사용되는 비교측정기다.

**[하이트게이지]**

스케일이 부착되어 있는 직각자와 서피스 게이지를 조합한 측정기로, 스크라이버를 이용하여 측정한다. 정반 표면을 기준으로 금긋기 작업을 하거나 높이를 측정하기 위해 사용하고, 종류에는 HT, HB, HM형이 있다. 단 HB형은 금긋기 작업이 불가하다.

| 직접 측정 (절대측정) | 일정한 길이나 각도가 표시되어 있는 측정기구를 사용하여 직접 눈금을 읽는 측정이다. 보통 소량이며 종류가 많은 품목에 적합하다. (다품종 소량 측정에 유리하다) • 직접 측정의 종류: 버니어캘리퍼스(노기스), 마이크로미터, 하이트게이지 | |
|---|---|---|
| | 장점 | • 측정범위가 넓고 측정치를 직접 읽을 수 있다. • 다품종 소량 측정에 유리하다. |
| | 단점 | • 판독자에 따라 치수가 다를 수 있다. (측정오차) • 측정시간이 길며 측정기가 정밀할 때는 숙련과 경험을 요한다. |
| 비교 측정 | 기준이 되는 일정한 치수와 측정물의 치수를 비교하여 그 측정치의 차이를 읽는 방법이다. • 비교 측정의 종류: 다이얼게이지, 미니미터, 옵티미터, 전기마이크로미터, 공기마이크로미터 등 | |
| | 장점 | • 비교적 정밀측정이 가능하다. • 특별한 계산 없이 측정치를 읽을 수 있다. • 길이, 각종 모양의 공작기계의 정밀도 검사 등 사용 범위가 넓다. • 먼 곳에서 측정이 가능하며 자동화에 도움을 줄 수 있다. • 범위를 전기량으로 바꾸어 측정이 가능하다. |
| | 단점 | • 측정범위가 좁다. • 피측정물의 치수를 직접 읽을 수 없다. • 기준이 되는 표준게이지(게이지블록)가 필요하다. |
| 간접 측정 | 측정물의 측정치를 직접 읽을 수 없는 경우에 측정량과 일정한 관계에 있는 개개의 양을 측정하여 그 측정값으로부터 계산에 의하여 측정하는 방법이다. 즉, 측정물의 형태나 모양이 나사나 기어 등과 같이 기하학적으로 간단하지 않을 경우에 측정부의 치수를 수학적 또는 기하학적인 관계에 의해 얻는 방법이다. • 간접 측정의 종류: 사인바를 이용한 부품의 각도 측정, 삼침법을 이용하여 나사의 유효지름 측정, 지름을 측정하여 원주길이를 환산하는 것 등 | |

※ 다이얼게이지: 소형, 경량이고 측정범위가 넓으며 지침에 의한 지시로 오차가 적고 연속된 변위량의 측정이 가능하다. 다원측정(동시에 여러 치수를 측정할 수 있다)이 가능하다. attachment의 사용방법에 따라 광범위한 사용이 가능하다.

※ 옵티미터: 빛 지렛대를 사용한 콤퍼레이터로 측정자의 미세한 움직임을 광학적으로 확대한 장치로, 배율은 약 800배이다.

※ 공기 마이크로미터: 보통의 측정기로는 측정이 불가능한 미소한 변화를 측정할 수 있는 것으로, 일정압의 공기가 2개의 노즐을 통과해서 대기 중으로 흘러 나갈 때 유출부의 작은 틈새의 변화에 따라서 나타나는 공기의 양(유량, 지시압)의 변화에 의해서 비교 측정이 된다.

• 특징

[장점]

 − 고정밀도를 필요로 하는 부품에 사용하며 내경 및 외경 측정이 가능하다.

 − 구멍의 진원도, 축간거리, 평행도, 비틀림, 휨, 직각도, 편심 등의 측정에 사용한다.

- 다원 측정이 가능하다. (동시에 여러 치수를 측정할 수 있다.)
- 자동측정이 가능하다.
- 특수 측정이 가능하다.
- 배율이 250배에서 수만 배로 높으며 정도가 좋다.
- 측정력이 작다.
- 공기의 흐름으로 노즐의 이물질이 제거되어 청결하다.
- 한계게이지와 달리 측정치수가 표시된다.
- 숙련된 기술이 크게 요구되지 않으므로 측정오차가 작다. (미숙련자도 측정오차가 없다.)
  [단점]
- 소량 생산품에는 비용이 비싸다(다량 생산 부품에 적합하다.).
- 측정면의 거칠기에 영향을 받는다.
- 2개의 마스터(큰 치수, 작은 치수)를 필요로 한다.
- 포인트(point) 측정이 어렵다.

※ 전기 마이크로미터: 기계적 변위를 전기량으로 나타내어 지침의 움직임을 나타낸다.
- 특징
  - 공기 마이크로미터보다 응답속도가 우수하다.
  - 공기 마이크로미터보다 긴 변위량 측정이 가능하다.
  - 오차가 적으며 연산 및 자동측정이 가능하다.

# 14

정답 ④

**[소성가공(물체의 영구 변형을 이용한 가공방법)]**

| 단조 | 금속재료를 소성유동하기 쉬운 상태에서 금형이나 공구(해머 따위)로 압축력 또는 충격력을 가해 성형하는 가공방법이다. |
| --- | --- |
| 압연 | 회전하는 2개의 롤러 사이에 판재를 통과시켜 두께를 줄이고 폭을 증가시키는 가공이다. |
| 전조 | 다이스 사이에 소재를 끼워 소성변형시켜 원하는 모양을 만드는 가공법이다. 구체적으로 재료와 공구를 각각 또는 함께 회전시켜 재료 내부나 외부에 공구의 형상을 새기는 특수압연법이다. 대표적인 제품으로는 나사와 기어가 있으며 절삭칩이 발생하지 않아 표면이 깨끗하고 재료의 소실이 거의 없다. 또한, 강인한 조직을 얻을 수 있고 가공속도가 빨라서 대량생산에 적합하다. |
| 압출 | 단면이 균일한 봉이나 관 등을 제조하는 가공방법으로, 선재나 관재, 여러 형상의 일감을 제조할 때 재료를 용기 안에 넣고 램으로 높은 압력을 가해 다이 구멍으로 밀어내면 재료가 다이를 통과하면서 가래떡처럼 제품이 만들어진다. |
| 인발 | 금속 봉이나 관을 다이 구멍에 축방향으로 통과시켜 외경을 줄이는 가공이다. |
| 제관법 | 관을 만드는 가공방법이다.<br>• 이음매 있는 관: 접합방법에 따라 단접관과 용접관이 있다.<br>• 이음매 없는 관: 만네스만법, 압출법, 스티펠법, 에르하르트법 등 |

# 15

정답 ③

| 압력제어밸브<br>(일의 크기를 결정) | 릴리프밸브, 감압밸브, 시퀀스밸브(순차작동밸브), 카운터밸런스밸브, 무부하밸브(언로딩 밸브), 압력스위치, 이스케이프밸브, 안전밸브, 유체퓨즈 |
| --- | --- |
| 유량제어밸브<br>(일의 속도를 결정) | 교축밸브(스로틀밸브), 유량조절밸브, 집류밸브, 스톱밸브, 바이패스유량제어밸브 |
| 방향제어밸브<br>(일의 방향을 결정) | 체크밸브(역지밸브), 셔틀밸브, 감속밸브, 전환밸브, 포핏밸브, 스풀밸브(매뉴얼밸브) |

# 16

정답 ③

## [카르노 사이클(Carnot cycle)]
• 열기관의 이상 사이클로, 이상기체를 동작물질(작동유체)로 사용한다.
• 이론적으로 사이클 중 최고의 효율을 가질 수 있다.

| $P-V$<br>선도 | 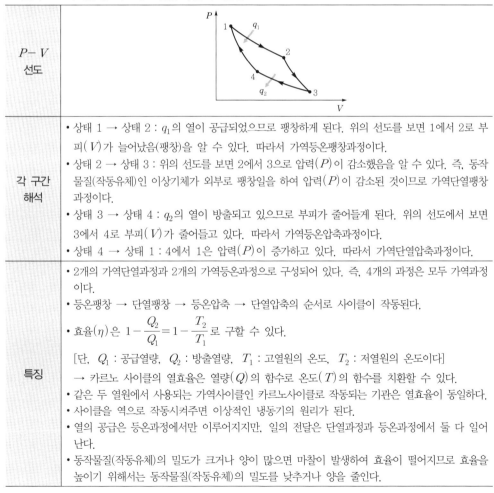 |
| --- | --- |
| 각 구간<br>해석 | • 상태 1 → 상태 2 : $q_1$의 열이 공급되었으므로 팽창하게 된다. 위의 선도를 보면 1에서 2로 부피($V$)가 늘어났음(팽창)을 알 수 있다. 따라서 가역등온팽창과정이다.<br>• 상태 2 → 상태 3 : 위의 선도를 보면 2에서 3으로 압력($P$)이 감소했음을 알 수 있다. 즉, 동작물질(작동유체)인 이상기체가 외부로 팽창일을 하여 압력($P$)이 감소된 것이므로 가역단열팽창과정이다.<br>• 상태 3 → 상태 4 : $q_2$의 열이 방출되고 있으므로 부피가 줄어들게 된다. 위의 선도에서 보면 3에서 4로 부피($V$)가 줄어들고 있다. 따라서 가역등온압축과정이다.<br>• 상태 4 → 상태 1 : 4에서 1은 압력($P$)이 증가하고 있다. 따라서 가역단열압축과정이다. |
| 특징 | • 2개의 가역단열과정과 2개의 가역등온과정으로 구성되어 있다. 즉, 4개의 과정은 모두 가역과정이다.<br>• 등온팽창 → 단열팽창 → 등온압축 → 단열압축의 순서로 사이클이 작동된다.<br>• 효율($\eta$)은 $1-\dfrac{Q_2}{Q_1}=1-\dfrac{T_2}{T_1}$로 구할 수 있다.<br>[단, $Q_1$ : 공급열량, $Q_2$ : 방출열량, $T_1$ : 고열원의 온도, $T_2$ : 저열원의 온도이다]<br>→ 카르노 사이클의 열효율은 열량($Q$)의 함수로 온도($T$)의 함수를 치환할 수 있다.<br>• 같은 두 열원에서 사용되는 가역사이클인 카르노사이클로 작동되는 기관은 열효율이 동일하다.<br>• 사이클을 역으로 작동시켜주면 이상적인 냉동기의 원리가 된다.<br>• 열의 공급은 등온과정에서만 이루어지지만, 일의 전달은 단열과정과 등온과정에서 둘 다 일어난다.<br>• 동작물질(작동유체)의 밀도가 크거나 양이 많으면 마찰이 발생하여 효율이 떨어지므로 효율을 높이기 위해서는 동작물질(작동유체)의 밀도를 낮추거나 양을 줄인다. |

**[가솔린기관(불꽃점화기관)]**
- 가솔린기관의 이상사이클은 **오토(Otto) 사이클**이다.
- 오토 사이클은 **2개의 정적과정과 2개의 단열과정(단열압축과 단열팽창)**으로 구성되어 있다.
- 오토 사이클은 정적하에서 열이 공급되므로 정적연소사이클이라고 한다.

| | |
|---|---|
| 오토 사이클의 열효율($\eta$) | $\eta = 1 - \left(\dfrac{1}{\varepsilon}\right)^{k-1}$<br>[단, $\varepsilon$: 압축비, $k$: 비열비]<br>• 비열비($k$)가 일정한 값으로 정해지면 **압축비($\varepsilon$)가 높을수록 이론열효율($\eta$)이 증가한다.** |
| 혼합기 | **공기와 연료의 증기가 혼합된 가스를 혼합기**라고 한다. 즉, 가솔린기관에서 혼합기는 기화된 휘발유에 공기를 혼합한 가스를 말하며 이 가스를 태우는 힘으로 가솔린기관이 작동된다.<br>※ "혼합기의 특성은 이미 결정되어 있다."라는 의미는 **공기와 연료의 증기가 혼합된 가스**, 즉 혼합기의 조성 및 종류가 이미 결정되어 있다는 것으로, **비열비($k$)가 일정한 값**으로 정해진다는 의미이다 |

**[디젤사이클(압축착화기관의 이상 사이클)]**
- **2개의 단열과정(단열압축과 단열팽창)+1개의 정압과정+1개의 정적과정**으로 구성되어 있는 사이클로, 정압하에서 열이 공급되고 정적하에서 열이 방출된다. 정압하에서 열이 공급되기 때문에 정압사이클이라고도 하며 저속디젤기관의 기본 사이클이다.

| | |
|---|---|
| 열효율($\eta$) | 디젤사이클의 열효율($\eta$) $= 1 - \left(\dfrac{1}{\varepsilon}\right)^{k-1} \cdot \dfrac{\sigma^k - 1}{k(\sigma - 1)}$<br>[단, $\varepsilon$: 압축비, $\sigma$: 단절비(차단비, 체절비, 절단비, 초크비, 정압팽창비), $k$: 비열비]<br>• 디젤사이클의 열효율($\eta$)은 압축비($\varepsilon$), 단절비($\sigma$), 비열비($k$)의 함수이다.<br>• 압축비($\varepsilon$)가 크고 단절비($\sigma$)가 작을수록 열효율($\eta$)이 증가한다. |

| 압축비와 열효율 | 구분 | 디젤사이클(디젤기관) | 오토사이클(가솔린기관) |
|---|---|---|---|
| | 압축비 | 12~22 | 6~9 |
| | 열효율($\eta$) | 33~38% | 26~28% |

※ 엔트로피 변화($\triangle S$) $= \dfrac{\delta Q}{T}$에서 단열과정이면 $\delta Q = 0$이다. 따라서 단열과정인 경우, $\triangle S = 0$이 되며 엔트로피의 변화가 없는 등엔트로피 과정이 된다. 따라서 단열압축과 단열팽창은 각각 등엔트로피 압축, 등엔트로피 팽창과 동일한 말이다.

**[랭킨사이클의 열효율]**
랭킨사이클의 열효율은 터빈 입구 증기의 온도 및 보일러 압력이 높고, 복수기 압력이 작을수록 그리고 단열팽창 구간에서의 엔탈피 차이가 클수록 증가한다.
- 터빈 입구 증기의 온도가 높아지면 단열팽창 구간의 길이가 늘어나므로 터빈의 팽창일이 증가하여 랭킨 사이클의 이론 열효율은 증가한다.

- 보일러 압력이 높아지면 단열팽창 구간의 길이가 늘어나므로 터빈의 팽창일이 증가하여 랭킨사이클의 이론 열효율은 증가한다.
- 복수기(응축기) 압력이 작아지면 단열팽창 구간의 길이가 길어지므로 터빈의 팽창일이 증가하여 랭킨사이클의 이론 열효율은 증가한다.
- 단열팽창 구간에서의 엔탈피 차이가 클수록 터빈의 팽창일이 증가하므로 랭킨사이클의 이론 열효율은 증가한다.

**[여러 사이클 핵심 요약]**

| | |
|---|---|
| 오토<br>사이클 | 가솔린기관(불꽃점화기관)의 이상사이클<br>2개의 정적과정과 2개의 단열과정으로 구성된 사이클로, 정적하에서 열이 공급되기 때문에 정적연소사이클이라고 한다. |
| 사바테<br>사이클 | 고속디젤기관의 이상사이클(기본사이클)<br>2개의 단열과정, 2개의 정적과정, 1개의 정압과정으로 구성된 사이클로, 가열과정이 정압 및 정적과정에서 동시에 이루어지기 때문에 정압−정적사이클(복합사이클, 이중연소사이클, "디젤사이클+오토사이클")이라고 한다. |
| 디젤<br>사이클 | 저속디젤기관 및 압축착화기관의 이상사이클(기본사이클)<br>2개의 단열과정, 1개의 정압과정, 1개의 정적과정으로 구성된 사이클로, 정압하에서 열이 공급되고 정적하에서 열이 방출되기 때문에 정압연소사이클, 정압사이클이라고 한다. |
| 브레이턴<br>사이클 | 가스터빈의 이상사이클<br>• 2개의 정압과정과 2개의 단열과정으로 구성된 사이클로, 가스터빈의 이상사이클이다. 가스터빈의 3대 요소는 압축기, 연소기, 터빈이다.<br>• 선박, 발전소, 항공기 등에서 사용된다. |
| 랭킨<br>사이클 | 증기원동소 및 화력발전소의 이상사이클(기본사이클)<br>2개의 단열과정과 2개의 정압과정으로 구성된 사이클이다. |
| 에릭슨<br>사이클 | 2개의 정압과정과 2개의 등온과정으로 구성된 사이클로, 사이클의 순서는 "등온압축 → 정압가열 → 등온팽창 → 정압방열"이다. |
| 스털링<br>사이클 | • 2개의 정적과정과 2개의 등온과정으로 구성된 사이클로, 사이클의 순서는 "등온압축 → 정적가열 → 등온팽창 → 정적방열"이다.<br>• 증기원동소의 이상사이클인 랭킨사이클에서 이상적인 재생기가 있다면 스털링 사이클에 가까워진다. [역스털링 사이클은 헬륨(He)을 냉매로 하는 극저온 가스냉동기의 기본사이클이다.] |
| 애트킨슨<br>사이클 | • 2개의 단열과정, 1개의 정압과정, 1개의 정적과정으로 구성된 사이클로, 사이클의 순서는 "단열압축 → 정적가열 → 단열팽창 → 정압방열"이다.<br>• 디젤사이클과 사이클의 구성 과정은 같으나, 애트킨슨 사이클은 가스동력 사이클이다. |
| 르누아<br>사이클 | • 1개의 단열과정, 1개의 정압과정, 1개의 정적과정으로 구성된 사이클로, 사이클의 순서는 "정적가열 → 단열팽창 → 정압방열"이다.<br>• 동작물질(작동유체)의 압축과정이 없으며 펄스제트 추진계통의 사이클과 유사하다. |

※ 가스동력 사이클의 종류: 브레이턴 사이클, 에릭슨 사이클, 스털링 사이클, 애트킨슨 사이클, 르누아 사이클

# 17

정답 ①

**[마찰차 이해]**

① 개요

기본 마찰차는 이가 없는 원통으로, 마찰차의 표면끼리 직접 접촉했을 때 발생하는 마찰로 동력을 전달하는 직접전동장치 중 하나이다. 즉, 이가 없기 때문에 서로 맞물리지 않아 미끄럼이 발생하고 이로 인해 정확한 속도비는 기대하기 어렵다. 또한, 원동차에 공급된 동력이 종동차에 전달되는 과정에서 미끄럼에 의한 손실이 발생하게 되며, 이로 인해 효율이 그다지 좋지 못하다. 그리고 손실된 동력은 축과 베어링 사이로 전달되어 축과 베어링 사이의 마멸

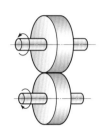

이 크다. 추가적으로 기어는 이와 이가 맞물려서 동력을 전달하기 때문에 회전속도가 큰 경우에는 이에 큰 부하가 걸리거나 이가 손상될 가능성이 있다. 하지만 마찰차는 이가 없는 원통이기 때문에 회전속도가 너무 커서 기어를 사용할 수 없을 때 사용할 수 있다.

② 특징
- 무단변속이 가능하며 과부하 시 약간의 미끄럼으로 손상을 방지할 수 있다.
- 미끄럼이 발생하기 때문에 효율이 그다지 좋지 못하다.
- 기본 마찰차는 이가 없는 단순한 원통으로 미끄럼이 발생하여 정확한 속도비를 얻을 수 없다.
- 축과 베어링 사이의 마찰이 커서 축과 베어링의 마멸이 크다.
- 구름접촉으로 원동차와 종동차의 속도가 동일하게 운전된다.
- 회전속도가 너무 커서 기어를 사용할 수 없을 때 사용한다.
- 큰 동력 및 큰 힘을 전달하기에는 부적합하다.
- 마찰계수를 크게 하기 위해 접촉면에 고무, 가죽 등을 붙인다.

※ 마찰차는 직접 접촉에 의해 동력을 전달하는 직접전동장치로, 2개의 마찰차의 접촉 마찰력으로 동력을 전달한다. 따라서 마찰차도 접촉하였다가 접촉을 떼었다가 하면서 동력을 수시로 단속할 수 있다.

**[직접전동장치와 간접전동장치의 종류]**

| 직접전동장치<br>(원동차와 종동차가 직접 접촉하여 동력 전달) | 간접전동장치<br>(원동차와 종동차가 직접 접촉하지 않고 중간 매개체를 통해 간접적으로 동력을 전달) |
|---|---|
| 마찰차, 기어, 캠 | 벨트, 로프, 체인 |

# 18

정답 ②

금속재료는 외력(외부의 힘)에 의해 변형하며 가해지는 외력(외부의 힘)이 탄성한도(탄성한계)를 넘게 되면 소성변형(영구적인 변형)이 되므로 외력(외부의 힘)을 제거하여도 변형이 남게 된다.

이때, 외력을 제거하면 원상태로 돌아오는 변형을 탄성변형이라 하고, 외력을 제거하여도 영구적으로 돌아오지 않는 변형을 소성변형이라고 한다.

**[소성과 탄성]**

| 소성 | 금속재료(물체)에 외부의 힘(외력)을 가해 변형시킬 때 영구적인 변형이 발생하는 성질이다. |
|---|---|
| 탄성 | 금속재료(물체)에 외부의 힘(외력)을 가하면 변형이 일어나지만 다시 외력을 제거하면 원래의 상태(모양, 형상)로 되돌아오는 성질이다. (예) 고무줄) |

소성은 본래의 모양으로 돌아가지 않고 영구적인 변형이 남는 성질을 말하며, 탄성은 외력을 제거하면 다시 원래의 모양으로 되돌아가는 성질을 말한다. 결국, 소성과 탄성은 서로 반대의 성질이다.

## 19

정답 ①

$$단면수축률(단면감소율) = \frac{A_o - A}{A_o} \times 100\% = \frac{400 - 300}{400} \times 100\% = 25\%$$

여기서, $A_o$ : 시편의 최초 단면적
        $A$ : 파단 후의 최소 단면적

## 20

정답 ④

**[널링가공]**

"미끄러짐을 방지할 목적"으로 손잡이 부분을 거칠게 하는 것과 같이 원통 외면에 규칙적인 형태의 무늬를 만드는 작업이다. 가공방법은 선반머신에서 회전하고 있는 공작물에 널링 공구를 눌러서 등간격(일정한 치수의 같은 간격)의 홈을 만들어 표면에 요철 모양을 내주는 것이다.
※ 널링은 소성가공이다.

저 자 소 개

장태용

- 공기업 기계직 전공필기 연구소
- 전, 서울교통공사 근무
- 전, 5대 발전사(한국중부발전) 근무
- 전, 서울시설공단 근무
- 공기업 기계직렬 시험에 직접 응시하여 최신 경향 파악

# 기계의 진리
# 기계일반 기출문제풀이집

2022. 1. 27. 초 판 1쇄 발행
**2024. 1. 10. 개정증보 1판 1쇄 발행**

지은이 │ 장태용
펴낸이 │ 이종춘
펴낸곳 │ **BM** (주)도서출판 **성안당**

주소 │ 04032 서울시 마포구 양화로 127 첨단빌딩 3층(출판기획 R&D 센터)
     │ 10881 경기도 파주시 문발로 112 파주 출판 문화도시(제작 및 물류)

전화 │ 02) 3142-0036
     │ 031) 950-6300

팩스 │ 031) 955-0510
등록 │ 1973. 2. 1. 제406-2005-000046호
출판사 홈페이지 │ **www.cyber.co.kr**
ISBN │ 978-89-315-1134-5 (13550)
**정가 │ 22,000원**

### 이 책을 만든 사람들

책임 │ 최옥현
진행 │ 이희영
교정·교열 │ 류지은
본문 디자인 │ 민혜조
표지 디자인 │ 박원석
홍보 │ 김계향, 유미나, 정단비, 김주승
국제부 │ 이선민, 조혜란
마케팅 │ 구본철, 차정욱, 오영일, 나진호, 강호묵
마케팅 지원 │ 장상범
제작 │ 김유석